Unternehmen Lean

Die Autoren arbeiten für die internationale Unternehmensberatung *McKinsey & Company* und verfügen über jahrelange Erfahrung in der Umsetzung von Lean Production in sämtlichen Branchen.
John Drew arbeitet in der Operations Strategy Practice in Großbritannien, *Blair McCallum* ist Partner und Direktor des Production Systems Design Centre und *Stefan Roggenhofer* ist Partner und Leiter der Manufacturing Practice Europe.

John Drew, Blair McCallum,
Stefan Roggenhofer

Unternehmen Lean

Schritte zu einer neuen Organisation

Aus dem Englischen von Maria Bühler

Campus Verlag
Frankfurt/New York

Die englischsprachige Ausgabe erschien 2004 unter dem Titel »Journey to Lean. Making Operational Change Stick« bei PALGRAVE MACMILLAN, New York. Copyright © 2004 John Drew, Blair McCallum, Stefan Roggenhofer. All rights reserved.

Bibliografische Information der Deutschen Bibliothek
Die Deutsche Bibliothek verzeichnet diese Publikation in der
Deutschen Nationalbibliografie. Detaillierte biografische Daten sind
im Internet über http://dnb.ddb.de abrufbar.
ISBN 3-593-37651-2

Umschlaggestaltung: Init, Bielefeld
Satz: Satzspiegel, Nörten-Hardenberg
Druck und Bindung: Druckhaus »Thomas Müntzer«, Bad Langensalza
Gedruckt auf säurefreiem und chlorfrei gebleichtem Papier.
Printed in Germany

Besuchen Sie uns im Internet: www.campus.de

Dieses Buch ist unseren Klienten und Kollegen gewidmet, die sich gemeinsam mit uns auf die Reise zum schlanken Unternehmen gemacht haben.

Inhaltsverzeichnis

Geleitwort für die deutsche Ausgabe

Eine erfolgreiche Unternehmensstrategie für Wirtschaftlichkeit und Wachstum braucht als Basis verlässliche Höchstleistung in den Operations. So trivial diese Erkenntnis auch klingen mag – ihr konsequent zu folgen, ist offenbar schwierig. Im zunehmend globalen Wettbewerb sind ständig operative Spitzenleistungen gefragt, und sie müssen in einem Umfeld erbracht werden, das sich permanent wandelt: fast alle industriellen Wertschöpfungsketten haben sich im vergangenen Jahrzehnt dramatisch verändert, und ein Ende dieser Entwicklung ist nicht in Sicht.

Viele führende Unternehmen machen aus der Not eine Tugend: Statt mit ihren Operations ständig den Anforderungen immer ehrgeizigerer Strategien hinterherzulaufen, stellen sie ihre operative Leistungskraft ins Zentrum einer erfolgreichen Strategie, die sich konsequent an den Anforderungen der Kunden ausrichtet und die ständige Verbesserung der eigenen Leistungsfähigkeit zum Ziel hat.

Die Methode des Lean Manufacturing (oder etwas breiter gefasst: der Lean Operations) bietet ein solides Fundament für operative Spitzenleistungen in allen Branchen – ob es um hoch volumige Massenprodukte geht, um Dienstleistungen oder um komplexe technische Systeme und Services. Der Grundgedanke ist nicht neu: Seit fast einem halben Jahrhundert praktiziert Toyota sein legendäres Toyota Produktionssystem (TPS) und entwickelt es stetig weiter; viele Unternehmen in aller Welt haben sich die Methodik abgeschaut. Dennoch ist Lean Manufacturing keineswegs ein alter Hut. Denn nur sehr wenigen ist es gelungen, die Methoden wirklich erfolgreich umzusetzen, und die Übertragung des Lean Manufacturing von der Massenfertigung auf andere Branchen und Sektoren hat erst in den letzten Jahren intensiv eingesetzt. Dies gilt in Europa vor allem für den deutschen Wirtschaftsraum – hier hat die Abwesenheit von Toyota, Nissan und Co. die Einführung des Lean Manufacturing im Original deutlich erschwert. Andererseits zeigt eine Reihe von Beispielen, auch in Deutschland, wie viel mit den »schlanken Methoden« zu erreichen ist, und so erlebt das Lean Manufacturing heute einen zweiten Frühling.

Der Werkzeugkasten des Lean Manufacturing, zum Beispiel mit Kanban, 5S oder SMED, ist vielfach und ausführlich beschrieben. Wozu dann also dieses Buch?

Erstens weil ein überlegenes Fertigungssystem erst dann entsteht, wenn diese Werkzeuge an der richtigen Stelle und in der richtigen Reihenfolge zum Einsatz kommen. Das Maß aller Dinge sind auch hier die Kundenanforderungen, aus denen mit Blick auf die technischen Randbedingungen das Produktionssteuerungssystem abgeleitet wird. Erst dann werden die Schwachstellen in Layout und Abläufen identifiziert, erst dann kommen die technischen Werkzeuge sinnvoll zum Einsatz. Ohne diese Systematik und dieses schrittweise Vorgehen lässt sich die Leistung nicht optimieren.

Zweitens sind technische Lösungen nur ein Teil der Antwort. Hinzukommen müssen geeignete Managementstrukturen und -prozesse – dazu gehören beispielsweise Zielvereinbarung, Leistungsmessung und Anreizgestaltung. Auch die organisatorischen Rahmenbedingungen müssen stimmen, und die Mitarbeiter brauchen Schulung, damit die gewünschten Leistungssteigerungen auch dauerhaft erreichbar sind. Gerade auf diesen Feldern finden sich bei der Einführung der schlanken Methoden häufig Schwächen. So führt die radikale Erweiterung von Führungsspannen auf der Meisterebene – als vermeintlich »schlanke Organisation« – zu einem regelrechten Vakuum bei der Schulung und der stetigen Verbesserung. Und die konsequente, detaillierte Messung der Leistung aller Fertigungsabläufe wird eher als »Leistungsdruck« denn als Grundlage für Verbesserungen wahrgenommen.

Drittens erfordert erfolgreiches Lean Manufacturing einen Kulturwandel und die Sensibilisierung aller Mitarbeiter – vom Vorstand bis zum Werker – für die Notwendigkeiten, Anforderungen und Wirkungsweisen des Lean-Manufacturing-Systems. Das beginnt bei der Erkenntnis der Vorteile, die die schlanke Fertigung bei der Erfüllung der Kundenanforderungen bietet, und endet beim Bewusstsein jedes Einzelnen, ein Rollenmodell für alle Kollegen zu sein. Das muss sich bereits in der Kommunikation widerspiegeln: Als abwechslungsreich und interessant gelten weithin Tätigkeiten mit langen, komplexen Arbeitsfolgen. In der Realität führen gerade solche Tätigkeiten aber oft zu Stress und Qualitätsproblemen bei den Mitarbeitern, wenn sie die Vielzahl der Aufgaben und die Abläufe nicht in ihrer Gesamtheit beherrschen. Wirklich interessant sind dagegen kürzere Tätigkeiten, die der/die Einzelne wirklich völlig überblickt und beherrscht – und für die man selbst Ideen zur Verbesserung hat. Die Forderung nach Abwechslung kann ebenso gut durch häufigere und geplante Wechsel des Einsatzortes eingelöst werden.

Wenn alle drei Elemente – Operating-System, Managementstrukturen und Verhaltensänderung – zusammenkommen, können wir von Lean Transformation sprechen: dem umfassenden und das Potenzial maximierenden Wandel zu einem wirklich schlanken Unternehmen.

Diese holistische Betrachtung aller Bausteine des »schlanken Systems« ist das Charakteristikum des vorliegenden Buches: Es behandelt die technischen Werkzeuge zur Gestaltung der Material- und Informationsflüsse ebenso wie die erforderliche Managementinfrastruktur, und es beschreibt die Hebel zur Schaffung einer »schlanken Unternehmenskultur« als Grundlage des Denkens und Handelns aller Mitarbeiter. Den Prinzipien und Methoden der Lean Operations kann sich der Leser einerseits sachlich analytisch nähern, andererseits aber auch über ein ausführliches Fallbeispiel: Es beschreibt, wie im fiktiven Unternehmen Arboria Lean-Management-Methoden implementiert werden – so werden die Herausforderungen, aber auch die Potenziale deutlich.

Fallbeispiele aus Deutschland bereichern die deutsche Übersetzung des Buchs. Sie zeigen, wie hierzulande in verschiedenen Industriezweigen schlanke Fertigungssysteme zum Erfolg geführt wurden. So erreichte die DaimlerChrysler AG im Werk Sindelfingen durch verschiedene Maßnahmen noch einmal einen deutlichen Effizienzschub: Mit der so genannten Standardmontage wurde ein neues, alle technischen Stellhebel kombinierendes Montage- und Logistikkonzept entwickelt und implementiert. Gleichzeitig gelang es, durch die Einführung regelmäßiger Begehungen die schnelle Generierung und Umsetzung von Ideen noch stärker zu fördern. Bei der Siemens-Tochter SRI in Durach, einem führenden Hersteller für Mobilfunk-Infrastruktur, konnten die Mitarbeiter mit Hilfe der Lean Transformation im Jahr 2001 nicht nur die Herausforderung einbrechender Märkte meistern, sondern sogar eine hervorragende Startposition für den nachfolgenden Aufschwung erringen. Ein wichtiger Schlüssel zum Erfolg war auch hier neben den technischen Veränderungen ein Wandel in den Managementsystemen und in der Unternehmenskultur. Heute haben die Duracher die Aufgabe, auch die anderen Standorte im Verbund bei der schlanken Transformation zu unterstützen. Wie das Beispiel der EADS in Augsburg zeigt, muss solcher Wandel durchaus nicht immer strukturellen Krisen entspringen – im Gegenteil: Hier galt es, eines der besten Werke an der Spitze zu halten. In Augsburg werden komplexe Strukturbauteile für Flugzeuge mit extremen Sicherheitsanforderungen hergestellt; die Produkte bewegen sich in Komplexität und Technologie an der Grenze des Machbaren. Mit dem Augsburg Operating System hat das Werk seine Stärken weiter gestärkt: zuverlässige Qualität in Produkten und Prozessen.

Die Fallbeispiele bestätigen, wie wichtig nicht nur das richtige Konzept, sondern auch die geschickte und entschlossene Umsetzung für den Erfolg von Lean Operations ist. Ein Orchester ohne Partitur kann keine Symphonie erklingen lassen, aber auch eine Partitur ohne Orchester bleibt ein stummes Papier. Es braucht beides: eine gekonnte, sorgfältig ausgearbeitete Komposition und ein sensibel dirigiertes Orchester, in dem alle Musiker ihre Instrumente beherrschen und nicht nur im Takt, sondern auch mit Spielfreude musizieren. Dann kann es ein wunderbares Konzert werden.

Gleich ob Komponist, Dirigent, Instrumentalvirtuose oder interessiertes Publikum: Allen, die dieses Buch zur Hand nehmen, wünsche ich viele neue Anstöße für das Denken und Handeln – und viel Erfolg bei ihrem »Unternehmen Lean Transformation«.

Gernot Strube
Leiter der Manufacturing
Practice Europe bei
McKinsey & Company

Über dieses Buch

Glaubt man den Aussagen vieler Industriebetriebe und Dienstleistungsunternehmen, setzen sie die Lean-Philosophie in ihren Abläufen schon
längst um. In der Tat benutzen zwar viele Firmen schlanke Methoden,
aber nur einigen wenigen ist es gelungen, die Erfolge von Toyota und
anderen Vorbildern auch nur annähernd zu kopieren. Das ist umso ver-
wunderlicher, als Toyota Gäste immer willkommen heißt und ihnen sehr
bereitwillig das berühmte *Toyota Production System* vorführt. Tausende
von Besuchern haben die Fabriken schon besichtigt, und dennoch hegt
Toyota keinerlei Befürchtungen, deshalb möglicherweise Wettbewerbsvorteile aufs Spiel zu setzen. Das liegt daran, dass die wenigsten Besucher
die Geschichte hinter den Prozessen verstehen, die sie sehen, und noch
weniger sind in der Lage, die Toyota-Methoden im eigenen Betrieb nach-
zuahmen.

Toyota kann sich diese Selbstsicherheit leisten, denn es weiß, dass ein
schlankes Produktionssystem nicht auf einige lokale Optimierungen beschränkt ist. Das Toyota-System wurde im Lauf von 50 Jahren entwickelt
und dabei stark von den Zwängen der Geschichte beeinflusst. Nach dem
Zweiten Weltkrieg hatten die japanischen Arbeiter Arbeitsplatzgarantien
erwirkt, die ihren Arbeitgebern eine Kündigung sehr erschwerten. Toyota
fand einen Weg, um dieses Handikap in einen Vorteil zu verwandeln: Die
lebenslange Beschäftigungsgarantie erleichterte es dem Unternehmen
nämlich, ein strenges Leistungsmanagement einzurichten und die Bedingungen zu schaffen, unter denen sich eine Kultur der ständigen Verbesserung ausbilden konnte. Die heutige Unternehmenskultur bei Toyota ist
das Produkt dieser langen Entwicklung.

Es geht also nicht nur darum, die richtigen Werkzeuge, Methoden und
Grundsätze der schlanken Produktion einzuführen. Von grundlegender

Bedeutung ist auch die menschliche Seite: die Einstellungen und Verhaltensweisen der Menschen, die im Unternehmen und dessen »Produktions«-System arbeiten. Die Fähigkeit von Toyota, diese nicht greifbaren Faktoren auf die technischen Systeme abzustimmen, dürfte zu den am häufigsten übersehenen Erfolgsaspekten gehören. Dabei handelt es sich um eine der wichtigsten Voraussetzungen dafür, durch schlanke Methoden Wettbewerbsvorteile zu erlangen. Gerade diese Wechselwirkung zwischen strukturellen und organisatorischen Merkmalen auf der einen Seite und den menschlichen Aspekten auf der anderen Seite ist dafür verantwortlich, dass die Lean-Methoden zu den schwierigsten Managementtechniken überhaupt gehören.

Wir wollten mit diesem Buch Manager darin unterstützen, sich auf die Reise zum schlanken Unternehmen zu machen. Wir kennen die erstaunlichen Auswirkungen der Lean-Methoden auf den wirtschaftlichen Erfolg aus eigener Anschauung und haben schon häufig beobachtet, wie tiefgreifend sie die Motivation und Effektivität von Managern und Mitarbeitern beeinflussen. Wir können Sie hoffentlich davon überzeugen, dass es eine spannende Reise wird.

Stefan Roggenhofer

Bevor ich im Jahr 1991 in das englische Toyota-Werk Burnaston kam, hatte ich schon viel über die Spitzenleistungen des Konzerns gehört. Nach einigen Wochen reiste ich nach Japan, um dort von der weltbekannten *Operations Management Consulting Division* in die Grundsätze der Lean Production eingeweiht zu werden. In diesem Bereich von Toyota war das *Toyota Production System* entstanden, und hier wurde es weiterentwickelt. Ich fand die Theorie logisch und überzeugend, aber am meisten beeindruckten mich ihre konkreten Auswirkungen: sehr hohe Produktivität, sehr kurze Durchlaufzeiten und außerordentliche Produktqualität.

Wieder in Großbritannien, sollte ich das *Toyota Production System* in Europa einführen. Wir begannen mit einer Reihe von Lieferanten, die großes Interesse an einer Zusammenarbeit mit Toyota zeigten und bereit waren, Pilotprojekte durchzuführen. Sehr schnell erkannten wir, wo es Verschwendung und Ineffizienzen in ihren Abläufen gab, und wir sorgten durch geeignete Methoden für Abhilfe. Die Manager waren erstaunt: Innerhalb weniger Tage hatten wir weit mehr erreicht, als es ihnen mit jedem bisherigen Verbesserungsprojekt gelungen war, und dies bei einem Kosteneinsatz, der beinahe bei Null lag. Es schien ein Wunder zu sein: enorme Verbesserungen in der Arbeitsproduktivität, Lagerhaltung und Qualität, und das alles ohne Investitionen.

Aber die Begeisterung verflog schnell. Als wir wenige Wochen später in die Werke zurückkehrten, war alles wie vorher: Wieder warteten zusätzliche Mitarbeiter untätig hinter dem Band, um im Notfall einzuspringen, der Lagerbestand war wieder angestiegen, und es gab immer wieder Qualitätsprobleme. Als wir die Manager fragten, warum sie diese Entwicklung zugelassen hatten, waren sie entgeistert: Die meisten hatten noch nicht einmal bemerkt, dass der Trend sich wieder umgekehrt hatte. Also halfen wir ihnen, das System noch einmal aufzubauen. Aber schon bei unserem nächsten Besuch war wieder alles beim Alten.

Was war schief gegangen? Waren die Lieferanten nicht ernsthaft genug bei der Sache? Glaubten sie, ihren Abnehmer durch Lippenbekenntnisse bei Laune halten zu können? Oder lag es am Management? Letztlich gelang es uns dann doch, die neuen Prozesse dauerhaft zu verankern. Aber es waren viel Zeit und Mühen erforderlich, um den Zustand wiederherzustellen, den wir zu Beginn innerhalb weniger Tage erreicht hatten.

Unsere Erfahrung war keineswegs ungewöhnlich. Gemessen am Aufwand und an der Energie, die Unternehmen in den vergangenen 20 Jahren in die Einführung der Lean-Methoden investierten, waren die Erfolge oft leider nur von kurzer Dauer. Woran lag es? Was war das fehlende Glied, das nachhaltige Erfolge verhinderte? Diese Fragen habe ich zu beantworten versucht. Meine Schlussfolgerungen finden Sie im vorliegenden Buch.

Blair McCallum

In meiner jahrelangen Arbeit in der Produktion habe ich gelernt, dass betriebliche Verbesserungen *durch* Menschen erfolgen und nicht *an* Menschen vorgenommen werden. Außerdem habe ich gelernt, dass Menschen selten durch ein neues Handbuch, eine Präsentation oder ein Briefing dazu bewegt werden können, ihre Arbeitsweise zu ändern. Natürlich haben logische Erklärungen und klare Anweisungen ihre Berechtigung, aber sie müssen durch praktische Beispiele und Nachweise untermauert werden. Die Menschen möchten Beweise dafür sehen, dass eine neue Methode funktioniert. Sie sagen: »Das glaube ich erst, wenn ich es sehe.«

Heute arbeite ich als Berater an der Schnittstelle zwischen technischen Änderungen und Verhaltensänderungen und stelle fest, wie schwierig es ist, Managern begreiflich zu machen, warum Einstellungs- und Verhaltensänderungen so schwer durchzusetzen sind. Mit schriftlichem Material und konventionellen Präsentationen kommt man nicht sehr weit, weil sie nur die Theorie erklären, die den Lean-Prozessen zugrunde liegt. Aber sie eignen sich nicht dazu, den Menschen zu vermitteln, wie sie mit Lean-Prozessen arbeiten können und wie diese ihren Alltag verändern.

Warum schreiben wir dann ein Buch über Lean Production? Wir möchten damit zwei Dinge erreichen. In Teil I, *Die Eckpfeiler der Lean-Philosophie*, geben wir einen Überblick über die Aspekte, an denen jedes Unternehmen arbeiten muss, das eine Transformation plant.

In Teil II, *Der Weg zum schlanken Unternehmen*, beschreiben wir, wie ein fiktives Unternehmen den Übergang zur schlanken Fertigung im Chaos des Alltags bewältigt. Dieser Teil des Buchs ist wie eine Dokumentation verfasst und wird durch Kommentare und Analysen ergänzt. Wir hoffen, dass unsere Leser die Manager und Mitarbeiter von *Arboria* dabei begleiten, wie sie die Probleme und Rückschläge bewältigen, die mit jedem Lean-Projekt unweigerlich verbunden sind, und schließlich den verdienten Erfolg ernten. Dabei können sie sich eine Vorstellung davon machen, wie diese schwierige, aber lohnenswerte Reise aussehen kann.

John Drew

Kapitel 1

Lean Production – oft kopiert und nie erreicht?

Themen dieses Kapitels

➤ Lean-Konzepte können in allen Branchen durchgeführt werden und neue strategische Möglichkeiten eröffnen.

➤ Lean-Konzepte umfassen weit mehr als nur eine Ansammlung neuer Methoden – sie stehen für eine neue Arbeitsweise.

➤ Man muss sich die Einführung schlanker Prozesse als eine längere Reise und nicht als ein in sich abgeschlossenes Projekt vorstellen.

Brillante Leistungen regen zur Nachahmung an. Wenn wir Tiger Woods im Fernsehen sehen, kribbelt es uns in den Fingern und wir bekommen plötzlich Lust, die Golfschläger aus dem Keller zu holen und zum Golfplatz zu fahren. Hoch motiviert nehmen wir uns vor, alle 18 Löcher zu spielen, an unserem Handicap zu arbeiten und von nun an mehr Zeit auf dem Platz und weniger Zeit an der Bar im Clubhaus zu verbringen. Vielleicht melden wir uns sogar für Trainingsstunden an oder investieren in teure neue Golfschläger, um unsere Schlagtechnik zu verbessern.

Aber bekanntermaßen reichen gute Vorsätze allein nicht aus. Sobald die erste Begeisterung verflogen ist, sind Disziplin und harte Arbeit gefordert. Immer wieder müssen wir feststellen, dass die Verwirklichung unserer Ziele viel schwieriger ist, als wir erwartet haben.

Das Gleiche gilt für Unternehmen und ihre Optimierungsprogramme. Angeregt durch japanische Automobilhersteller haben zahllose Unternehmen rund um den Globus versucht, ihre Ergebnisse mithilfe von Lean-Konzepten zu verbessern. Sie haben ihre Produktionsabläufe geändert und sie von Schwachstellen befreit. Die meisten Firmen mussten jedoch feststellen, dass die Verbesserungen nur von kurzer Dauer waren und zudem besondere Anstrengungen und zusätzliche Ressourcen erforderten. Und sobald die zuständigen Manager auch nur für einen Augenblick die Zügel locker ließen, lösten sich die Erfolge wieder in Luft auf.

Dies liegt zum Teil daran, dass Betriebe und Fabriken unberechenbar sind. Eine gewisse Unberechenbarkeit ist allen Systemen immanent, weil sie nun einmal zum Chaos neigen. Verbesserungen können deshalb nur dann Bestand haben, wenn man sich gezielt darum bemüht, sie aufrechtzuerhalten. In besonders unsicheren Umgebungen ist es jedoch so aufwändig, den Status Quo zu sichern, dass keine Zeit bleibt, sich um Ziele wie die Prozessoptimierung zu kümmern. Wer unter solchen Umständen Veränderungen durchsetzen will, verhält sich wie jemand, der »mitten in einem Orkan ein Zelt aufbaut«, wie es ein Manager einmal ausdrückte. Besonders schwierig wird es, wenn die Verantwortung für Qualität, Kosten und die operativen Prozesse auf die Meister vor Ort übertragen wird.

Wir haben viele verschiedene Optimierungsprogramme begleitet und waren auch selbst in der Industrie tätig, sodass wir wissen, wie schwierig es ist, einen nachhaltigen Wandel herbeizuführen. In vielen Firmen wird lediglich Krisenmanagement betrieben – ein klares Anzeichen für instabile Abläufe. Diese Instabilität ist ein unvermeidliches Merkmal der Massenproduktion.

Selbst wenn fortschrittliche Planungssysteme wie Manufacturing Requirements Planning (MRP) existieren, sind Angebot und Nachfrage viel zu schwankend, um eine zuverlässige Planung zu erlauben. Das Problem liegt im Wesen der Planung selbst: Menschen sind weder willens noch fähig, Pläne über einen langen Zeitraum einzuhalten. Kunden ändern in letzter Minute ihre Bestellung, Materiallieferungen treffen nicht pünktlich ein, ein bestimmtes Teil ist nicht mehr vorrätig und Maschinen fallen aus. Wenn Schwierigkeiten auftreten, wird die beste Planung hinfällig, und die betroffenen Mitarbeiter müssen einfallsreich und flexibel agieren, um die Produktion in Gang zu halten.

Diese ungeplanten Eingriffe sind zwar gut gemeint, stellen ein Unternehmen jedoch vor Probleme. Relativ unbedeutende Änderungen können ungeahnte Ausmaße annehmen und in der Wertschöpfungskette schnell zu chaotischen Schwankungen bei Angebot und Nachfrage führen. Es ist kein Zufall, dass die zentrale Planwirtschaft in der Sowjetunion gescheitert ist. Wer Pläne aufstellt, verlässt sich auf die Vorhersehbarkeit bestimmter Faktoren und darauf, dass seine Pläne eingehalten werden. Die Realität sieht anders aus.

Damit stehen wir vor einer schwierigen Frage. Wenn die Veränderlichkeit oder Variabilität zur Massenproduktion gehört und zwangsläufig zu Instabilität und Krisenmanagement führt, können dann Veränderungsprogramme überhaupt eine nachhaltige Wirkung zeigen? Verurteilt diese Instabilität nicht jedes neue System zum Scheitern, weil die Mitarbeiter irgendwann doch wieder auf ihre alten Methoden zurückgreifen müssen?

Lean-Konzepte – das große Versprechen

Lean-Konzepte haben sich unter den Strategien zur Unternehmensführung in den letzten Jahren einen festen Platz erobert. Sie werden längst nicht mehr als exotisches Sammelsurium japanischer Methoden belächelt, sondern haben sich durchgesetzt, weil sie etwas Einzigartiges versprechen: Lean-Grundsätze ermöglichen nicht nur Kostensenkungen und Qualitätssteigerungen, sondern stabilisieren auch die Arbeitsabläufe eines Unternehmens und bringen Angebot und Nachfrage in Einklang. Dadurch wiederum wird es möglich, das ständige Krisenmanagement zu beenden und stattdessen die erforderlichen Voraussetzungen für kontinuierliche Verbesserungen zu schaffen.

Wenn sich das Lean Management in der Unternehmenskultur verankert hat und nicht mehr als isoliertes Projekt betrachtet wird, kann es umwälzende Veränderungen bewirken und große Wettbewerbsvorteile schaffen. So konnte Dell sein Lager im Jahr 2001 64 Mal umschlagen, 50 Mal häufiger als der nächste Konkurrent, während sich die Betriebskosten auf weniger als die Hälfte der Kosten des nächsten Wettbewerbers beliefen. Wie Firmengründer Michael Dell erklärt, fußt sein Erfolg auf einfachen Grundsätzen: »Was bringt es, einen Monitor im Lastwagen nach Austin in Texas zu transportieren, ihn dort abzuladen und auf eine Rundreise durch das Lager zu schicken, nur um ihn dann wieder auf einen anderen Lastwagen zu hieven? Das ist reine Zeit- und Geldverschwendung.«

Viele Unternehmen haben den gleichen Weg eingeschlagen. Airbus UK, Hersteller von Tragflächen, die in französischen und deutschen Werken montiert werden, ist es mithilfe seines Lean-Konzepts gelungen, erhebliche verborgene Kapazitäten freizusetzen und sich damit eine große Investition zu ersparen. 1999 kam es durch eine lebhafte Nachfrage zu gravierenden Kapazitätsengpässen, und Airbus hatte zunehmend Schwierigkeiten, die Produktionsziele zu erfüllen. Die Einhaltung der Lieferpläne war jedoch von großer Bedeutung, weil die Überschreitung von Lieferfristen Vertragsstrafen nach sich zog.

Airbus UK begann seine Umgestaltung in zwei Pilotbereichen – in der maschinellen Bearbeitung und in der Montage von Tragflächen. In der Maschinenhalle konnte die Einhaltung der internen Planung in nur drei Monaten von rund 30 Prozent auf über 75 Prozent gesteigert werden. In der Montage ermöglichten neue Produktionsverfahren und neue logistische Systeme binnen sechs Monaten einen Produktivitätszuwachs von über 25 Prozent, eine Verkürzung der Produktionszeiten um rund 20 Prozent und Qualitätsverbesserungen von über 40 Prozent. Bis zum Jahr 2003 hatte das Unternehmen beeindruckende Verbesserungen erzielt. Die Lieferpünktlichkeit lag nun – bei geringerer Nutzung von externen Dienstleistern – bei 100 Prozent, die Produktivität war um 25 Prozent gestiegen, und kleinere Qualitätsprobleme konnten um rund 50 Prozent vermindert werden. Airbus UK zählt heute zu den besten Geschäftseinheiten von Airbus.

Die US-Versicherungsgesellschaft Jefferson Pilot Financial (JPF) gehört ebenfalls zu den Akteuren, die ihre Ergebnisse durch die Anwendung von Lean-Grundsätzen radikal verbessert haben.[1] Ende 2000 begann JPF nach Wegen zu suchen, sich dem tendenziell geringen Wachstum in der Lebensversicherungsbranche entgegenzustellen. Das war jedoch kein leichtes Unterfangen. Aufgrund gestiegener Kundenanforderungen hatte die Zahl der Produktvarianten stark zugenommen, was die Komplexität in der Branche steigerte und die Kosten für Full-Service-Anbieter in die Höhe trieb. Gleichzeitig übten spezialisierte Nischenfirmen mit niedrigen Kosten und kurzen Bearbeitungszeiten für die Versicherungspolicen einen unvorhergesehenen Druck auf die großen Gesellschaften aus, die nun ihrerseits ihren Service verbessern *und* die Kosten senken mussten.

---

1 Siehe Cynthia Karen Swank, »The lean service machine«, in: *Harvard Business Review*, Oktober 2003.

Jefferson Pilot erkannte als eines der ersten Unternehmen, dass die Lean-Konzepte auch auf die Prozesse von Finanzdienstleistern angewendet werden können. Die Umstellung ermöglichte es dem Unternehmen, seine Abläufe erheblich zu optimieren: Der Zeitraum, der benötigt wurde, um ein neues Produkt in die Gewinnzone zu führen, sank um 70 Prozent, die Arbeitskosten pro Versicherungspolice gingen um fast 30 Prozent zurück, und die Zahl der Policen, die aufgrund von Fehlern neu ausgestellt werden mussten, sank um 40 Prozent.

Ein führendes europäisches Telekommunikationsunternehmen machte sich die Lean-Grundsätze zunutze, um auf den zunehmenden Margendruck in einem regulierten, sich abschwächenden Markt zu reagieren. Das Unternehmen nahm zunächst einen Bereich in Angriff, der viele Kunden in die Arme der Konkurrenz trieb – die Störungsbehebung in Festnetzleitungen.

Das zuständige Team fand heraus, dass die drei Stufen des Reparaturprozesses – Call Center, Diagnose und Außendienst – derart schlecht zusammenarbeiteten, dass sie wie drei Konkurrenzfirmen auftraten. Nicht einmal die Arbeitszeiten deckten sich. Dies führte zu einer durchschnittlichen Reparaturdauer von rund 19 Stunden, von denen aber nur etwa eine Stunde direkt dem Kunden zugute kam. Die Servicetechniker verbrachten etwa 20 Prozent ihrer Arbeitszeit damit, auf Arbeitsaufträge zu warten, und weitere 20 Prozent wurden für die Logistik zwischen den jeweiligen Arbeitsaufträgen aufgewendet.

Das Unternehmen führte Lean-Grundsätze ein, um zunächst die Verlustquellen im Wertstrom zu ermitteln und anschließend die Organisation zu erneuern und die Teamleiter weiter zu qualifizieren. Mit diesen Schritten erzielte es bemerkenswerte Verbesserungen. In den ersten Monaten des Pilotprojekts wuchs die Produktivität um 40 Prozent, während die Zahl wiederholter Störungen um 50 Prozent zurückging. Die Maßnahmen wurden nun auf das gesamte Unternehmen auf nationaler Ebene ausgedehnt und führten auch da zum Erfolg. Was als Programm zur Produktivitätssteigerung begonnen hatte, endete als wahrer Kulturwandel. Um es mit den Worten des Chief Operations Officer auszudrücken: »Wir haben die Ziele des Programms weit übertroffen. Der größte Erfolg besteht darin, dass das Unternehmen viel gelernt hat und an der Aufgabe gewachsen ist. Sämtliche Mitarbeiter setzen sich nun für die weitere Verankerung des Programms ein.«

Wir kommen in späteren Kapiteln noch einmal auf diese Beispiele zu sprechen, um zu zeigen, dass die Lean-Konzepte in allen Branchen angewendet werden können. Wir kennen Unternehmen aus den unterschiedlichsten Wirtschaftszweigen – Chemie- und Papierindustrie, Bergbau, Stahlbranche, Konsumgüterhandel, Pharmaindustrie, Einzelhandel oder Finanzindustrie –, die von der Einführung von Lean-Grundsätzen profitiert haben.

Toyota: Pionier der schlanken Produktion

Das Konzept der schlanken Produktion geht auf den Automobilhersteller Toyota zurück, der damit in den letzten 30 Jahren höhere Gewinne einfahren und schneller wachsen konnte als sämtliche Konkurrenten. Dabei durften sich Toyotas Aktionäre über ein Renditewachstum von durchschnittlich 14 Prozent im Jahr freuen. 2003 präsentierte sich Toyota mit einem weltweiten Marktanteil von knapp über 10 Prozent als drittgrößter Automobilproduzent der Welt; 1970 hatte der Marktanteil noch bei 5 Prozent gelegen. Toyota hat unlängst angekündigt, dass es seinen Anteil am Weltmarkt bis zum Jahr 2010 auf rund 15 Prozent ausbauen will. Sollte dies gelingen, wäre Toyota der größte Autohersteller der Welt.

Selbst unter den schwierigen wirtschaftlichen Bedingungen, die im Jahr 2003 herrschten, erzielte Toyota eine Umsatzrendite von 8 Prozent. Dabei ist das Unternehmen nicht als Pionier für innovative Produkte oder neuartige Marktstrategien bekannt. Der Schlüssel zum Erfolg liegt vielmehr im effizientesten Produktionssystem der Welt – dem *Toyota Production System*.

Für Toyota begann der Weg zum schlanken Unternehmen, als es in den fünfziger Jahren neue Grundsätze für die Ablauforganisation entwickelte, um auf die schwierigen wirtschaftlichen Bedingungen in Japan zu reagieren. Nach der Zerstörung des japanischen Wirtschaftssystems im Zweiten Weltkrieg war Kapital knapp, was den Zugang zu Unternehmensfinanzierungen sehr erschwerte. In Japan selbst war die Nachfrage nach Autos aufgrund niedrigerer Einkommen äußerst schwach, sodass sich eine Massenproduktion nicht lohnte. Die Modelle mussten zudem noch in der Praxis getestet werden, weshalb umfassende Investitionen in

Werkzeuge und Maschinen nicht zur Debatte standen. Außerdem musste das Unternehmen seine Kosten senken, durfte jedoch aufgrund neuer strenger Gesetze zum Beschäftigungsschutz keine Mitarbeiter entlassen. Versuche, die Effizienz zu steigern, endeten in Streiks und einer Verschlechterung der Arbeitgeber-Arbeitnehmerbeziehungen.

Ein anderes Unternehmen hätte an diesem Punkt vielleicht aufgegeben. Toyota ließ sich von den widrigen Umständen jedoch nicht aufhalten, sondern entwickelte ein flexibles Produktionssystem, das nicht auf große Produktionsserien angewiesen war. Um die Kosten zu drücken, kaufte Toyota gebrauchte Maschinen in den Vereinigten Staaten. Dank der niedrigen Investitionskosten war nun eine Fertigung in kleinen Losgrößen, was für den kleinen japanischen Markt ausreichte, theoretisch möglich. Jetzt stand der flexiblen Produktion nur noch ein Hindernis im Wege – die hohen Kosten und das aufwändige Umrüsten bei der Umstellung auf kleine Losgrößen. In der Massenproduktion stellten Rüstvorgänge eine komplexe und aufwändige Aufgabe dar: Manchmal standen Fertigungsstraßen tagelang still, Arbeiter mussten umgeschult werden, oder es wurden sogar neue Maschinen benötigt.

Toyota entwickelte ein Produktionssystem, das schnelle Rüstvorgänge ermöglicht. Anstatt Maschinen zu benutzen, die sich nur für eine Aufgabe eigneten, wurde Ausrüstung angeschafft, die mit wechselnden Werkzeugen bestückt werden konnte. Das Unternehmen bemühte sich, die Maschineneinrichtung zu vereinfachen und die Wege zu reduzieren, über die Werkzeuge transportiert werden mussten. Vor allem investierte Toyota in seine Mitarbeiter. Diese mussten jederzeit in der Lage sein, Werkzeuge bei Bedarf auszutauschen, unterschiedliche Aufgaben zu übernehmen oder zwischen verschiedenen Produktionslinien zu wechseln. Dazu waren umfassende Schulungen erforderlich. Toyota wusste aber, dass sich diese Investition auszahlen würde. Schließlich würden die Mitarbeiter lange – vielleicht ihr gesamtes Berufsleben lang – bei dem Unternehmen bleiben.

Das hohe Qualifikationsniveau der Mitarbeiter brachte für Toyota einen weiteren Vorteil mit sich: Das Unternehmen konnte seine Mitarbeiter in die kontinuierliche Verbesserung der Rüstvorgänge einbinden. Indem Toyota weniger in Maschinen und mehr in Mitarbeiter investierte, steigerte es seine Flexibilität erheblich. Die kurzen Produktionszyklen erwiesen sich zunehmend als Vorteil denn als Belastung für das Unternehmen: Der Automobilhersteller konnte umgehend auf Nachfrageschwankungen reagieren, weil er die Produktion schnell auf ein anderes Modell umstellen konnte.

Mit der Zeit entstand aus all diesen Elementen ein neues Modell der Ablauforganisation, das die Grundlage der Lean Production bildete.[2] Am Beispiel von Toyota zeigt sich, dass Lean-Grundsätze eine Alternative – keine Ergänzung – zur Massenproduktion sind. Sie erfordern eine völlig andere Arbeitsweise und eine völlig andere *Denkweise*. Schlanke Strukturen lassen sich nicht mit großen Fertigungslosen vereinbaren. Vielmehr werden die Produktionsgeschwindigkeit, der Produktmix und die Produktionsmenge vom Kunden bestimmt. Massenproduzenten setzen sich begrenzte Ziele – eine akzeptable Fehlerquote, eine annehmbare Bestandshöhe und ein kleines Sortiment an Standardprodukten. Schlanke Hersteller dagegen streben nach Perfektion, das heißt nach kontinuierlicher Kostenreduzierung, Nullfehlerquote, Produktion ohne Lager und unbegrenzte Produktvielfalt.

Toyota entwickelte ein technisches System, das nicht auf die Größenvorteile des gigantischen amerikanischen Marktes angewiesen war. Vielmehr wurden die Kultur, die Organisation und die technischen Systeme darauf abgestimmt, sich unablässig mit der Beseitigung von Verschwendung, Variabilität und Inflexibilität zu beschäftigen. Die technischen Systeme sind einzig und allein darauf ausgerichtet, die Nachfrage zu befriedigen. Sie müssen sehr flexibel sein, um unverzüglich auf Nachfrageschwankungen reagieren zu können. Ihr Stützpfeiler ist eine stabile Belegschaft, die über eine wesentlich höhere Qualifikation und eine wesentlich größere Flexibilität verfügt als Unternehmen in der Massenproduktion. Wahre Flexibilität verlangt nach Stabilität – der eine Faktor ist ohne den anderen nicht möglich.

Toyota hat in seinem technischen System aus der Not eine Tugend gemacht. Seine Hauptmerkmale können ausnahmslos auf die japanischen Marktbedingungen der fünfziger Jahre zurückgeführt werden. Wenn das Lean-Konzept aber als Lösung für Probleme entwickelt wurde, die damals akut waren, eignet es sich dann auch heute noch für Unternehmen, die unter völlig anderen Bedingungen operieren?

---

2 Siehe James P. Womack, Daniel T. Jones und Daniel Roos, *The Machine That Changed The World*, New York: Rawson Associates, 1990.

Tatsächlich könnten sich die wirtschaftlichen Rahmenbedingungen von heute kaum stärker von der Situation in Japan Ende der fünfziger Jahre unterscheiden. Kapital steht rund um den Globus in ausreichender Menge zur Verfügung und verschafft einem Unternehmen somit nur noch selten einen Wettbewerbsvorteil – weder bei der Finanzierung noch bei der Entscheidung über das Investitionsvolumen. Umgekehrt bedeutet dies, dass ein hoher Kapitalbedarf heute auch keine Barriere mehr für den Markteintritt darstellt. Wie die Speicherchiphersteller feststellen mussten, können Wettbewerber trotz des benötigten Investitionskapitals fast über Nacht auf der Bildfläche erscheinen. Folglich garantiert die schiere Größe eines Unternehmens nicht, dass es sich einen ausreichenden Marktanteil sichern kann. Wenn aber die Größe *keine* Wettbewerbsvorteile mehr verschafft, sind Massenproduktionssysteme eine potenzielle Belastung.

Die Unwägbarkeiten in der globalisierten Wirtschaft von heute verlangen bewegliche technische Systeme, die sich schnell auf Nachfrageschwankungen und neue Produkte einstellen können. Was Unternehmen sicherlich nicht brauchen, sind starre Produktionssysteme, die sich mit großen Sicherheitsbeständen gegen Bedarfsschwankungen und geänderte Marktbedingungen zu schützen versuchen. Solche Systeme sind so flexibel wie Öltanker auf hoher See.

Die Schlussfolgerung liegt also nahe, dass das Toyota-Produktionssystem dank seiner Flexibilität auch für die heutige Wirtschaft geeignet ist. Tatsächlich hat sich das System für seinen Erfinder zu einem wichtigen Wettbewerbsvorteil entwickelt. Die sehr kurzen Produktionszyklen von Toyota kombinieren hohe Qualität mit großer Produktvielfalt – eine Kombination, die nur schwer zu verwirklichen ist und Konkurrenten in gleichem Maße verwirrt wie sie den Kunden nutzt.

In das Produktionssystem von Toyota sind jahrzehntelange Erfahrungen eingeflossen. Diese Tatsache stellt Unternehmen, die ebenfalls Lean-Grundsätze einführen wollen, vor eine große Herausforderung. Schlanke Konzepte verlangen von Natur aus ein sehr gutes Prozessverständnis, sind also wissensintensiv. Ein großer Teil dieses Wissens ist in den hoch entwickelten Systemen und Prozessen eingebettet, während ein weitaus größerer Teil in den Qualifikationen der Mitarbeiter liegt, die diese Systeme betreiben. Toyota-Mitarbeiter zeichnen sich durch eine spezielle Toyota-Mentalität aus. Sie wissen, wie und wann sie auf Produktionsänderungen reagieren müssen.

Es ist sehr aufschlussreich, sich einmal anzusehen, wie Toyota seine Auslandsaktivitäten organisiert. Wenn eine neue Produktionsstätte im Ausland errichtet wird, geht Toyota nicht davon aus, von Anfang an über ein schlankes System für den Teileeinkauf zu verfügen. Vielmehr muss jeder einzelne Lieferant mit den Lean-Grundsätzen vertraut gemacht werden. Auch wenn die neue Fabrik intern von Anfang an auf schlanken Verfahren beruht, wird sie nicht gleich so effizient arbeiten wie die Werke in Japan. Das ist erst möglich, wenn Toyota vor Ort über einen Lieferantenstamm verfügt, für den Lean Production kein Fremdwort ist.

Anfangs organisiert die Muttergesellschaft die losweise Lieferung von Komponenten an das neue Werk – entweder durch Importe oder durch die Beschaffung bei lokalen Lieferanten. Dies beeinträchtigt zwar die Effizienz, hält Toyota jedoch nicht davon ab, im Ausland zu investieren. Schließlich weiß der Automobilhersteller, dass die Produktivität steigen wird, wenn immer mehr Lieferanten die Lean-Grundsätze einführen. So wird die Beschaffung der benötigten Komponenten nach und nach auf eine lokale Basis gestellt.

Toyota betrachtet den Aufbau einer jeden neuen Fabrik im Ausland als neues Abenteuer, an dessen Ende ein schlankes Produktionssystem steht. Trotz jahrelanger Erfahrungen mit schlanken Abläufen erwartet Toyota also nicht, sein Ziel in einem Handstreich zu erreichen.

Ein schwieriger Weg

Wenn die Lean-Konzepte ein derart wirksames Instrument darstellen und Toyota sie so erfolgreich anwendet, warum gelingt es dann nur wenigen Unternehmen, die Grundsätze ebenso erfolgreich umzusetzen? Ebenso gut könnten wir fragen, warum es uns so schwer fällt, unser Handicap beim Golf zu verbessern, obwohl es uns doch durchaus erstrebenswert erscheint. Zum Teil liegt es sicherlich daran, dass der Reiz einer neuen Herausforderung nachlässt, wenn sie sich als schwieriger entpuppt, als vermutet wurde. Termine kommen dazwischen, schlechtes Wetter verhindert den Gang zum Golfplatz, familiäre Verpflichtungen halten uns ab, oder wir lassen uns von anderen Freizeitangeboten ablenken. Vielen Unternehmen, die ihre Prozesse verschlanken wollen, ergeht es ähnlich –

auch ihre Versuche verlaufen schließlich im Sande. Gute Vorsätze verflüchtigen sich in der Auseinandersetzung mit den Widrigkeiten des Arbeitsalltags. Prioritäten ändern sich, wenn Unternehmen unter Druck geraten. Aus diesem Grund betrachten wir die Umgestaltung zum schlanken Unternehmen als eine längere Reise. Was Sie brauchen, sind kompetente Reiseführer, ein zuverlässiges Fahrzeug, eine fähige und begeisterungsfähige Crew, ausreichend Treibstoff, eine gute Landkarte und regelmäßige Positionsbestimmungen.

Die Reise ist nichts für Angsthasen, und es gibt unterwegs keine Rastmöglichkeiten. Außerdem dürfen Sie nicht darauf hoffen, mit »ein bisschen« Lean Production schon Teilerfolge erzielen zu können. Die Neuausrichtung auf Lean-Grundsätze ist ein schwieriges Unterfangen, und viele Kandidaten werfen unterwegs das Handtuch. Sie müssen fest von Ihrem Vorhaben überzeugt sein, wenn Sie sich auf den Weg machen.

Die Einführung eines schlanken Produktionssystems sollte nicht nur als technischer Prozess betrachtet werden, den man am besten den Technikern überlässt. Unserer Erfahrung nach scheitert die Einführung von Lean Production, häufig daran, dass die Unternehmen nur einen Teil des Ganzen sehen. Wer an einer Führung durch eine Toyota-Fabrik teilnimmt, sieht zwar die Werkzeuge und Techniken, mit denen die Abläufe optimiert werden, doch die zugrunde liegende Infrastruktur und die notwendigen Verhaltensweisen bleiben ihm verborgen.

Es ist eher so, als würde man sich ein Theaterstück anschauen. Wir sehen die Schauspieler auf der Bühne agieren und hören sie sprechen, wissen jedoch nicht, was in den Proben geschehen ist, was der Regisseur ihnen vorgegeben hat, wie sie sich auf ihre Rolle vorbereiten, wie der Text überarbeitet wurde oder wie sich die heutige Vorstellung von der gestrigen oder morgigen unterscheidet. Ebenso wie ein Theaterstück sind auch schlanke Abläufe nicht statisch, sondern entwickeln sich im Laufe der Zeit dynamisch weiter.

Die Neuausrichtung erfordert eine starke Führung. Alle Veränderungen können nur mit der uneingeschränkten Unterstützung des Topmanagements zum Erfolg gelangen – dies gilt in besonderem Maß für die Einführung von Lean-Konzepten. Weil diese mit einer radikalen Änderung der bisherigen Arbeitsweisen verbunden sind, werden nur wenige Menschen sie auf Anhieb verstehen. Solange Mitarbeiter aber nicht erkennen, welche Vorteile die Lean-Grundsätze ihnen selbst bringen, wehren sie sich dagegen, weil ihre gewohnten Methoden infrage gestellt werden – etwa die Einrichtung hoher Sicherheitsbestände, um gegen Lieferprobleme gewappnet zu sein. Gerade erfahrene Produktionsleiter fühlen sich vor allem in der Anfangszeit bedroht, wenn gewohnte und bewährte Arbeitsweisen plötzlich als unerwünscht gelten.

Das leitende Management muss wissen, was erreicht werden soll und *wie* es erreicht werden soll. Die von den Veränderungen betroffenen Mitarbeiter brauchen ein gewisses Maß an Sicherheit und Unterstützung, vor allem, wenn die Neuausrichtung mit einer radikalen Kostensenkung einhergeht. Viele Firmen, die erfolgreich schlanke Prozesse eingeführt haben, haben nach einer ersten Entlassungsrunde den verbliebenen Mitarbeitern eine Art Beschäftigungsgarantie angeboten. Ohne solche Garantien hegen Mitarbeiter den Verdacht, dass mit dem Lean-Konzept lediglich Arbeitsplätze eingespart werden sollen. Das dürfte sie kaum dazu animieren, aktiv an den Veränderungsprozessen mitzuwirken.

Der Weg zum schlanken Unternehmen ist lang. Falls ein Unternehmen komplett auf Lean-Grundsätze umstellen will, muss es diesen Ansatz dauerhaft verfolgen. Auch wenn die ersten Erfolge meist schnell erzielt werden, ist ihre Nachhaltigkeit nur gewährleistet, wenn sie zur Grundlage kontinuierlicher Verbesserungen gemacht werden. Derart langfristig zu denken, ist für moderne Unternehmen aber nicht einfach. Das weitverbreitete Quartalsdenken oder auch die kurzen Amtszeiten an der Unternehmensspitze sind Gründe dafür, warum die Neuausrichtung nicht allein mit der Willenskraft einiger Topmanager durchgeführt werden kann. Vielmehr müssen Unternehmen die schlanken Methoden und Sichtweisen im Rahmen ihrer Mitarbeiterentwicklung institutionalisieren. Jeder Mitarbeiter im Unternehmen muss das Lean-Konzept verinnerlichen.

Aufbruch

Lean-Grundsätze sind nicht intuitiv erfassbar, und oft widersprechen sie den Erfahrungen der Fachleute in der Produktion. Unternehmen, die ihre Prozesse neu ausrichten wollen, brauchen daher Unterstützung von Experten, die schon umfassende Erfahrungen mit Lean-Konzepten gesammelt haben.

Einige Firmen haben direkt Mitarbeiter von Toyota und anderen schlanken Unternehmen angeworben und diese zu ihren »Change Agents« ernannt. Wen auch immer Sie auswählen – es sollte sich auf jeden Fall um Personen handeln, die vorher schon in maßgeblicher Funktion an einem Lean-Projekt beteiligt waren. Viele Menschen behaupten von sich, bereits ein schlankes System konzipiert zu haben, doch nur wenigen ist es gelungen, ein solches System dauerhaft zu verankern.

Die Neuausrichtung der Prozesse kann nur im Rahmen einer umfassenden Zusammenarbeit erfolgen, in der letztlich alle Beteiligten des Unternehmens ihren Part spielen müssen. Change Agents und Lean-Berater moderieren den Wandel und unterstützen die Mitarbeiter dabei, die Veränderungen zu bewältigen und sich mit den neuen Grundsätzen vertraut zu machen. Bei einer erfolgreichen Unternehmenstransformation stellen alle Mitarbeiter fest, dass sie plötzlich Dinge vollbringen, die sie nicht für möglich gehalten hätten.

Viele Manager, die schlanke Prozesse einführen wollen, wagen sich auf unbekanntes Terrain vor. Das Gleiche gilt für die direkten Mitarbeiter aus der Produktion, auch wenn sie die neuen Konzepte aus einer anderen Perspektive kennen lernen. Durch ihre tägliche Praxis in der Produktion oder im Umgang mit Kunden kennen sie die operativen Abläufe in- und auswendig, und zwar die praktische, nicht die theoretische Seite. Sie kennen die Probleme und wissen, wie der Betrieb in Gang gehalten wird. Lean-Grundsätze rütteln an dem Bild, das Manager und Produktionsmitarbeiter voneinander haben. Beide Gruppen müssen lernen, sich gegenseitig stärker zu vertrauen als vorher.

Auch wenn sich die Transformation in jedem Unternehmen anders gestaltet, durchlaufen die meisten Firmen fünf Phasen.

- In der Vorbereitungsphase prüfen die zuständigen Manager, ob sich die Lean-Konzepte mit ihren operativen Strategien vereinbaren lassen, und treffen dann bewusst die Entscheidung, den Weg zum schlanken Unternehmen einzuschlagen.
- In der nächsten Phase erkunden sie das Verbesserungspotenzial, indem sie den Ist-Zustand ihrer Abläufe eingehend untersuchen. Dabei werden auch die Managementinfrastruktur und die Beweggründe und Perspektiven der Mitarbeiter analysiert.
- In der dritten Phase definieren Manager den Soll-Zustand, legen eine

gemeinsame Vision fest und verpflichten sich, diese Vision in die Praxis umzusetzen.

- Eine der schwierigsten Etappen der Reise, Stufe vier, sieht die Einführung eines Pilotprojekts vor. Das Pilotprojekt soll Managern und Mitarbeitern demonstrieren, dass ein Wandel tatsächlich möglich ist. Außerdem wird das erarbeitete Konzept im Verlauf des Pilotprojekts getestet und gegebenenfalls korrigiert.
- In der letzten Phase werden die Veränderungen auf das gesamte Unternehmen übertragen. Diese Veränderungen bilden die Plattform für eine kontinuierliche Verbesserung sämtlicher Abläufe.

Diese fünf Phasen können nicht in einen Projektplan oder ein festes Ablaufschema gepresst werden. Es gibt nicht den Königsweg zum schlanken Unternehmen. Während manche Manager Monate oder sogar Jahre brauchen, um sich für eine entsprechende Neuausrichtung ihres Unternehmens zu entscheiden, entschließen sich andere in wenigen Wochen. Außerdem reihen sich die Ereignisse nicht immer so ordentlich aneinander, wie wir oben beschrieben haben. So zeichnet sich manchmal erst in der Pilotphase ein klares Bild des zukünftigen Systems ab, nicht schon vorher.

Wir untersuchen in diesem Buch, welche Merkmale schlanke Prozesse haben und wie sie funktionieren. Wir werden zeigen, wie eine überlegt durchgeführte Lean Transformation sowohl den Aktionärsinteressen und Kunden, als auch den Mitarbeitern des Unternehmens dient. Außerdem erläutern wir, was es bedeutet, Teil des Wandels zu sein, und wir beschreiben den Veränderungsprozess aus Sicht eines betroffenen Unternehmens. Der Weg kann ebenso turbulent und anstrengend wie faszinierend und lohnend sein.

In Teil I des Buchs – Die Eckpfeiler der Lean-Philosophie – beschreiben wir die drei Schlüsselfaktoren schlanker Abläufe und zeigen, wie diese zusammenwirken (Kapitel 2). In Kapitel 3, 4 und 5 gehen wir näher auf die einzelnen Faktoren ein. Teil II – Der Weg zum schlanken Unternehmen – dokumentiert die Umgestaltung der Abläufe in einer fiktiven Firma, wobei den oben angesprochenen fünf Phasen jeweils ein Kapitel gewidmet wird (Kapitel 6 bis 10).

Teil I und II sind in sich abgeschlossen und können einzeln oder nacheinander gelesen werden. Wer sich gerne zunächst Hintergrundwissen aneignet, bevor er zur Tat schreitet, beginnt wahrscheinlich mit Teil I. Wer es vorzieht, erst Erfahrungen zu sammeln und dann darüber zu reflektieren, sollte gleich mit Teil II beginnen.

Wo auch immer Sie starten, wir wünschen Ihnen eine gute Reise!

Teil I
Die Eckpfeiler der Lean-Philosophie

Kapitel 2

Das Konzept der schlanken Produktion

Themen dieses Kapitels

➤ Die Einführung schlanker Prozesse stellt kein in sich abgeschlossenes Projekt dar, sondern bedeutet, unaufhörlich nach Perfektion zu streben.

➤ Die schlanke Produktion ist eine Unternehmensstrategie sowie eine Methode zur Prozessoptimierung.

➤ In einem schlanken Unternehmen wirken drei Kernelemente zusammen: das technische System, die Managementinfrastruktur sowie die Einstellungen und Verhaltensweisen aller Mitarbeiter des Unternehmens.

Die Begriffe »schlank« oder »lean« sind im Kontext der Unternehmensabläufe heute so weit verbreitet, dass zahlreiche Verfahren zur Ablaufoptimierung eines der beiden Worte direkt im Namen führen. Dies hat dazu geführt, dass es viele verschiedene Auslegungen dieser Begriffe gibt. Viele Menschen denken bei lean an das Produktionssystem von Toyota, glauben jedoch, dass es lediglich darum gehe, durch die Beseitigung aller Schwachstellen und Hemmfaktoren die Kosten zu senken. Hinter den Begriffen Lean Management oder Lean Production verbirgt sich jedoch viel mehr.

Es handelt sich vielmehr um ein integriertes Bündel von Grundsätzen, Methoden, Werkzeugen und Techniken, mit denen die Ursachen schwacher operativer Leistungen konsequent beseitigt werden sollen. Es ist ein systematischer Ansatz zur Beseitigung von Hemmfaktoren aus den Wertströmen, um die Lücke zwischen der tatsächlichen Leistung und den Erwartungen der Kunden und Anleger zu schließen. Mit der Einführung schlanker Prozesse wird das Ziel verfolgt, Kosten, Qualität und Liefertreue zu optimieren und gleichzeitig die Sicherheit und Zuverlässigkeit zu erhöhen. Um dieses Ziel zu erreichen, müssen im technischen System die drei wesentlichen Hemmfaktoren minimiert werden: Verschwendung, Variabilität und Inflexibilität.

Unter *Verschwendung* versteht man alles, was Kosten verursacht, ohne zur Wertschöpfung beizutragen. Meist werden die folgenden sieben Arten von Verschwendung genannt: Überproduktion, Wartezeiten, Transport, übermäßige Bearbeitung, Lagerbestände, unnötige Bewegungsabläufe der Mitarbeiter und die Nachbearbeitung fehlerhafter Produkte (siehe Anhang). Oft wird noch eine achte Kategorie hinzugefügt: das Unvermögen, die Fähigkeiten und Beiträge der Mitarbeiter zur Optimierung eines Unternehmensprozesses zu nutzen. Toyota betrachtet die Überproduktion als schlimmste Art der Verschwendung, weil sie die anderen Schwachpunkte sowohl verursachen als auch verschleiern kann. Wann immer in einem Ablauf Verschwendung festgestellt wird, ist dies ein sicheres Zeichen für unnötige Kosten.

Unter *Variabilität* versteht man jede Abweichung vom Standard, die sich nachteilig auf die Kosten, Qualität oder Termineinhaltung der erbrachten Leistung oder gelieferten Ware auswirkt. So kann eine Variabilität in der Rohstoffversorgung zur Produktion mangelhafter Teile oder zu Maschinenausfällen führen. Im Zusammenhang mit Mitarbeiterqualifikationen können beispielsweise auch Produktivitätsverluste oder Prozessengpässe entstehen, welche die Durchlaufzeiten verlängern.

Die *Inflexibilität* verhindert, dass ein Unternehmen schnell genug auf neue Kundenanforderungen reagieren kann. Sie kann in der Regel ohne weiteren Kostenaufwand beseitigt werden. Stellen Sie sich vor, Sie suchen sich in einem Möbelhaus ein neues Sofa aus und erfahren, dass es erst in zwölf Wochen geliefert werden kann. Die Herstellung des Sofas nimmt vermutlich 10 oder 20 Stunden in Anspruch. Die restliche Zeit ist auf Inflexibilität zurückzuführen, die beispielsweise dadurch verursacht wird, dass auf Ersatzteile für Maschinen oder auf Stoffballen gewartet wird, die geschnitten und gefärbt werden müssen. Wenn Sie sich im November auf die Suche machen und Weihnachten auf Ihrem neuen Sofa sitzen möchten, werden Sie sich wahrscheinlich für einen anderen Möbelhändler entscheiden, der rechtzeitig liefern kann. Die Berücksichtigung sich ändernder Kundenbedürfnisse zählt zu den Merkmalen, die Lean-Projekte von anderen Optimierungsprogrammen unterschieden.

Es bestehen augenscheinlich Verbindungen zwischen den drei Bereichen, in denen Verbesserungen erzielt werden müssen – Kosten, Qualität und Termineinhaltung – sowie den drei beschriebenen Verlustquellen. Die Beseitigung von Verschwendung hilft, die Kosten zu senken. Die Ausschaltung von Variabilität verbessert die Qualität. Und wenn man die Inflexibilität ausräumt, wird die Termineinhaltung optimiert. Diese Darstellung ist natürlich stark vereinfacht – in der Praxis gestalten sich die Beziehungen zwischen den Projektzielen und den Verlustquellen wesentlich komplexer.

Eine erfolgreiche Neuausrichtung der Prozesse verlangt ein ganzheitliches Konzept und spricht alle drei Verlustquellen gleichzeitig an – unabhängig davon, an welchen Stellen im Unternehmen sie auftreten. Angestrebt wird nicht eine Optimierung einzelner Teile oder Prozesse, sondern des gesamten Systems.

Im Folgenden erklären wir, wie die Transformation zum schlanken Unternehmen funktioniert, und wir gehen der Frage nach, welche Anforderungen sie stellt. Darüber hinaus weisen wir auf Gefahren hin, die lauern, wenn ein Unternehmen versucht, die Reise abzukürzen.

Versteckte Potenziale aufspüren

Die Aufdeckung des in den Abläufen eines Unternehmens verborgenen Potenzials lässt sich damit vergleichen, nach Öl zu bohren. In jeder Firma schlummert ungenutztes Potenzial, das zwar theoretisch leicht ermittelt werden kann, in der Praxis jedoch oft sehr schwer zu erschließen ist. Wie bei der Ölsuche muss man zuerst das Vorkommen quantifizieren und die Eigenschaften des Geländes erkunden. Wenn man weiß, wie groß das Potenzial ist, und entschieden hat, dass ein Abbau lohnt, braucht man eine stabile Plattform, um das Vorkommen zu erschließen. Wie stabil diese Plattform gebaut und wie gut sie betrieben wird, entscheidet über Erfolg und Misserfolg.

Unsere Erfahrungen in vielen verschiedenen Branchen haben uns davon überzeugt, dass Unternehmen drei Aspekte berücksichtigen müssen, um eine stabile Plattform für Veränderungen zu schaffen: das technische System, die Managementinfrastruktur und die Einstellungen und Verhaltensweisen der Mitarbeiter. Diese Aspekte bilden die drei Stützpfeiler der

Abbildung 1: Die drei Eckpfeiler einer dauerhaften Verbesserung

Technisches System	Management-infrastruktur	Einstellungen und Verhalten
Anlagen und Ressourcen, um die Wertschöpfung bei nur minimalen Verlusten zu erbringen.	Organisation, Prozesse und Systeme zur Beeinflussung des technischen Systems.	Denk- und Handlungsweisen auf allen Unternehmensebenen, mit denen die Systeme und Strukturen unterstützt werden.

Plattform. Alle drei müssen gut verankert und fest verstrebt sein, wenn sie die Plattform sicher tragen sollen (siehe Abbildung 1).

Das *technische System* eines Unternehmens muss nicht nur unter dem Aspekt seiner Funktionen, sondern auch seines Zwecks gesehen werden. Es repräsentiert die Art und Weise, wie Maschinen, Ausrüstung, Ressourcen und Mitarbeiter organisiert werden, um eine Wertschöpfung zu erzielen und an den Kunden weiterzugeben. Eine ideale Organisation optimiert den Fluss und minimiert die Schwachstellen. In einer Produktion umfasst das technische System zum Beispiel Standardverfahren, Produktionssteuerungsverfahren, die Prozessgestaltung, die Maschinenbelegung, die Lagerauslastung und auch die Personalstärke. In einem Dienstleistungsunternehmen wie in einer Bank zählen die Informationsflüsse, IT-Systeme, Verfahrensweisen und auch die Bürogestaltung zu den wesentlichen Bestandteilen.

Der zweite Aspekt ist die *Managementinfrastruktur.* Hierbei müssen Managementprozesse, Methoden der Kompetenzentwicklung und die Organisationsstruktur konsequent auf das technische System abgestimmt werden, damit schlanke Arbeitsweisen zum Standard werden und nicht regelmäßig außergewöhnliche Anstrengungen notwendig sind. Die gesamte Managementinfrastruktur muss darauf ausgelegt werden, das technische System zu ergänzen und zu stützen, sodass ein hohes Leistungsniveau erzielt wird und eine Kultur der kontinuierlichen Verbesserung gefördert wird.

Der dritte wichtige Aspekt betrifft die Unternehmenskultur: *Einstellungen und Verhalten.* Die Arbeitseinstellung der Mitarbeiter, ihre Hoffnungen und Ziele und die Auswirkungen, die diese Faktoren auf ihr Handeln haben, müssen mit Lean-Grundsätzen übereinstimmen, wenn die Verbesserungsinitiativen nicht über kurz oder lang im Sande verlaufen sollen. Es ist unerlässlich, die Mitarbeiter vom Lean-Konzept zu überzeugen und für die Sache zu begeistern. Beschäftigte auf allen Unternehmensebenen müssen die Gründe für die Veränderungen verstehen, sie müssen wissen, welche Ziele angestrebt werden, und sich innerlich dazu verpflichten, diese Ziele zu verwirklichen.

Wenn diese drei Elemente zu einem integrierten Gesamtgefüge vereint werden, ist die Plattform für den Wandel stabil und tragfähig.

Das technische System

Das technische System bildet das Herzstück eines schlanken Unternehmens. Es ist das Instrument zur kundenorientierten Wertschöpfung. Alle anderen Aspekte und Bereiche des Unternehmens dienen dazu, dieses System zu unterstützen. Ein gutes technisches System betrachtet einen Wertstrom in seiner Gesamtheit, um einen reibungslosen Fluss zu erzeugen, und es minimiert die Verlustquellen und Schwachstellen, die in einem Wertstrom auftreten können.

Stellen Sie sich einen Bach vor, der in ein Tal hinabfließt, in dem durstige Menschen auf Wasser warten. Auf gleiche Weise fließt der Wert zum Kunden. In beiden Fällen gibt es unterwegs Hindernisse, Windungen und unerwünschte Einflüsse von außen. Wenn oben am Berg ein Hindernis beseitigt wird, spüren die Kunden davon kaum etwas, solange weitere Probleme den freien Fluss behindern. Derartige Korrekturversuche können die Sache sogar verschlimmern.

Der Prozessfluss muss daher von Anfang bis Ende als ein zusammenhängendes System betrachtet werden. Wenn die Talbewohner verschmutztes Wasser erhalten, ist es ihnen egal, ob der Bach an der Quelle oder auf den letzten Metern verunreinigt wurde. Das Resultat ist für sie das gleiche.

Analog dazu muss der gesamte Wertstrom »sauber« sein, damit der Wertschöpfungsfluss bis zum Kunden optimal verläuft. Dazu müssen

Hindernisse beseitigt und Schwachstellen ausgeräumt werden, damit sich der Prozess leichter steuern und besser vorhersehen lässt.

In einigen Sektoren wie der Montage ist die Schaffung fließender Abläufe das Ziel an sich, und sie kann erhebliche Verbesserungen hervorbringen. In anderen Bereichen, insbesondere in der Fertigung von Massenprodukten in der Chemie, in der Konsumgüterproduktion und in anderen kapitalintensiven, volumenstarken Branchen, ist ein fließender Ablauf immanent. Hier liegt das Verbesserungspotenzial deshalb eher in der Beseitigung von Hemmfaktoren.

Man darf sich einen fließenden Betriebsablauf nicht als etwas Fixes und Unveränderliches vorstellen. Eventuell sind Anpassungen erforderlich, um veränderliche Kundenbedarfe befriedigen zu können. Beispielsweise muss eine Bankfiliale zu verschiedenen Uhrzeiten einen unterschiedlichen Kundenandrang bewältigen, dabei aber Service und Produktivität auf gleichem Niveau halten.

Die Managementinfrastruktur

Die Managementinfrastruktur muss das technische System unterstützen und dafür Sorge tragen, dass Leistungsziele nachhaltig verwirklicht werden. Wie die »richtige« Managementinfrastruktur aussieht, hängt vom technischen System ab, das sie unterstützen soll. Es gibt keine allgemein gültige Lösung, die auf alle Unternehmen angewendet werden kann.

Die Elemente der Infrastruktur müssen auf die Anforderungen der einzelnen Unternehmen zugeschnitten sein. Bei der Gestaltung der Organisationsstruktur eines Unternehmens müssen beispielsweise Entscheidungen getroffen werden über die Teamgröße, die Führungsstrukturen, Hierarchieebenen und die Zuteilung von Arbeitskräften für verschiedene Aufgaben. Die Entscheidungskriterien, die Manager dabei heranziehen, hängen von der Art des technischen Systems ab. Komplexe Prozesse verlangen in der Regel kleine Frontline-Teams, die einer engen Kontrolle unterliegen. Funktionen wie die Instandhaltung sollten in einen Wertstrom integriert werden, falls es häufig zu ungeplanten Stopps der Fertigungslinien kommt. Eine vorbeugende Wartung muss dagegen vielleicht auf mehrere Wertströme aufgeteilt werden, vor allem, wenn sie von einigen wenigen spezialisierten Technikern durchgeführt wird.

Ebenso muss die Leistungsmessung und -kontrolle darauf ausgerichtet sein, dass alle Mitarbeiter klare, messbare Zielvorgaben haben, die auf die übergeordneten Unternehmensziele abgestimmt sind. Die Leistungskontrolle muss unter Bezugnahme auf die jeweiligen Vorgaben auf absolut transparente Weise erfolgen.

Airbus UK trieb die Transformation zum schlanken Unternehmen voran, indem es die Managementsysteme in seinem Werk in Broughton in Cheshire (Großbritannien) verstärkte. Das Unternehmen baute ein neues Leistungsmanagementsystem auf und definierte Rollen und Zuständigkeiten neu. Mithilfe teambezogener Leistungsvorgaben wurden die Produktionsmitarbeiter angeregt, innerhalb einzelner Schichten und auch schichtübergreifend zusammenzuarbeiten. Außerdem wurden klare Vereinbarungen zum Serviceniveau getroffen, um die Ergebnisse von unterstützenden Funktionen wie der Logistik, dem Qualitätswesen, der Konstruktion und der Wartung zu verbessern.

Wenn ein schlankes technisches System gut funktionieren soll, müssen Frontline-Mitarbeiter über die erforderlichen Kenntnisse und Werkzeuge verfügen, um die operative Leistung zu kontrollieren. Diese Werkzeuge müssen als fester Bestandteil in die Organisation eingebettet werden, damit Produktions- und Unternehmensziele miteinander verknüpft werden können und der kontinuierliche Verbesserungsprozess angestoßen wird. Einfache Verfahren wie kurze Besprechungen vor Schichtbeginn können hier wesentlich wirkungsvoller sein als eine Reihe von Analysen und schriftlichen Berichten.

Wenn ein Unternehmen dann deutliche Leistungsverbesserungen erzielt hat, tritt es in die Phase der kontinuierlichen Verbesserung ein, für die eine eigene, angepasste Infrastruktur benötigt wird. Diese Infrastruktur ändert sich im Laufe der Zeit. In der Frühphase wird auf Werksebene umfangreiche Unterstützung benötigt. In späteren Etappen der Transformation werden die Fähigkeiten, die zur Aufrechterhaltung des Verbesserungsprogramms erforderlich sind, auf die Frontline-Mitarbeiter übertragen. Dann reicht ein kleineres zentrales Team aus, das eine steuernde Koordination ausübt und wichtige Ressourcen zur Unterstützung bereitstellt.

Einstellungen und Verhalten

Ob Veränderungen in einem Unternehmen von Dauer sind, hat viel damit zu tun, wie die betroffenen Personen diese Veränderungen wahrnehmen. Vertrauen sie ihren Vorgesetzten und sind sie motiviert oder haben sie Angst um ihren Arbeitsplatz? Nur wenige Manager sind es gewohnt, sich Gedanken über die Einstellungen ihrer Mitarbeiter zu machen, weil diese für sie nicht sichtbar und deshalb schwer zu verstehen und zu beeinflussen sind. Sich mit den Einstellungen der Mitarbeiter auseinander zu setzen und sie zu prägen, erfordert bestimmte Fähigkeiten, die nicht jeder Manager in seinem Repertoire hat.

Die Einstellungen und Verhaltensweisen der Beschäftigten – die Unternehmenskultur – entscheiden mit darüber, ob Veränderungen Bestand haben. Ebenso wie man das zukünftige technische System und die zukünftige Managementinfrastruktur entwickeln muss, müssen auch die Verhaltensweisen definiert und entwickelt werden, die das technische System und die Managementinfrastruktur stützen sollen.

So sind in einem schlanken technischen System üblicherweise Standardverfahren für die Ausführung bestimmter Aufgaben festgelegt. Diese Standards gewährleisten, dass Arbeiten sicher, wiederholbar und produktiv verrichtet werden, und sie bilden die Grundlage für die Personalplanung. Standards können nur dann erfolgreich umgesetzt werden, wenn die Mitarbeiter sie respektieren und diszipliniert befolgen. Für die langfristige Effektivität dieser Standards müssen die Mitarbeiter außerdem in der Lage sein, sie mithilfe ihrer Erfahrungen an veränderte Umstände anzupassen.

Vor allem für Führungskräfte des mittleren Managements kann dies eine große Herausforderung sein. Es reicht nicht aus, dass sie Anweisungen erteilen, sondern sie müssen sich als Coach betätigen, um ihre Teams bei der Umstellung auf die neue Arbeitsweise zu unterstützen. Für viele Frontline-Manager ist Coaching jedoch ein Fremdwort. Unter anderem müssen sie lernen, dass sie ihren Mitarbeitern dankbar sein sollten, wenn sie Probleme beim Namen nennen, anstatt sie zu bestrafen.

Solche Änderungen vollziehen sich nicht über Nacht. Tatsächlich ändert sich ohne eine starke Führung gar nichts. Die Unternehmensspitze muss die Kultur formen und prägen, indem sie bestimmte Erwartungen an die Verhaltensweise der Mitarbeiter stellt. Die meisten Mitarbeiter haben ein gutes Auge dafür, wie sich Ihre Vorgesetzten im Unternehmen verhalten. Sie sind viel eher bereit, ihr eigenes Verhalten zu ändern, wenn der erwartete Wandel von der Unternehmensführung vorgelebt wird. Das funktioniert allerdings nur, wenn Mitarbeiter ihre Vorgesetzten regelmäßig auch zu Gesicht bekommen. Bei der Einführung eines Lean-Konzepts muss daher dafür gesorgt werden, dass leitende Manager den Frontline-Abläufen viel näher sind als je zuvor.

Bei Jefferson Pilot war das sichtbare, deutliche Engagement der Topmanager der Schlüssel zur erfolgreichen Umgestaltung zum schlanken Unternehmen. Die Spitzenmanager nahmen regelmäßig an Projektbesprechungen teil, und die nachgeordneten Führungskräfte beteiligten sich aktiv an der Umgestaltung der Prozesse. Mit ihrem Verhalten unterstrichen sie die Bedeutung des Programms und ebneten den Weg dafür, dass die Neuausrichtung im gesamten Unternehmen akzeptiert wurde.

Es zählt zu den wichtigen Aufgaben von Managern, die an Lean-Konzepten beteiligt sind, auf die Arbeitshaltung ihrer Mitarbeiter Einfluss zu nehmen. Wenn die Mitarbeiter nicht davon überzeugt sind, dass die zusätzlichen Anstrengungen, die ihnen abverlangt werden, gewürdigt werden, werden sie nicht mehr als bisher leisten. Manager, die sich ein aktives Engagement ihrer Mitarbeiter im Veränderungsprozess wünschen, müssen sich zunächst selbst für ihre Mitarbeiter engagieren. Hier ist ein Dialog gefordert, der den Gefühlen der Beschäftigten im Zusammenhang mit der Transformation auf den Grund geht – auch etwaiger Frustration und Skepsis. Was bei diesen Gesprächen ans Tageslicht kommt, sollte nicht als Quengelei abgetan werden, sondern Ausgangspunkt für ein konstruktives Vorgehen sein. Dabei sollte man die Mitarbeiter dazu ermuntern, aktiv an der Lösung der von ihnen angesprochenen Probleme mitzuwirken.

Vorsicht bei Abkürzungen!

In den meisten Lean-Projekten kommen drei Instrumente zum Einsatz: Kaizen-Workshops (das japanische Wort *Kaizen* bedeutet kontinuierliche Verbesserung), Benchmarking-Besuche und die Einstellung von Mitarbeitern erfolgreicher schlanker Unternehmen. Zwar können alle drei Verfahren wertvolle Beiträge leisten, aber sie müssen in ein einheitliches Transformationsprogramm eingebunden sein, um wirklich zu funktionieren. Falsch angewendet, können sie Schaden verursachen und Enttäuschung und Misstrauen hervorrufen.

Isoliert betrachtet ist jedes dieser Werkzeuge mit bestimmten Nachteilen verbunden. In den Workshops wird über einzelne Instrumente und Techniken informiert, anstatt zu helfen, ein übergreifendes System zu entwickeln. Bei Benchmarking-Besuchen sehen die Beobachter meist nur die physischen Aspekte schlanker Abläufe; die zugrunde liegenden Prinzipien bleiben ihnen aber verborgen und werden nicht erklärt. Und Personen, die bereits in einem schlanken Umfeld gearbeitet haben, wissen nicht zwangsläufig, wie ein solches Umfeld geschaffen wird.

Im Folgenden gehen wir näher auf die genannten drei Instrumente ein.

Kaizen-Workshops

Stellen Sie sich ein einfaches System mit sechs Arbeitsprozessen vor. Ein typischer Kaizen-Workshop nimmt nur einen dieser Prozesse ins Visier und versucht, ihn durch konzentrierte ein- bis zweiwöchige Arbeit wesentlich zu ändern. Ein funktionsübergreifendes Team wird eigens für den Workshop zusammengestellt. Die Teammitglieder suchen nach Verbesserungsmöglichkeiten (zu viele Mitarbeiter, übermäßiger Lagerbestand, Qualitätsprobleme) und schlagen Änderungen vor, die pragmatisch und schnell umgesetzt werden können (nach dem Motto »just do it«.)

In einem solchen Workshop arbeiten einige wenige Personen aus verschiedenen Abteilungen für einen kurzen Zeitraum intensiv und konzentriert zusammen und setzen sich mit einer konkreten, klar definierten Aufgabe auseinander. Wenn sie an ihren Arbeitsplatz zurückkehren und dann für die Umsetzung der Neuerung verantwortlich sind, verlieren sie die Unterstützung, die sie so dringend brauchen. Das System selbst hat sich nicht verändert, und bald wird der Prozess wieder durchgeführt wie zuvor.

Benchmarking-Besuche

Unserer Erfahrung nach kann es sehr schwierig sein, die Dinge, die man bei einem Benchmarking-Besuch zu Gesicht bekommt, richtig zu deuten und zu verstehen. Nehmen wir ein Hilfsmittel wie die *Kanban*-Karte (siehe Kapitel 3). *Kanban*-Karten dienen dazu, vorgelagerte Fertigungsstationen zur Produktion und Lieferung einer bestimmten Menge von Teilen aufzufordern. Was Sie sehen, ist jedoch lediglich eine kleine Karte, die an einem Behälter mit Teilen angebracht ist. Wie das technische System einen fließenden Ablauf gewährleistet, bleibt Ihnen verborgen.

Benchmarking-Besuche vermitteln keinen Einblick in die technischen Aspekte des Systems und zeigen schon gar nicht, wie die Rollen und Zuständigkeiten der Mitarbeiter definiert werden, wie das Personal seine Aufgaben verrichtet oder welche Einstellungen es braucht, um diese Aufgaben zuverlässig auszuführen. Außerdem sehen Sie bei einem solchen Besuch nur eine kurze Momentaufnahme. Sie erfahren nicht, wie sich das System entwickelt hat oder wie es sich im Laufe der Zeit wahrscheinlich ändern wird.

Lean-Praktiken können nicht einfach kopiert werden. Ein schlankes System ähnelt eher einem lebendigen Organismus als einem leblosen Gegenstand. Es fügt die verschiedenen Teile eines technischen Systems zu einer stimmigen Einheit zusammen. Das ist der Grund dafür, dass isolierte Lean-Projekte so oft scheitern. Manager, die voller Elan versuchen, die bei Benchmarking-Besuchen beobachteten Praktiken im eigenen Unternehmen einzuführen, müssen oft frustriert feststellen, dass ihre Bemühungen keine dauerhaften Wirkungen zeigen.

Einstellung von Mitarbeitern schlanker Unternehmen

Personen, die praktische Erfahrungen mit Lean-Konzepten besitzen, stammen meist aus der Produktion. Oftmals handelt es sich um Produktionsmanager oder Teamleiter erfolgreicher schlanker Unternehmen. Diese Personen verfügen zwar über relevante Kenntnisse, aber ihr Wissen ist meist darauf beschränkt, wie ein bestehender schlanker Ablauf im Rahmen eines integrierten Prozesses betrieben wird. Nur wenige wissen, was zu tun ist, um einen Wertstrom oder ein Fertigungssystem so zu ändern, dass eine neue Arbeitsweise etabliert werden kann. Ebenso haben nur wenige Erfahrung mit der Errichtung der Infrastruktur, die zur nachhaltigen Unterstützung eines schlanken Systems benötigt wird. Von einem Bauleiter sollte man nicht die Arbeit eines Architekten erwarten.

Die Idee, Mitarbeiter schlanker Unternehmen abzuwerben, dürfte auf den heute verbreiteten Trend zurückzuführen sein, operative Verbesserungen »von unten nach oben« (Bottom-up) durchzusetzen. Dies mag eine Reaktion auf die mühsamen Top-down-Programme wie Total Quality Management (TQM) sein, die vor 10 oder 15 Jahren sehr beliebt waren. Diese setzten beim Vorstand an und liefen dann die Unternehmenshierarchie hinab. Im Fertigungsbereich zu beginnen, kann Managern, die schon lange vergeblich auf greifbare Ergebnisse der Top-down-Initiativen warten, verlockend erscheinen.

Was bei den neueren Bottom-up-Ansätzen häufig fehlt, sind die geeignete Perspektive, das geeignete Maß an Unterstützung und die geeignete Infrastruktur, um sicherzustellen, dass praktische Veränderungen von Dauer sind. Nehmen wir einmal an, Sie konfigurieren eine Fertigungslinie neu, um den Raumbedarf zu minimieren. Vielleicht gelingt es Ihnen, die Bestände in der Fertigung radikal zu reduzieren. Wenn Ihr logistisches System jedoch immer noch darauf ausgelegt ist, Woche für Woche ganze Paletten mit Komponenten zu liefern, versinken Sie schon bald im Chaos. Fehler wie dieser entstehen, wenn Sie nicht wissen, was alles berücksichtigt werden muss, wenn ein traditionelles operatives System in ein schlankes System verwandelt wird.

Die Lean-Philosophie als integrierter Ansatz

Es ist nicht möglich, die Lücke zwischen der tatsächlichen Leistung und den Anforderungen der Kunden und Anleger zu schließen, indem lediglich einige physische Aspekte des operativen Betriebs geändert werden. Echte Lean-Programme stellen alle Organisationsstrukturen und Managementprozesse auf den Prüfstand, die mit den operativen Abläufen zusammenhängen. Sie versuchen, kulturelle Barrieren und in den Verhaltensweisen begründete Widerstände zu erkennen und auszuräumen – in der Fertigungshalle ebenso wie in der Vorstandsetage.

Nehmen wir an, dass ein Supermarkt ein Team bildet, das die Regalbestückung optimieren soll, damit die Mitarbeiter mehr Zeit für die Bedienung der Kunden haben. Was muss getan werden, um nachhaltige Veränderungen herbeizuführen?

Was den Ablauf angeht, wird ein klar definiertes Regalbestückungs-verfahren benötigt, das auf einfachen Standards beruht und in prakti-schen Schulungen gelehrt wird. Im Hinblick auf die Managementinfra-struktur kann das Team beschließen, visuelle Hilfen wie eine Tafel mit farbigen Magneten anzubringen, aus der klar hervorgeht, wer für welche Aufgaben zuständig ist. Eine solche Hilfe erleichtert die Entscheidung über die Zuteilung von Mitarbeitern. Einige wenige Schlüsselkennzahlen wie die Anzahl der abgefertigten Kisten pro Stunde und die Dauer des Abladens einer Lieferung können täglich überwacht und jeden Morgen in einer kurzen Teamversammlung besprochen werden, um die Leistung zu kontrollieren und Prioritäten für den anstehenden Arbeitstag festzu-legen.

Die Mitarbeiter müssen von Anfang an in die Initiative einbezogen werden, damit sie die Hintergründe kennen und wissen, was auf sie zu-kommt und was von ihnen erwartet wird. Es ist von entscheidender Be-deutung, dass die Frontline-Mitarbeiter nach gewisser Zeit selbst einen Nutzen aus der neuen Arbeitsweise ziehen. Vielleicht können sie mehr Zeit mit den Kunden verbringen, statt langweilige Aufgaben erfüllen oder auf ungeplante Vorkommnisse reagieren zu müssen. Wenn das Personal nicht profitiert, wird das Management es sehr schwer haben, das beson-dere Engagement und die Motivation aufrechtzuerhalten, die für schlanke Abläufe erforderlich sind.

Gleichzeitig müssen sich die Denk- und Handlungsweisen der Mitar-beiter sowie die Systeme ändern, mit denen sie arbeiten. Wenn Systeme nicht dahingehend optimiert werden, dass operative Probleme konse-quent und nachhaltig gelöst werden, tritt bei den Mitarbeitern Frustra-tion ein – die Kluft zwischen den Erwartungen, die an sie gestellt wer-den, und ihren tatsächlichen täglichen Erfahrungen ist dann einfach zu groß. Das technische System und die Managementinfrastruktur müssen so umgestaltet werden, dass sich die Mitarbeiter mit der Initiative iden-tifizieren können. Ansonsten lösen sich etwaige Erfolge bald wieder in Luft auf.

Wie wir in diesem Kapitel gezeigt haben, muss eine stabile Plattform für den Wandel geschaffen werden, damit eine Transformation in Gang kommen kann. Dazu müssen alle drei wesentlichen Elemente gleichzeitig bearbeitet werden: das technische System, die Managementinfrastruktur und die Denk- und Verhaltensweisen aller Mitarbeiter im Unternehmen.

Es ist nicht nur wenig ratsam, sondern schlicht unmöglich, eines dieser Elemente unberücksichtigt zu lassen. Da sie wie die Stützpfeiler eines Bohrturms miteinander verbunden sind, hätte die Plattform sonst keinen Halt.

In den folgenden drei Kapiteln gehen wir auf die drei Elemente eines schlanken Unternehmens näher ein.

Kapitel 3

Das technische System

Themen dieses Kapitels

➤ Ein schlankes technisches System beruht auf Grundsätzen, mit denen der Wertstrom zum Kunden sichergestellt wird und alle Schwachstellen minimiert werden.

➤ Jeder Wertstrom in einem technischen System muss für sich genommen von Anfang bis Ende optimiert werden.

➤ Die drei Hemmfaktoren Verschwendung, Variabilität und Inflexibilität werden durch gezielten Einsatz von Lean-Werkzeugen und -Techniken minimiert.

Bei einem Fabrikbesuch erzählte uns der Produktionsleiter, dass sich das Unternehmen vor einigen Jahren »auf Lean-Grundsätze umgestellt« habe. Nachdem zunächst hervorragende Ergebnisse erzielt worden waren, fielen die Mitarbeiter aber allmählich wieder in ihre alten Verhaltensweisen zurück, und die erzielten Verbesserungen gingen wieder verloren. Dieses Muster beobachten wir nur allzu häufig.

Die Effektivität eines schlanken technischen Systems beruht auf dem Zusammenspiel der zugehörigen Methoden und Verfahren. Viele Unternehmen glauben jedoch, dass sie den Wandel zum schlanken Unternehmen bewältigen können, indem sie lediglich einige ausgewählte Lean-Werkzeuge einsetzen. Dies ist ein Irrtum. Derlei Versuche sind zum Scheitern verurteilt, weil ein schlankes technisches *System* fehlt, das Verbesserungen koordiniert und vorantreibt.

Ein uns bekanntes Unternehmen bemühte sich, in der gesamten Produktion die Rüstzeiten zu verkürzen (SMED, das steht für Single Minute Exchange of Dies und bedeutet kurze Werkzeugwechselzeit). Eine andere Firma versuchte, die Grundsätze der Arbeitsplatzorganisation *(5 S)* zur

Grundlage ihrer Verbesserungsinitiative zu machen. Derartige Ansätze sind jedoch aus zwei Gründen problematisch. Erstens werden Lean-Werkzeuge benutzt, ohne dass gleichzeitig auch die geschäftlichen Bedürfnisse berücksichtigt werden. Zweitens werden die Werkzeuge nicht im Kontext eines zusammenhängenden technischen Systems angewendet, das es dem Unternehmen ermöglichen würde, diese Bedürfnisse zu befriedigen.

In den meisten Firmen entwickeln sich die operativen Systeme eher nach dem Zufallsprinzip. Stellen wir uns eine Unternehmerin vor, die eine kleine Bäckerei eröffnet. Sie besitzt kein nennenswertes Betriebsvermögen (lediglich ihr Grundstück, eine Teigmaschine und einen Ofen) und muss nur wenige Ressourcen und Mitarbeiter verwalten. Ohne sich dessen bewusst zu sein, verfügt sie über ein schlankes technisches System – das System ist flexibel und nahezu frei von Verschwendung.

Die Geschäfte laufen hervorragend, weil die Bäckerei ausgezeichnetes Brot herstellt. Die Inhaberin beschließt deshalb, in die Automation des Betriebs zu investieren, um die Nachfrage decken zu können. Die Geschäfte laufen weiterhin bestens, und nach einiger Zeit leiht ihre Bank ihr das nötige Geld, um eine vor dem Konkurs stehende Bäckerei zu übernehmen. Wenige Jahre später hat sich die kleine Bäckerei zu einem mittleren Betrieb mit mehreren Standorten, einer breiten Produktpalette, Tausenden Kunden und Hunderten Beschäftigten gemausert.

Während die Koordination der Anlagen und Ressourcen früher eine leichte Aufgabe war (die Möglichkeiten, einen Ofen und eine Teigmaschine anzuordnen, sind begrenzt), hat sich das nun geändert. Früher gingen am Nachmittag einige Anrufe ein, mit deren Hilfe die Unternehmerin die Produktion für den kommenden Morgen planen konnte. Heute muss sie sich auf andere Menschen und ein IT-System verlassen, die ihr sagen, was zu tun ist. Früher gab es einen Lieferwagen, den sie selbst fuhr. Heute verfügt sie über einen Fuhrpark von Transportern, die zahlreiche Verkaufsstellen mit frischem Brot und anderen Backwaren beliefern.

Ein expandierendes Unternehmen wie diese Bäckerei stellt sich zu seinen Abläufen wahrscheinlich vor allem folgende Frage: »Wie können wir die wachsende Nachfrage mit minimalem Kostenaufwand befriedigen?« Ein Führungsteam hat in einer solchen Situation nur selten die Zeit oder die Fähigkeiten, um sicherzustellen, dass die Kapazitäten auf durchdachte Weise erweitert werden. Meistens »ergibt« sich der Umgang mit den Anlagen, Ressourcen und Mitarbeitern irgendwie – eher zufällig als geplant.

Planmäßiges Vorgehen

Unser obiges Beispiel veranschaulicht, dass manche Unternehmen durch Zufall den Lean-Grundsätzen entsprechen. Im Folgenden beschreiben wir ein komplexeres Unternehmen, das die Lean-Grundsätze nach sorgfältiger Planung eingeführt hat. Wir haben das *Toyota Production System* – das erste und immer noch bekannteste Beispiel für schlanke Prozesse – schon erwähnt. Viele Bücher sind über die Geschichte, die Besonderheiten und den großen Einfluss dieses Produktionssystems geschrieben worden, und wir haben nicht vor, hier ihren Inhalt wiederzugeben. Dennoch verdient das *Toyota Production System* aus zwei Gründen unsere Aufmerksamkeit. Zum einen bewährt es sich seit nunmehr fast 50 Jahren, zum anderen liefert es auch jenen Unternehmen nützliche Erkenntnisse, die in anderen Branchen als der Automobilindustrie tätig sind.

Zum *Toyota Production System* gehören drei Schlüsselelemente: die Just-in-Time-Produktion, die Autonomation (Transkription des japanischen Begriffs *Jidoka* – »Automatisierung mit menschlichen Zügen«) und flexible Personaleinsatzsysteme.

Just-in-Time-Produktion

Die Just-in-Time-Produktion verfolgt das Ziel, nur das herzustellen, was gebraucht wird, und zwar zum richtigen Zeitpunkt, in der gewünschten Menge und mit möglichst kurzer Durchlaufzeit.

Viele Unternehmen behaupten von sich, »just in time« auf ihre Kunden zu reagieren, obwohl sie in Wirklichkeit hohe Lagerbestände führen, um Kundenbestellungen schneller ausführen zu können als die Konkurrenz und dadurch Marktanteile zu erobern. Diese Strategie ist jedoch riskant, weil sie mit hohen Lagerhaltungskosten und der Gefahr von obsoleten Beständen verbunden ist. Außerdem gehen Unternehmen mit dieser Strategie eigentlich nicht richtig auf den Kundenbedarf ein. Weit davon entfernt, die Lean-Grundsätze zu befolgen, steigern sie die Verschwendung, statt sie abzubauen.

Wahre Just-in-Time-Kompetenz liegt vor, wenn die gelieferten Produkte unmittelbar als Reaktion auf die Kundennachfrage *hergestellt* und nicht aus dem Lager geholt werden. Es wird ausschließlich der Lagerbestand geführt, den das Unternehmen braucht, um die vom Kunden gewünschten Lieferzeiten einzuhalten. Just-in-Time-Produktion minimiert die mit dem Bestand verbundene Verschwendung, mindert das Risiko der obsoleten Bestände und ermöglicht ein wesentlich reaktionsschnelleres System. Der Bestand hat hier nur die Funktion eines »Schmiermittels«, das den reibungslosen Betrieb des Systems sicherstellt.

Zur Einführung der Just-in-Time-Produktion müssen Unternehmen in ihren Prozessen einen kontinuierlichen Fluss erzeugen, die Produktionsgeschwindigkeit mittels Taktzeiten auf den Kundenbedarf abstimmen und die Produktion über das Holprinzip (Pull-Prinzip) steuern. Grundlage hierfür ist das Prinzip der Produktionsglättung (Levelled Production), nach dem die Schwankungen des Kundenbedarfs über einen längeren Zeitraum ausgeglichen werden, um die Produktionskapazität nicht täglich neu anpassen zu müssen. Werfen wir nun einen Blick auf die einzelnen Elemente.

Produktionsglättung

Im Idealfall würde Toyota seine Autos genau in der Reihenfolge bauen, in der die Bestellungen eingehen. Dies wird in der Praxis durch schwankende Arbeitsinhalte beziehungsweise unterschiedliche Zykluszeiten bei

Abbildung 2: Auswirkung der Produktionsglättung

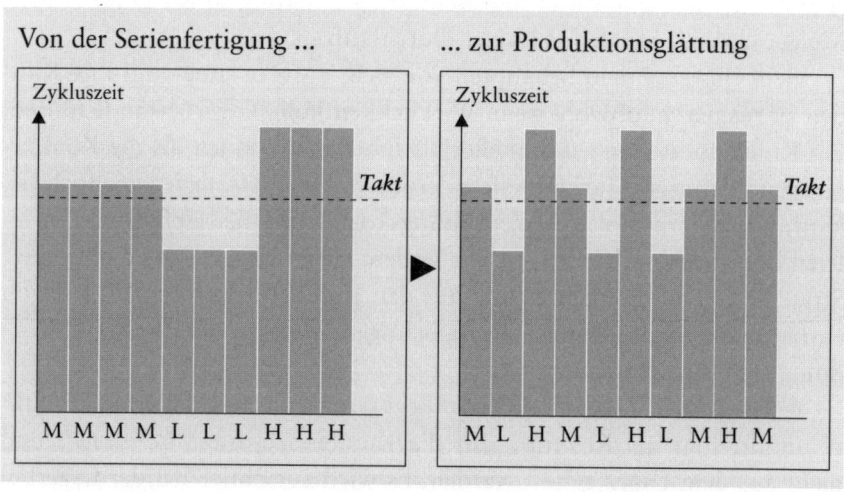

der Herstellung verschiedener Produkte verhindert, sodass Kompromisse erforderlich sind. Hier kommt das Instrument der Produktionsglättung ins Spiel: Die Nachfrage wird in einem bestimmten Fertigungszeitraum künstlich geglättet, um eine stete Holquote und einen konstanten Produktmix zu erzeugen.

Abbildung 2 zeigt Produktionszykluszeiten für die Automodelle L, M und H, deren Arbeitsinhalte unterschiedlich sind. Produkt L ist ein einfaches Basismodell, Produkt H ein Fahrzeug mit vielen Extras wie Schiebedach und Klimaanlage, die Zusatzarbeiten erfordern, und Produkt M ein Mittelklassewagen. Die meisten Hersteller würden gleichartige Fahrzeuge zu Losen zusammenfassen, um sich Größenvorteile zu verschaffen. Toyota tut genau das Gegenteil. Der Grund dafür geht aus der linken Seite von Abbildung 2 hervor. Ein Fertigungslos für Produkt L zu schaffen, würde bedeuten, dass die Fertigungsstraße nicht ausgelastet wäre. Mit einem Los für Produkt H wären die Mitarbeiter dagegen wahrscheinlich überlastet.

Eine sequenzielle Arbeitsplanung, bei der das Produktionsvolumen gleichmäßig verteilt wird (siehe rechte Grafik), glättet diese Unterschiede im Arbeitsaufwand – vergleichbar mit einem gleitenden Durchschnitt, bei dem Höchst- und Tiefstwerte nicht dargestellt werden. Dieses Verfahren kann allerdings nur funktionieren, wenn Unternehmen über standardisierte Arbeitsvorgänge und eine hoch qualifizierte und anpassungsfähige Belegschaft verfügen. Es ist nicht leicht, eine solche Personalqualifikation zu erreichen. Hier zeigt sich wieder, dass die Managementinfrastruktur bei der Umsetzung des *Toyota Production System* eine entscheidende Rolle gespielt hat.

Wie Abbildung 2 zeigt, führt die Produktionsglättung in der Regel dazu, dass ein Produkt häufiger hergestellt wird. Dies wiederum ermöglicht eine Reduzierung des gesamten Lagerbestands. Dieser Effekt wird in Abbildung 3 dargestellt. Stellen Sie sich vor, die beiden Produkte A und B werden auf derselben Fertigungslinie hergestellt. Falls Produkt A bis zum Werkzeugwechsel eine Woche läuft, muss für Produkt B ein Sicherheitsbestand für die Nachfrage von einer Woche gehalten werden, um zu gewährleisten, dass alle Kunden die gewünschten Produkte erhalten. Hieraus ergibt sich ein *durchschnittlicher* Mindestbestand von rund einer halben Woche.

Nehmen wir nun an, die Produktionslaufzeiten betragen nicht eine Woche, sondern werden auf einen Tag reduziert (rechte Seite der Grafik). Wenn beide Produkte alle zwei Tage hergestellt werden, kann der Kun-

Abbildung 3: Auswirkungen auf die Lagerhaltung

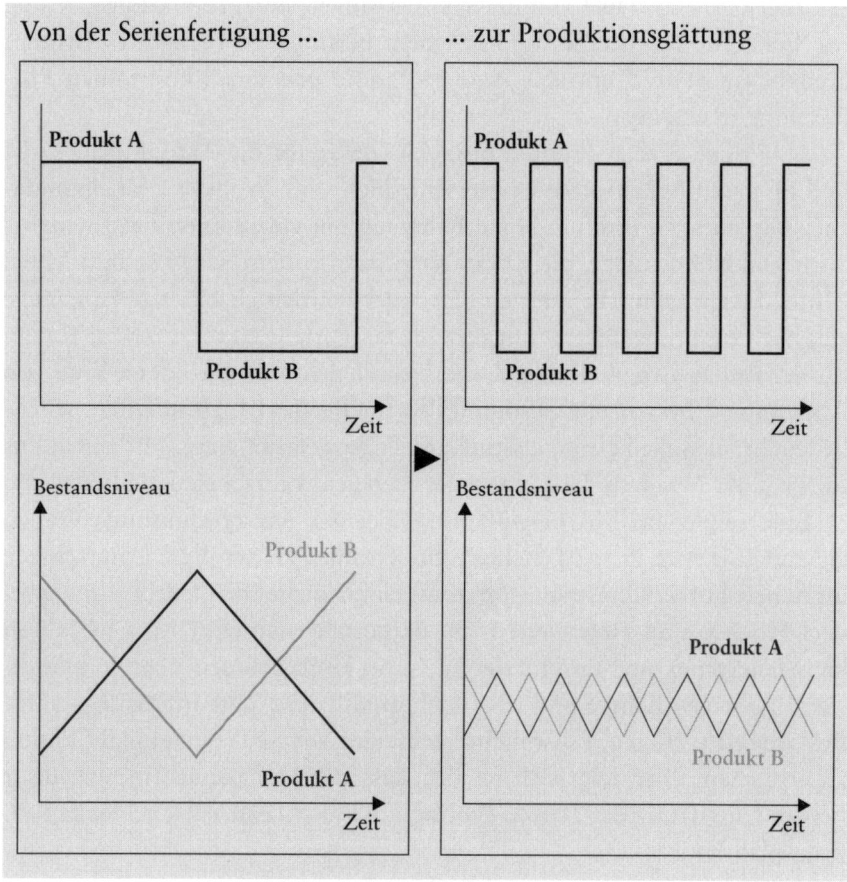

denbedarf mit einem Bestand von maximal einem Nachfragetag sicher befriedigt werden. Der durchschnittliche Bestand wird auf diese Weise um rund zwei Drittel gesenkt – Voraussetzung ist allerdings ein konstanter Kundenbedarf. Falls Nachfragespitzen auftreten, wird eine Art Pufferlager benötigt.

Fließfertigung

In der Massenproduktion neigen Hersteller dazu, ähnliche Technologien zu so genannten Fertigungsinseln zusammenzufassen, die auf die Serienfertigung zugeschnitten sind. In der Maschinenhalle zum Beispiel sind Drehmaschinen und Fräsmaschinen in zwei getrennten Bereichen untergebracht. Auch wenn bei einer solchen Anordnung ein Arbeiter mehrere ähnliche Maschinen bedienen kann, stauen sich die Produkte doch meistens zwischen den verschiedenen Prozessen. Dies hemmt den Materialfluss, was wiederum dazu führt, dass sich ungeplant unfertige Erzeugnisse ansammeln und die Durchlaufzeiten verlängern. Außerdem wird die Kommunikation zwischen den Prozessen gestört, und es sind leichter ganze Fertigungslose von Qualitätsproblemen betroffen, denn Probleme werden meist erst festgestellt, wenn das neue Los im nachgelagerten Prozess bearbeitet wird.

Die von Toyota entwickelte und praktizierte Alternative besteht darin, Maschinen und Prozesse einem bestimmten Produkt oder einer Produktfamilie (beziehungsweise einem Wertstrom) zuzuordnen. Wann immer dies machbar ist und die Sicherheit nicht beeinträchtigt wird, werden Prozesse in der tatsächlichen Arbeitsgangfolge nebeneinander platziert. Ein Arbeiter stellt ein Teil komplett fertig, anstatt an einem Los von vielen Teilen nur einen bestimmten Fertigungsschritt auszuführen. Dieses Vorgehen ist für die Mitarbeiter befriedigender, minimiert den Lagerbestand und die Durchlaufzeiten und sorgt dafür, dass Mitarbeiter flexibler einsetzbar sind.

Die Fließfertigung, die oft in einer parallel angeordneten oder U-förmigen Arbeitszelle erfolgt, ist von Natur aus flexibler, visuell fassbarer und effizienter, weil sie unnötige Bewegungen beseitigt und die Kommunikation vereinfacht. Diese Eigenschaften erleichtern auch das Management des Produktionsteams. Sobald auf der Grundlage von Produktgruppen »Fertigungsflüsse« geschaffen wurden, kann die Produktionsgeschwindigkeit an die Kundennachfrage angepasst werden.

Taktzeit

Die Taktzeit ist definiert als die gesamte verfügbare Produktionszeit, geteilt durch die gesamte vom Kunden benötigte Stückzahl in einem bestimmten Zeitraum. Betrachten wir eine Versicherungsgesellschaft, in der in 50 Wochen im Jahr 37,5 Stunden gearbeitet wird und jährlich regelmäßig um die 75 000 Versicherungspolicen verkauft werden. Die Taktzeit liegt dann bei 90 Sekunden (gesamte verfügbare Zeit von 112 500 Minuten geteilt durch 75 000).

Die Taktzeit dient dazu, den Materialfluss im Sinne des Just-in-Time-Gedankens zu optimieren. Zu diesem Zweck wird die Produktionsgeschwindigkeit an den Kundenbedarf angepasst, wodurch eine Überproduktion von vornherein ausgeschlossen wird. Überproduktion gilt bei Toyota als schlimmste Form der Verschwendung, weil sie andere Verschwendungsarten verschleiert (und auch verursacht). Ausgetaktete Abläufe erleichtern es dem Management, die erbrachte Leistung zu bewerten, Mitarbeiter zuzuteilen und Maschinenkapazitäten zu planen.

Mithilfe der Taktzeit wird der Arbeitsinhalt eines Fertigungsflusses gleichmäßig verteilt, was oft den Effekt hat, dass die Zahl der für die Herstellung eines Produkts benötigten Mitarbeiter reduziert wird. Abbildung 4 veranschaulicht, wie es sich auswirkt, wenn fünf Arbeitsstationen auf eine Taktzeit von 60 Sekunden eingestellt werden. In der Regel werden alle bis auf eine Arbeitsstation ausgetaktet, sodass die verbleibende Arbeitsstation (in unserer Abbildung Station 4) einen geringeren Arbeitsinhalt aufweist. Kurzfristig bietet die ungenutzte Kapazität eine gewisse Flexibilität für die Behandlung von Problemen, die im Produktionszyklus auftreten können. Langfristig würde dieser Teil eines kompletten Arbeitsablaufs jedoch zum Schwerpunkt für kontinuierliche Verbesserungsbemühungen werden.

Abbildung 4: Höhere Produktivität durch Austaktung des Fließbands

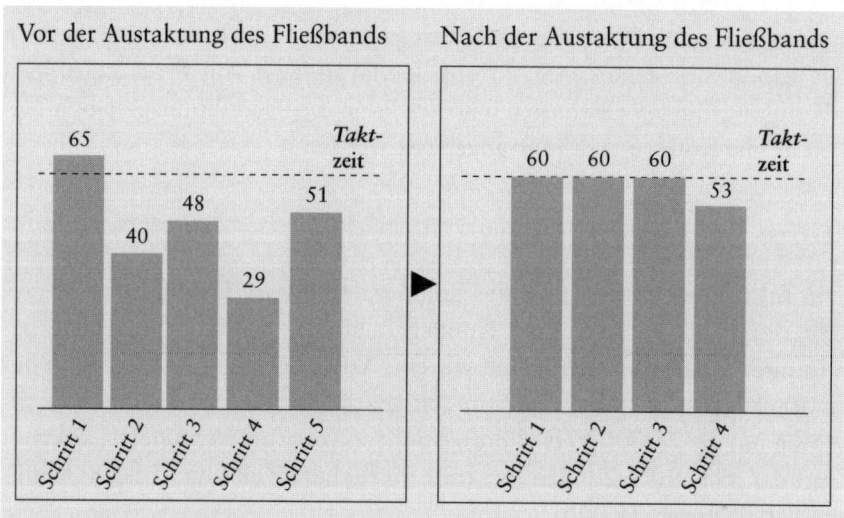

In vielen Branchen schwanken Kundenbedarfe im Jahresverlauf erheblich, sodass sich die Unternehmen darauf vorbereiten müssen, die Spitzen der Nachfrage zu bewältigen. Die Taktzeit kann zwar in jeder Periode neu berechnet und an die Kundennachfrage angepasst werden, dies ist jedoch mit einer Änderung der Arbeitsverteilung und somit geänderten Arbeitsinhalten je Mitarbeiter verbunden – eine aufwändige Aufgabe in komplexen Industrien. Selbst Toyota beschränkt sich darauf, den Takt höchstens zweimal im Jahr zu ändern, damit die Veränderungen handhabbar bleiben.

Das Holprinzip

Das letzte Element der Just-in-Time-Produktion ist das Hol- oder Pull-System. Von einem Bring- oder Push-System ist die Rede, wenn Unternehmen ohne konkrete Kundenbestellungen Produkte herstellen oder Dienstleistungen anbieten – in der Hoffnung, dass sich Abnehmer finden werden. Ein Holsystem produziert dagegen nur das, was Kunden (oder nachgeschaltete Prozesse) tatsächlich bestellen oder anfordern.

Um einen bestimmten Ablauf auf den Kundenbedarf abzustimmen, »holt« ein Prozess Vormaterial vom vorgelagerten Arbeitsschritt, wobei das Prinzip der Wiederauffüllung angewendet wird. Eine zentrale Produktionsplanung ist fast nicht mehr nötig. Außerdem werden Probleme wie der häufige Abgleich von Lager- und Produktionsdaten, ohne den eine vernünftige Weiterführung der Bestandsverwaltung gar nicht möglich wäre, aus der Welt geschafft.

Oft erleben wir die Vorteile von Holsystemen im Alltag, ohne dass uns dies bewusst ist. Der kleine, gesteuerte Bestand von fertigen Hamburgern in einem Fastfood-Restaurant liefert ein anschauliches Beispiel. Dieser Bestand hängt von Parametern wie Produktionsgeschwindigkeit, Nachfrage und einem vereinbarten Sicherheitsbestand ab. Insgesamt soll er gewährleisten, dass Kunden schnell bedient werden und möglichst wenig Hamburger entsorgt werden müssen. Wenn ein Produkt an einen Kunden verkauft wird, wird eine Bestellung für einen neuen Hamburger aufgegeben. Apotheken verwalten ihren Medikamentenbestand auf ähnliche Weise.

Die Entwicklung von Holsystemen bei Toyota geht auf den Supermarktbesuch eines Toyota-Mitarbeiters in den Vereinigten Staaten zurück. Ihm fiel auf, dass der Einzelhändler nur die Produkte nachlegte, die vorher von Kunden aus dem Regal genommen worden waren. Der Händler hatte diese Methode eingeführt, um Verluste bei verderblicher Ware zu mindern. Der Supermarktbesucher erkannte, dass man diesen Ansatz in modifizierter Form auch in einer Produktionsumgebung einsetzen könnte, um dort die Verschwendung zu reduzieren.

Es gibt viele Möglichkeiten, Holsysteme anzuwenden. Wichtig ist, dass Teile nur dann produziert werden, wenn vom nachgelagerten Prozess ein Signal – ein *Kanban* – eingegangen ist. Dieses Signal fordert den vorgeschalteten Bereich dazu auf, ein verbrauchtes Teil zu ersetzen, wie in unserem Supermarktbeispiel (Fertigung auf Lager), oder ein Teil aufgrund einer konkreten Nachfrage zu bauen (Fertigung auf Bestellung). Die genaue Konfiguration des Systems hängt von verschiedenen Variablen ab, etwa von der Größe und dem Wert der Komponenten, der Zahl der Produktvarianten, der absoluten Nachfragehöhe, dem Informationsvorlauf und der Haltbarkeit des Produkts.

Eine solche Arbeitsweise erhöht allgemein die Zahl der Rüstvorgänge. Aus diesem Grund spielen Rüstzeitverkürzungsverfahren (oder SMED-Methoden) eine so wichtige Rolle in der Lean Production. Da die Umrüstungen häufiger werden, müssen die Rüstzeiten verkürzt werden, damit sich die Umstellungszeiten im Verhältnis nicht verlängern. Die Faustregel lautet, dass höchstens 10 Prozent der gesamten Bearbeitungszeit für Rüstvorgänge aufgewendet werden sollten.

Toyota wendet das Holprinzip an, um die schlimmste Form von Verschwendung zu bekämpfen – die Überproduktion. Überschüssige Bestände verbergen und verursachen, wie bereits erwähnt, andere Arten von Verschwendung. Außerdem sorgt die Beseitigung der Überproduktion für eine bessere Anlagenverfügbarkeit. Dies ist der Grund dafür, dass Ansätze zur systematischen Maximierung der Anlagenzuverlässigkeit und -verfügbarkeit wie Total Productive Maintenance (TPM) oder Reliability Centred Maintenance (RCM) fester Bestandteil schlanker Systeme sind.

Holsysteme werden nicht nur im Einzelhandel und in der Automobilindustrie erfolgreich eingesetzt, sondern auch in der Luftfahrtindustrie, der Biomedizin, der Elektronik und der verarbeitenden Industrie.

Autonomation

Die Autonomation gibt Mitarbeitern die Möglichkeit, Produktionsprobleme rasch zu erkennen und direkt zu beheben. Auf diese Weise kann die Anlagenzuverlässigkeit erhöht, die Produktqualität verbessert und die Produktivität gesteigert werden. Die Autonomation besteht aus drei Stufen: Fehler erkennen und den Prozess anhalten, den Teamleiter benachrichtigen und Probleme an der Wurzel bekämpfen.

Erkennen und anhalten. Toyota fand heraus, dass Fehler oder Abweichungen am schnellsten erkannt werden, wenn man den am Prozess beteiligten Mitarbeitern die Verantwortung für die Fehlererkennung überträgt. Die Mitarbeiter brauchen ein umfassendes Verständnis der Spezifikation (Kundenanforderung), um beurteilen zu können, wann ein Fehler nicht mehr toleriert werden darf. Toyota setzt Visualisierungstechniken und Fehlervermeidungsverfahren *(Poka-Yoke)* ein, um den Mitarbeitern die Fehleridentifikation zu erleichtern.

Poka-Yoke kommt zum Einsatz, um Fehler zu vermeiden und einen Prozess automatisch anzuhalten, falls doch einmal Abweichungen festgestellt werden. Ein Beispiel aus dem Alltag sind Autos mit Automatikgetriebe: Man kann den Motor nur anlassen, wenn das Getriebe in der »P«-Stellung steht. Eine weitere Methode der Fehlererkennung besteht darin, die tatsächliche Produktionsleistung mit dem Sollwert zu vergleichen, der durch die Taktzeit bestimmt wird.

Wenn ein Problem festgestellt wurde, sollte der Prozess angehalten werden, sofern dies möglich ist. Dies kann manuell oder automatisch geschehen, falls der Anhaltemechanismus mit dem Fehlererkennungsprozess verknüpft ist. In der verarbeitenden Industrie können Prozesse nicht immer gestoppt werden. Dennoch ist es auch hier wichtig, das Problem so schnell wie möglich zu identifizieren, damit Korrekturmaßnahmen ergriffen werden können. In den entsprechenden Branchen wird oft auf die statistische Verfahrenskontrolle zurückgegriffen, um einen Prozess zu kontrollieren und auftretende Probleme zu erkennen.

Benachrichtigen. Sobald ein Fehler festgestellt wurde, muss der Prozess eine Nachricht an den Teamleiter auslösen, oder der Mitarbeiter muss ihn benachrichtigen. Dies kann verbal geschehen, optisch mithilfe einer *Andon*-Tafel (eine Anzeigetafel, die den Produktionsstatus darstellt) oder über ein akustisches Signal.

Probleme an der Wurzel bekämpfen. Wenn es nicht möglich ist, das Problem sofort und endgültig zu lösen, müssen zumindest erste Maßnahmen eingeleitet werden, bevor der Prozess wieder gestartet wird. Beispielsweise kann angeordnet werden, alle Komponenten einzeln zu prüfen, bis die Ursache eines zeitweise auftretenden Fehlers in einem vorgelagerten Prozessschritt ermittelt und beseitigt wurde.

Flexible Personaleinsatzsysteme

In der Regel führen Nachfrageschwankungen früher oder später dazu, dass manche Fertigungslinien nicht ausgelastet, andere dagegen überlastet sind. An diesem Punkt müssen Manager die Mitarbeiter umgehend neu zuteilen können. Dazu stehen flexible Personaleinsatzsysteme zur Verfügung. Die entsprechenden Mechanismen verfolgen das Ziel, die Arbeitsproduktivität bei jedem Nachfrageniveau konstant hoch zu halten.

In einem Montagebereich, in dem die Nachfrage nach verschiedenen Produkten von einer Woche zur anderen relativ gut vorhersehbar ist, wird dieses Ziel dadurch erreicht, dass die zugehörige Taktzeit geändert und der gesamte Arbeitsinhalt durch die Taktzeit dividiert wird. Auf diese Weise wird die Zahl der Produktionsarbeiter ermittelt, die man für dieses Nachfrageniveau benötigt. In der Praxis ändern sich bei einer Anpassung der Taktzeiten auch die Arbeitsinhalte, die ein Mitarbeiter verrichten muss. Aus diesem Grund werden Standards, wie zum Beispiel Ablaufta-

Abbildung 5: Die Abstimmung der Personalstärke auf die Nachfrage

	Linie A	Linie B
Arbeitsinhalt	600	540
Taktzeit bei normaler Nachfrage	120	90
Erforderliche Personalstärke bei normaler Nachfrage	5	6
Taktzeit in Spitzenzeiten	100	75
Erforderliche Personalstärke in Spitzenzeiten	6	7,2*
Taktzeit bei schwacher Nachfrage	150	110
Erforderliche Personalstärke bei schwacher Nachfrage	4	4,9

*0,2 einer Aufgabe kann vom Teamleiter übernommen werden

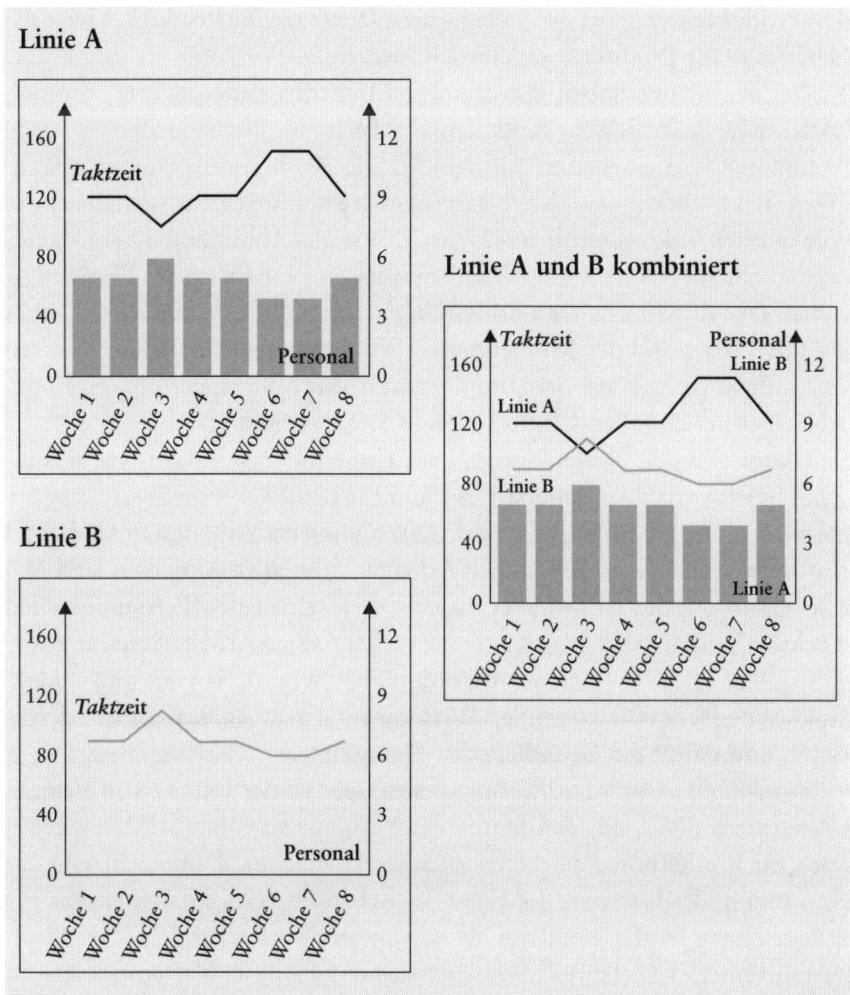

Abbildung 6: Personaleinsatz in zwei Produktionslinien, um die Nachfrage befriedigen zu können

bellen für standardisierte Arbeiten, benötigt, um festzulegen, was von den Mitarbeitern bei einem gegebenen Nachfrageniveau erwartet wird.

Stellen Sie sich einen Produktionsbereich mit zwei Fertigungszellen vor, die zwei unterschiedliche Produktgruppen bauen. Die Prozesse sind ausführlich dokumentiert, und es gibt Standards für die verschiedenen Aufgaben, die auch als Grundlage für Mitarbeiterschulungen herangezogen werden. Die Produktionsmitarbeiter werden in beiden Prozessen geschult, damit sie in beiden Zellen arbeiten können. Die Nachfrage nach den Produkten variiert, doch bei hoher Nachfrage für Produkt A liegt die Nachfrage für Produkt B tendenziell niedrig.

Die Teamleiter haben für drei Nachfrageniveaus – niedrig, normal, hoch – eine ausgewogene Besetzung der Fertigungslinien erarbeitet (siehe Abbildung 5). Sie arbeiten mit dem für die Produktionsplanung zuständigen Team zusammen, um Nachfrageschwankungen zu verstehen und wöchentlich Taktzeiten zu vereinbaren. Wie aus Abbildung 6 hervorgeht, ermöglicht diese Flexibilität einen optimalen Betrieb beider Fertigungszellen: Die elf Mitarbeiter sind durchgehend »optimal« beschäftigt, aber nie überlastet, und der Kundenbedarf wird stets gedeckt. Weder müssen Bestände aufgebaut werden, um die Mitarbeiter in ruhigen Zeiten zu beschäftigen, noch fallen Überstunden in Spitzenzeiten an.

Dieses einfache Beispiel zeigt, dass einheitliche Standards ein technisches System wirksam unterstützen und für flexible Personaleinsatzsysteme von zentraler Bedeutung sind. Klar definierte Arbeitsstandards und ein umfassendes Verständnis der Arbeitsinhalte aller Aufgaben sind Voraussetzung, wenn Mitarbeiter zwischen verschiedenen Fertigungszellen wechseln und auf den Linien für eine gleichmäßige Arbeitsverteilung sorgen sollen. Dies ist einer der Gründe dafür, warum Toyota und andere japanische Hersteller so großen Wert darauf legen, Abläufe zu standardisieren und damit die Grundlage für Flexibilität zu schaffen.

Ein wichtiges Standardisierungsinstrument ist der Einsatz von Visualisierungstechniken, um den Status einer Anlage sowohl für Manager als auch für Produktionsmitarbeiter sichtbar zu machen. Dies reicht von der Anordnung der Prozesse, die einem logischen Fluss folgen sollten, bis zur Bereitstellung häufig benutzter Werkzeuge an Werkzeugtafeln. Der Idealzustand einer »visuellen« Fabrik lässt sich mit wenigen Worten vereinfacht zusammenfassen: Jeder Gegenstand hat seinen Platz und wird an diesem Platz aufbewahrt. Es sollte auf den ersten Blick ersichtlich sein, ob Arbeitsschritte ordnungsgemäß ablaufen und wo etwaige Abweichungen auftreten. Ist diese Transparenz gegeben, kann man Produktionsmitarbeitern die Verantwortung dafür übertragen und die Mittel an die Hand geben, um das technische System in diesem vorgesehenen Zustand zu halten.

Ein positiver Nebeneffekt: Der Einsatz von Sichtkontrollen regt die rechte Gehirnhälfte an, die für die Bildverarbeitung zuständig ist und Dinge eher ganzheitlich als analytisch erfasst. Menschen können viel schneller *sehen* als geistig schlussfolgern, dass etwas falsch läuft.

Nachdem wir nun die wesentlichen Elemente des *Toyota Production Systems* vorgestellt haben, gehen wir auf die Organisationsprinzipien ein, die für ein schlankes technisches System typisch sind.

Grundsätze eines schlanken technischen Systems

Jedes Unternehmen ist einzigartig. Eine Firma, die Lean-Grundsätze einführen möchte, muss ein technisches System entwerfen, das den eigenen Unternehmenszusammenhang berücksichtigt: Bedürfnisse, Maschinen und Betriebsanlagen, langfristige Ziele, um nur einige zu nennen. Es ist nicht möglich und auch nicht wünschenswert, das technische System eines anderen Unternehmens zu kopieren oder einer Art Muster oder Anleitung zu folgen. Wir haben jedoch sieben allgemein gültige Kerngedanken zusammengestellt, denen jedes schlankes technisches System genügen sollte.

1. Schaffen Sie Wertströme, indem Sie ähnliche Produkte oder Dienstleistungen in Gruppen zusammenfassen

In unseren bisherigen Ausführungen haben wir immer unterstellt, dass Wertströme schon vorhanden waren. In der Realität kann ein vorhandener Produktionsfluss jedoch so zusammenhanglos wirken, dass das Konzept des Wertstroms sinnlos erscheint. Der erste Kerngedanke eines nach Lean-Grundsätzen organisierten technischen Systems besagt daher, dass dieses System auf Wertströmen basiert, die durch die Zusammenlegung ähnlicher Produkte geschaffen werden.

Wie die Produkte im Einzelnen zu bündeln sind, hängt vom Unternehmen ab. In der Regel zählen Nachfragemuster, Produkteigenschaften oder Ablaufprozesse zu den wesentlichen Kriterien. In vielen Fällen lassen sich Wertströme über Produkt- und Prozessmerkmale relativ leicht definieren. Ein Hersteller von Stoßdämpfern legte seine Wertströme zum Beispiel auf der Grundlage zweier unterschiedlicher Technologien fest, die in den nachgelagerten Prozessschritten eine andere Ausrüstung erforderten.

In anderen Fällen zeichnen sich die Produktgruppen weniger klar ab. In einer Kosmetikfabrik wurde das technische System so konfiguriert, dass ein Wertstrom für herkömmliche Produkte (von denen es sehr viele gab) und ein anderer für Promotionprodukte erstellt wurde, für die andere Nachfragemerkmale typisch waren. Airbus UK definierte drei Wertströme – für Flugzeuge mit einem Mittelgang, Langstreckenflugzeuge und Großraumflugzeuge.

Im Dienstleistungssektor ist Kreativität gefordert, um Wertströme zu ermitteln. In einem Hotel könnten Wertströme anhand der Kundenbedürfnisse identifiziert werden – hier kämen zum Beispiel Übernachtung, Essen/Trinken und Erholung infrage. Eine solche Einteilung kann dazu führen, dass Prozesse umgestaltet und Mitarbeiter anders zugeteilt werden. Eventuell wird die Logistik für den Übernachtungsbereich (zum Beispiel die Wäscherei) von der Logistik für Essen/Trinken (zum Beispiel Fleischbestellungen und -lieferungen) getrennt.

Das Versicherungsunternehmen Jefferson Pilot löste diese Aufgabe, indem es verschiedene miteinander verbundene Arbeiten zusammenlegte, beispielsweise »Annahme und Sortierung« mit »Systemeingabe und Weiterleitung«. Nachdem das Unternehmen die Wertströme entsprechend festgelegt hatte, bestimmte es das Volumen, das von den einzelnen Wertströmen erwartungsgemäß bewältigt werden musste.

2. Sorgen Sie im gesamten Wertstrom für einen ungehinderten Wertfluss

Wenn ein Unternehmen seine Wertströme ermittelt hat, muss es sein technisches System so ausrichten, dass bei der Optimierung der Wertschöpfung stets die Kundensicht maßgeblich ist. In vielen Fällen verbirgt sich hinter dem »Wert« ein Produkt, etwa ein Auto oder ein Laib Brot. Der Wertstrom sollte so konfiguriert werden, dass das Produkt mit möglichst kurzer Durchlaufzeit bestellt, produziert und ausgeliefert werden kann.

In der Praxis heißt das, ein Wertstrom sollte mit den erforderlichen Anlagen und der Ausrüstung ausgestattet werden, damit der Fluss beim Zusammentreffen auf gemeinsam genutzten Anlagen nicht unterbrochen wird. Wann immer der Wertstrom unterbrochen wird, verzögert sich die Ausführung des Produktionsprozesses, und der Lagerbestand wächst. Auch wenn die gemeinsame Nutzung von Anlagen manchmal unvermeidlich ist (zum Beispiel bei besonders teuren oder komplexen Maschinen), ist sie doch oft auf den Versuch zurückzuführen, die Stückkosten zu senken. Dabei wird aber die Optimierung der Gesamtkosten aus den Augen verloren. Gemeinsam genutzte Anlagen erzeugen immer zusätzliche Kosten, wie sich gerade an Engpassmaschinen immer wieder zeigt. Auch wenn es mit höheren Investitionskosten verbunden ist, einen einzelnen Wertstrom mit eigener Ausrüstung auszustatten, ist dies langfristig betrachtet – wenn der niedrigere Bestand, die kürzeren Durchlaufzeiten und die geringeren Qualitätsrisiken mit berücksichtigt werden – die kostenwirksamere Alternative.

Der Kerngedanke, den Wertfluss in den Mittelpunkt zu stellen, führt automatisch zur Reduzierung von Verlusten entlang des Wertschöpfungsprozesses. Die Herausforderung besteht darin, einen Prozess zu installieren, der die Wertschöpfung erhöht und Verluste eliminiert. Denken Sie nur daran, welche Verluste durch überschüssige Bestände im Wertstrom entstehen. Möglicherweise häufen Produktionsmitarbeiter Bestände in »Materialburgen« an, um sich gegen den Ausfall einer ´wenig verlässlichen Maschine abzusichern. Wenn die Zuverlässigkeit der Maschine verbessert wird, sind diese Bestände nicht mehr erforderlich, weil die Wurzel des Schwachpunkts beseitigt wurde.

Drei Faktoren müssen sich im »Fluss« befinden, wenn Kunden mit Produkten oder Dienstleistungen versorgt werden sollen:

Materialfluss: Der Weg, auf dem Rohstoffe und Vormaterial in verschiedenen Prozessen bearbeitet und transformiert werden, bis sie in die Hände des Kunden gelangen.

Informationsfluss: Die Weiterleitung der Kundenanforderungen oder Kundenbestellungen entlang der Supply Chain. Über den Informationsfluss wird den einzelnen Prozessen mitgeteilt, was sie als nächstes zu tun haben. Dies ist eine wichtige Voraussetzung dafür, dass das richtige Produkt oder die richtige Dienstleistung zur richtigen Zeit am richtigen Ort ankommt.

Personalfluss: Die Art und Weise, wie sich Mitarbeiter innerhalb und zwischen Prozessen bewegen. Der Personalfluss umfasst die Zuteilung von Mitarbeitern zu den Wertströmen und die Art und Weise, wie sie die Anlagen innerhalb eines Wertstroms benutzen.

Auch wenn sich dies in der Praxis oft als schwierig erweist, müssen alle drei Flüsse gleichzeitig optimiert werden. Stellen Sie sich eine Telekommunikationsgesellschaft vor, die ihren Prozess für die Behebung von Störungen im Telefonnetz verbessern will. Die im Call-Center eingehenden Beschwerden müssen an die Teams weitergeleitet werden, die für die Diagnose, die Arbeitsplanung und die Durchführung der Reparaturen zuständig sind. Es ist für den Aufbau eines effektiven Gesamtprozesses unerlässlich, dass diese Informationen zeitgerecht fließen und die Datenintegrität gewahrt wird.

Die Arbeits- und Wegeplanung für die Servicetechniker – der Personalfluss – ist für die Durchlaufzeit der Fehlerbehebung wie auch für die Personalproduktivität von entscheidender Bedeutung. Auch Material muss effizient fließen, damit das Außendienstteam stets über die erforderlichen Werkzeuge und Komponenten für die Reparaturen verfügt, ohne unnötigen Ballast mitzuführen.

3. Nutzen Sie das Holprinzip an den Stellen, an denen der Fluss unterbrochen werden muss

In einigen Wirtschaftszweigen wie dem Einzelhandel oder der Montage muss der Wertfluss an bestimmten Punkten unweigerlich unterbrochen werden. Vielleicht wird in einem Prozess eine teure Anlage wie eine Lackiererei benötigt, die von mehreren Wertströmen gemeinsam benutzt wird. Oder ein Wertstrom ist nicht um festgelegte Prozesse herum organisiert, sondern um variable Interaktionen unter Menschen, etwa bei einer Mietwagenfirma. Solche Situationen ergeben einen unscharfen Wertstrom, der für unvorhersehbare Unterbrechungen anfällig ist. Der beste Weg, um Verluste wegen dieser Unterbrechungen zu minimieren, ist es, den fließenden Ablauf durch das Hol- oder Pull-Prinzip zu gewährleisten.

Stellen Sie sich einen Lackierprozess vor, in dem Teile für verschiedene Montagebänder, losweise in verschiedenen Farben lackiert werden. Es wird nicht möglich sein, jederzeit einen kontinuierlichen Fluss zu allen Bändern aufrechtzuerhalten. Man kann die Unterbrechungen jedoch durch ein einfaches Holsystem minimieren. Man lagert eine festgelegte Zahl lackierter Teile hinter dem Lackierprozess, damit die Montagebänder je nach Bedarf Teile entnehmen können. Wenn eine Kiste mit Teilen entnommen wird, wird die zugehörige *Kanban*-Karte an den Lackierprozess zurückgegeben. Sobald sich eine bestimmte Zahl von *Kanban*-Karten angesammelt hat, werden im Lackierprozess diejenigen Teile lackiert, welche die verbrauchten Teile ersetzen sollen. Dieser Steuermechanismus stellt ein einfaches und effizientes Instrument dar, um zu erkennen, wann der Prozess umgestellt werden muss und was in welchen Mengen hergestellt werden soll. So ist eine kontinuierliche Versorgung mit Teilen gewährleistet, während die benötigten Bestände möglichst gering gehalten werden.

4. Gestalten Sie Ihre Abläufe flexibel, um sich auf den Kundenbedarf einstellen zu können

Bei den ersten drei Kerngedanken schlanker Abläufe ging es allgemein darum, wie man Anlagen und Ressourcen konfigurieren sollte, um einen steten Materialfluss zu erzeugen. Es bleibt die entscheidende Frage zu beantworten, wie die Bedarfe am besten in den Wertstrom integriert werden. Dies ist der Punkt, an dem sich bei der Umsetzung von Lean-Grundsätzen die Spreu vom Weizen trennt. Die Schaffung fließender Abläufe allein bringt noch kein schlankes technisches System mit sich, weil die Kundennachfrage nicht automatisch konstant ist.

Die wahre Kunst liegt nicht darin, den Wertfluss für einen bestimmten Kundenbedarf zu optimieren, sondern ein technisches System aufzubauen, das sich selbst korrigiert und mit minimalem Ressourcen- und Kostenaufwand an veränderliche Kundenbedürfnisse anpasst. Ein schlankes Unternehmen stellt seine Kunden zufrieden, ohne Tätigkeiten zu verrichten oder Produktmerkmale einzuführen, die nur Kosten verursachen, aber nicht zur Wertschöpfung beitragen. Dazu benötigt es profunde Kenntnisse der Kundenanforderungen sowie die Fähigkeit, den Umfang und die Geschwindigkeit seiner Abläufe auf den Kunden einzustellen.

Ebenso wie das Holprinzip oft durch *Kanban*-Karten umgesetzt wird, wird der Grundsatz der flexiblen Abstimmung der Abläufe auf den Kundenbedarf häufig durch das Konzept der Taktzeit verwirklicht. Nehmen wir einmal an, eine Privatklinik, die auf eine bestimmte Operation spezialisiert ist, verzeichnet einen Bedarf für 16 Operationen am Tag, und der Operationssaal ist 8 Stunden am Tag geöffnet. Somit liegt die Taktzeit bei 30 Minuten. Das bedeutet, dass die Ausrüstung (Operationssaal, Betten, Geräte, chirurgisches Besteck) und das Personal (Ärzte, Krankenschwestern/Pfleger, Verwaltungsangestellte) so organisiert sein müssen, dass alle 30 Minuten eine Operation durchgeführt werden kann. Gehen wir jetzt einmal davon aus, dass die Nachfrage nach dieser Operationsart in den Wintermonaten auf 24 am Tag steigt. Die Taktzeit sinkt also auf 20 Minuten, und Ausrüstung und Personal müssen entsprechend neu verplant (und vermutlich aufgestockt) werden.

Bei Wertströmen, in denen keine diskreten Einheiten oder sehr große Mengen verarbeitet werden, zum Beispiel in der Chemie- oder Ölindustrie, muss das Konzept der Taktzeit modifiziert werden. In einer Chemiefabrik muss der Produktmix derart verwaltet werden, dass eine möglichst genaue Abstimmung auf die Kundennachfrage möglich ist, obwohl die Produktionsleistung durch chemische Prozesse oder Anlageneigenschaften bestimmt wird.

Stark saisonabhängige Märkte stellen Unternehmen vor ganz andere Herausforderungen. Denken wir an einen Speiseeishersteller. Sein technisches System muss sich auf große saisonbedingte Nachfrageschwankungen einstellen können. Eventuell stellt er in Spitzenzeiten Zeitarbeiter ein, oder das Personal kann in den Sommermonaten Überstunden ansammeln, die im Winter abgefeiert werden.

In einer Bank mit umfangreichem Privatkundengeschäft muss das technische System darauf ausgerichtet sein, zur Mittagszeit einen großen Kundenandrang bewältigen zu können. Vermutlich werden hoch qualifizierte Mitarbeiter gebraucht, die in diesen Stunden am Schalter und in der Kundenberatung arbeiten und sich in ruhigeren Zeiten administrativen Aufgaben widmen können.

5. Führen Sie Informationen über den Kundenbedarf an einem einzigen Punkt und so spät wie möglich im Prozess ein

Die Steuerung der Abläufe über eine zentrale Planungsabteilung lässt sich mit einer zentralen Planwirtschaft vergleichen. Theoretisch müsste das System funktionieren, doch die Praxis sieht meist anders aus, weil es schwierig ist, zeitgerecht auf Abweichungen zu reagieren. Zentralisierte Systeme beruhen auf einigen wenigen Prämissen. Wenn diese ins Wanken geraten (weil eine Lieferung verspätet eintrifft, eine Materiallieferung Mängel aufweist oder eine Maschine ausfällt), verschlechtert sich das System schnell. Es entsteht ein Teufelskreis, in dem die Planung immer mehr durch einzelne Gegenmaßnahmen bestimmt wird statt durch das zentrale System.

Stellen Sie sich einen einfachen Fertigungsprozess vor, in dem in den drei Prozessschritten Pressen, Schweißen und Lackieren Metallteile für Rasenmäher hergestellt werden. Die Nachfrage liegt an einem bestimmten Tag bei 300 gleichen Teilen. Ein typisches Produktionssteuerungssystem würde aus diesem Bedarf einen Arbeitsauftrag für die einzelnen Prozesse machen. Nehmen wir an, beim Pressen trat in der Vergangenheit eine durchschnittlichen Fehlerquote von 5 Prozent auf, beim Schweißen eine Quote von 10 Prozent und beim Lackieren eine Fehlerquote von 20 Prozent. Das Produktionssteuerungssystem würde die Anweisung ausgeben, 439 Teile zu pressen, damit in jedem Fall 300 fehlerfreie Teile hergestellt werden (300 dividiert durch das Produkt der Quoten der fehlerfreien Prozesse, nämlich $0,95 \times 0,90 \times 0,80$).

Nichts ist jedoch verlässlicher als Veränderungen. Die Fehlerquoten können an einem beliebigen Tag nicht bei 5, 10 und 20 Prozent, sondern bei 10, 10 und 25 Prozent liegen. In diesem Fall würden nur 267 korrekte Teile hergestellt werden und somit 33 Teile fehlen. Das Produktionsziel zu erhöhen ist *keine* Lösung; an Tagen mit niedrigeren Fehlerquoten könnte ein erheblicher Überschuss produziert werden, wenn man die Zahl von 439 Teilen zugrunde legt.

Wie das Beispiel zeigt, neigen traditionelle Produktionssteuerungssysteme dazu, die Losgrößen zu steigern und Pufferlager einzurichten, um die Kundennachfrage sicher befriedigen zu können. Das verursacht zusätzliche Kosten und verlängert die Durchlaufzeiten. Die komplexen Bedingungen, denen die meisten Produktionsprozesse unterliegen, verschärfen das Problem noch. Das technische System muss also nicht nur Fehlerquoten berücksichtigen, sondern auch Maschinenausfälle und Rüstzeiten einkalkulieren. Bei zunehmender Produkt- und Prozesskomplexität wird es zusehends schwieriger, den Informationsfluss zu organisieren.

Was macht ein schlankes technisches System anders? Es versucht, Informationen über den Kundenbedarf so in das System einzugeben, dass Überproduktion und Fehlmengen vermieden werden – und letztere sind sowohl in Planwirtschaften als auch bei Massenherstellern ein Übel. Entscheidend für den Erfolg ist, dass die Informationen an einem einzigen Punkt im Wertstrom statt an mehreren Stellen gleichzeitig oder fern vom Wertstrom eingegeben werden, und dass die anderen Prozesse über den Eingabepunkt mit Informationen versorgt werden. Auf diese Weise wird eine physische Verbindung zwischen Produktion und Nachfrage hergestellt. Das ist deshalb möglich, weil sich die Taktzeit, die die Produktionsgeschwindigkeit bestimmt, an der aktuellen Nachfrage orientiert.

Wenn die Kundenbedarfsinformationen eingegeben wurden, »holt« das System die Produkte oder Dienstleistungen durch den Wertstrom. Welcher Mechanismus dabei genau zum Einsatz kommt, hängt davon ab, ob die Durchlaufzeiten des Unternehmens länger oder kürzer sind als diejenigen des Kunden. Sind sie kürzer, können die Produkte nach Kundenauftrag hergestellt werden (»make to order«). Sind sie länger, ist eine Lagerfertigung erforderlich (»make to stock«).

Kehren wir noch einmal zu unserem Beispiel mit den Rasenmähern zurück und nehmen wir an, dass die Fertigungsdurchlaufzeit für Rasenmäherkomponenten über der Durchlaufzeit des Kunden liegt. In einem schlanken System müssten wir hinter dem Lackierprozess einen vorgegebenen Bestand an fertigen Produkten halten. (Diese Zwischenlager, die als Pufferlager für die Produktion gebraucht werden, werden »Supermärkte« genannt, und es müssen ihr Standort, die Menge und die Auffüllungsmethode festgelegt werden.) Heute beläuft sich die Nachfrage auf 300 Teile eines bestimmten Typs und einer bestimmten Farbe. Diese Information wird an den Supermarkt übermittelt, wo die Teile entnommen und für den weiteren Transport zum Kunden auf einen Lastwagen geladen werden. Bei der Entnahme der Teile wird eine entsprechende *Kanban*-Karte an den Lackierprozess geschickt, woraufhin dieser 300 Teile aus dem Bestand an unlackierten Teilen entnimmt und lackiert, um die an den Kunden geschickten Teile zu ersetzen. Dies setzt sich den gesamten Wertstrom hinauf fort.

Dieses Produktionssteuerungsverfahren macht es unnötig, alle erdenklichen Eventualitäten einzukalkulieren. Wenn von 300 lackierten Teilen 20 Teile unbrauchbar sind, werden 20 neue Teile aus dem vorgelagerten »Supermarkt« entnommen, wobei wiederum das Signal ausgegeben wird, zur Auffüllung des Lagers 20 neue Teile zu pressen. Das heißt, dass die *tatsächliche* – und nicht die geschätzte – Nachfrage den Wertstrom hinauf kommuniziert wird.

6. Legen Sie mit standardisierten Abläufen das Fundament für Flexibilität

Ein weitverbreitetes Fehlurteil lautet, dass es sich bei Lean Production um eine stark standardisierte Vorgehensweise handelt, die Menschen wie Maschinen behandelt und sich für besonders komplexe oder variable Abläufe nicht eignet. Das Gegenteil ist der Fall: Richtig verstanden, ist die Standardisierung ein erforderlicher Schritt, um den Grundstein für wahre Flexibilität zu legen. Zudem eröffnet sie den Mitarbeitern die Möglichkeit, neue Fähigkeiten zu entwickeln und am Arbeitsplatz mehr Abwechslung zu erfahren.

Überlegen wir einmal, wie Balljungen und Ballmädchen auf den Tennisplätzen von Wimbledon mit Variabilität umgehen. Der Bedarf, den sie decken – Tennisbälle, die außerhalb des Platzes landen – ist unvorhersehbar. Dennoch werden sie dem Bedarf gerecht, indem sie ein Standardverfahren anwenden, das alle wesentlichen Punkte regelt – von ihren Positionen am Rand des Courts bis zur Art und Weise, wie sie Bälle einsammeln und zurückgeben. Sie werden geschult und müssen dann eigenverantwortlich entscheiden. Die Balljungen und Ballmädchen erledigen ihre Aufgabe in Anwesenheit hoch bezahlter internationaler Tennisstars, ohne diese abzulenken oder zu behindern.

In einem schlanken Unternehmen ist es ähnlich. Auch hier erzeugen Standards Flexibilität, solange die betroffenen Mitarbeiter ausreichend geschult wurden und für die Einhaltung der Standards verantwortlich sind. Ohne eine gewisse Auslegungsfreiheit kann die Standardisierung jedoch tatsächlich einengend wirken.

Standardverfahren gewährleisten, dass die sicherste und effizienteste Arbeitsweise festgelegt und wiederholt wird. Dies hat Vorteile für die Kunden, weil sie eine bessere, einheitlichere Qualität erhalten, für die Investoren, weil sie von einer höheren Produktivität profitieren, und für die Mitarbeiter, weil sie sich an klare, sichere Verfahren halten können. Darüber hinaus werden die Risiken gemindert, die mit der Einführung neuer Produkte oder der Veränderung eines Prozesses verbunden sind.

Grundsätzlich sorgen Standards dafür, dass Aufgaben unabhängig von den ausführenden Personen stets auf gleiche Weise ausgeführt werden. Außerdem bilden sie ein Fundament für Schulungen sowie für Verbesserungsinitiativen. Standards sind nicht statisch, sondern werden von den

Arbeitsteams, die sie anwenden, kontinuierlich weiterentwickelt. Werden Prozesse optimiert, müssen auch Standards aktualisiert werden, um die veränderten Bedingungen zu erfassen, die zur neuen Ausgangsbasis für Verbesserungen werden.

Ob es darum geht, Gäste in einem Hotel zu begrüßen, Telefongespräche in einem Call-Center anzunehmen oder Autos zu bauen, Standards sichern die Qualität eines Ablaufs und schützen somit die Marke und ihren Ruf. Außerdem spielen sie eine wichtige Rolle in flexiblen Personaleinsatzsystemen, da Mitarbeiter leichter zwischen verschiedenen Aufgaben oder Arbeitszellen wechseln können. Dies gibt Unternehmen die Möglichkeit, schnell auf Nachfrageschwankungen zu reagieren und somit ihre Produktivität zu maximieren.

Auch der Einsatz von Visualisierungstechniken am Arbeitsplatz trägt sehr dazu bei, das technische System flexibel zu gestalten. Visualisierungstechniken schaffen Transparenz bei der Anordnung von Material und Werkzeugen und können darüber hinaus Zusammenhänge zwischen verschiedenen Arbeitsbereichen und verschiedenen Standorten sichtbar machen. Dies wiederum erleichtert die Versetzung von Mitarbeitern an andere Arbeitsplätze.

7. Finden und beheben Sie Abweichungen so nah wie möglich an der Fehlerquelle

Das siebte Kernelement eines schlanken technischen Systems hängt mit dem Qualitätsmanagement zusammen. In den Automobilfabriken von Toyota sind Montagemitarbeiter befugt, die gesamte Fertigungslinie anzuhalten, wenn sie einen Fehler entdecken, der nicht im normalen Arbeitszyklus behoben werden kann. In derart kapitalintensiven Umgebungen verursacht ein Produktionsstopp beträchtliche Kosten; dennoch ist Toyota zu dem Schluss gekommen, dass die Produktion mangelhafter Teile kostspieliger wäre.

Toyota traut seinen Produktionsmitarbeitern zu, beurteilen zu können, wann ein Qualitätsproblem vorliegt. Dieses Vorgehen ist ungewöhnlich. In den meisten Unternehmen wird entweder eine Gruppe von Qualitätsbeauftragten herbeigerufen, damit sie die Abweichungen untersucht und über weitere Maßnahmen entscheidet. In anderen Firmen wird die

Nachricht, dass ein Qualitätsproblem aufgetreten ist, in der Unternehmenshierarchie nach oben geleitet, bis sie schließlich jemanden erreicht, der befugt ist einzuschreiten. In beiden Fällen vergeht zwischen der Feststellung und der Lösung des Problems viel Zeit, in der eventuell weiterhin mangelhafte Teile hergestellt werden.

Vergleichen Sie dieses Verfahren mit einem schlanken System. Abweichungen werden sofort bemerkt, und der Prozess wird angehalten, bis die Ursache des Problems ermittelt und beseitigt ist. Dieses Vorgehen zwingt Unternehmen dazu, ihre Problemlösungskompetenz zu institutionalisieren, und es fördert die kontinuierliche Verbesserung. Auch die Kunden profitieren von einem solch konsequenten Verfahren, da es die Herstellung einwandfreier Produkte und Dienstleistungen gewährleistet, die Durchlaufzeiten verkürzt und die Kosten reduziert.

Ein ganzheitlicher Ansatz

Da die Lean-Philosophie einen ganzheitlichen Ansatz zum Entwurf eines technischen Systems darstellt, werden die Ursachen für Probleme ermittelt und nicht nur die Symptome behandelt. Ein Unternehmen, das Schwachstellen und Verlustquellen identifizieren will, muss das gesamte technische System untersuchen – ausgehend vom Kunden über die Fertigungsprozesse bis zurück zu den Lieferanten.

Veranschaulichen lässt sich dies am Beispiel eines kleinen blechbearbeitenden Betriebs, der Teile für maßgeschneiderte Klimaanlagen herstellte. Da er die Leistung steigern wollte, hatte der Produktionsleiter bereits einen Engpass beseitigt, indem er zwei alte Stanzen durch eine leistungsfähigere, flexiblere neue CNC-Stanze ersetzte. In dem zugehörigen Prozess wurden verschiedene Teile nach einer Aufgabenliste geschnitten. Die Abfolge musste jedoch oft unterbrochen werden, weil die erforderliche Metallqualität nicht zur Verfügung stand.

Nach dem Schneiden wurden die Teile gelagert und dann in eine Werkstatt mit drei Abkantmaschinen transportiert. Die Maschinenbediener sollten zwar eine Aufgabenliste befolgen, pickten sich jedoch meist jene Aufträge heraus, bei denen die Maschinen nicht umgerüstet werden mussten. Kunden erhielten ihre Produkte stets mit Verspätung.

Der Manager glaubte, dass die Abkantmaschinen einen Engpass verursachten und führte mehrere Workshops durch, um die Rüstzeiten zu verkürzen und den Bedienern zu helfen, sich strenger an die Aufgabenliste zu halten. Zu seiner Überraschung musste er jedoch feststellen, dass sich die Leistung in keiner Weise besserte. Stattdessen blieben die Abkantmaschinen über lange Zeiträume ungenutzt.

Als das Unternehmen den gesamten Prozess betrachtete – von der Blechanlieferung bis zur Auslieferung an den Kunden – fielen bisher unentdeckte Probleme ins Auge. Diese hingen mit dem Informationsfluss und der Auffüllung der Blechvorräte zusammen. Hier lag die eigentliche Schwachstelle. Hätte das Unternehmen diesen Problembereich eher erkannt, hätte es die rund 500 000 englischen Pfund für die neue Stanzmaschine sparen können und Kundenprobleme schneller und direkter behandelt.

Betrachten wir ein weiteres Beispiel. Ein Hersteller, dessen Werkstatt aus allen Nähten zu platzen drohte, baute einen teuren neuen Fertigungsbereich. Eine ganzheitliche Betrachtung des Systems förderte jedoch später zutage, dass ein Großteil der Werkstattfläche von Vorräten in Beschlag genommen wurde. Als Schwachstellen des Systems erwiesen sich mangelhafte Informationsflüsse sowie Engpässe im Materialfluss. Das Unternehmen bekämpfte diese Schwächen und konnte den Bestand innerhalb weniger Monate drastisch reduzieren. Hätte es dies eher getan, hätte es sich eine beträchtliche Investition sparen können.

Der erste Schritt auf dem Weg zur Transformation der Abläufe liegt darin, ein effektives technisches System zu konzipieren und zu entwickeln. Dieses System ist der Motor des Verbesserungsprogramms. Doch selbst die beste operative Lösung wird nicht von Dauer sein, wenn sie nicht durch eine geeignete Managementinfrastruktur und angemessene Einstellungen und Verhaltensweisen unterstützt wird. Im nächsten Kapitel beschreiben wir, wie eine Managementinfrastruktur aufgebaut werden kann, die das neue technische System unterstützt und dauerhaft erhält.

Kapitel 4

Die Managementinfrastruktur

Themen dieses Kapitels

➤ Veränderungen können nur dann dauerhaft realisiert werden, wenn die entsprechende Infrastruktur für das Management eingerichtet wurde.
➤ Bei einer typischen Transformation zu einem schlanken Unternehmen müssen fünf Hauptaspekte berücksichtigt werden.
➤ Es gibt keine Pauschallösungen: Die Managementinfrastruktur hängt eng mit dem technischen System zusammen.

Operative Verbesserungsprojekte haben einen schlechten Ruf. Allzu häufig schlagen sie fehl. Zwar werden vorübergehende Verbesserungen erzielt, aber nur selten erweisen sich die Anfangserfolge als dauerhaft, und noch seltener gelingt es, eine echte Kultur der ständigen Verbesserung zu schaffen. Meist fällt die Leistung innerhalb eines Jahres wieder auf das alte Niveau zurück, oder sie stagniert. Dann reiht sich auch dieses Projekt in die Vielzahl der bisherigen Projekte ein und wird vergessen.

Warum ist das so? Unserer Erfahrung nach liegt es gewöhnlich nicht an fehlender Einsatzbereitschaft oder mangelndem Wissen. Technische Verbesserungen lassen sich häufig relativ leicht realisieren. Manche Veränderungen sind zwar unumkehrbar, wenn etwa Prozesse automatisiert oder räumliche Gegebenheiten verändert werden, aber für die meisten Veränderungen trifft das nicht zu. Und selbst, wenn technische Verbesserungen umgesetzt und die Anfangserfolge gefestigt wurden, ist selten ein starkes Fundament für dauerhafte Verbesserungen gelegt.

Ein Rüstungshersteller startete einmal ein Verbesserungsprojekt in seiner Maschinenhalle, in der große und komplexe Teile für die spätere Montage hergestellt wurden. Die Topmanager glaubten, dass die Kapazitäten in der Maschinenhalle zu gering seien und dies der Grund für die immer wieder auftretenden Engpässe sei. Das Hauptziel des Pilotprojekts lautete, die Verfügbarkeit – oder die OEE-Kennzahl (Overall Equipment Effectiveness) – mehrerer Maschinen zu verbessern, die jeweils mehrere Millionen Euro wert waren.

Der Fertigungsleiter glaubte, die Steigerung der OEE-Kennzahl werde es ihm ermöglichen, umfangreiche Kapazitäten freizusetzen. Auf diese Weise wollte er das künftige Wachstum ohne größere Investitionen bewältigen. Ein Projektteam legte Methoden fest, um Probleme festzustellen und auszuschalten, und entwickelte Ideen für technische Verbesserungen. So wurden etwa Rohmateriallagerplätze verlegt und die Umstellungsabläufe verbessert, um unnötige Maschinenvorgänge und Kranarbeiten zu vermeiden. Als diese Vorschläge umgesetzt wurden, stieg die OEE-Kennzahl schon um über 50 Prozent.

Aber innerhalb weniger Wochen lösten sich die meisten Verbesserungen wieder in Luft auf, und nach sechs Monaten lag die OEE-Kennzahl nur etwa 20 Prozent höher als zu Beginn des Projekts. Das Problem waren nicht die technischen Verbesserungen, die zu Beginn eindeutig funktioniert hatten, sondern das Unvermögen des Managements, das Erreichte zu verankern.

Bei näherem Hinsehen stellte sich heraus, dass die Führungsspanne des Fertigungsleiters zu groß war: In seinem Team von 160 Mitarbeitern gab es keine Schichtleiter, sondern nur Teamleiter, die in vier Schichten über 24 Stunden arbeiteten und nicht über die notwendigen Führungsqualifikationen verfügten. Aufgrund dieser flachen Organisation hatte der Fertigungsleiter das Gefühl, dass es ganz allein in seinen Händen lag, das Erreichte zu halten. Eine solche Struktur hätte aber bestenfalls in einem stabilen Produktionsprozess funktionieren können, in dem die Arbeiter unqualifizierte Tätigkeiten durchführen. In einem relativ instabilen und komplexen Prozess, der hoch qualifizierte Arbeitskräfte benötigte, war er dagegen zum Scheitern verurteilt. Das Unternehmen beschloss deshalb, eine neue Ebene von vier Schichtleitern zu bilden, denen jeweils vier bis fünf Teamleiter unterstanden. Die im Pilotprojekt erreichten Verbesserungen sollten dann erneut erzielt und dauerhaft gesichert werden.

Jedes Unternehmen, das schlanke Prozesse einführen will, muss überlegen, ob seine formellen Managementprozesse, seine Organisationsstruktur und die Strukturen der Mitarbeiterentwicklung dazu geeignet

Abbildung 7: Die fünf Elemente der Managementinfrastruktur

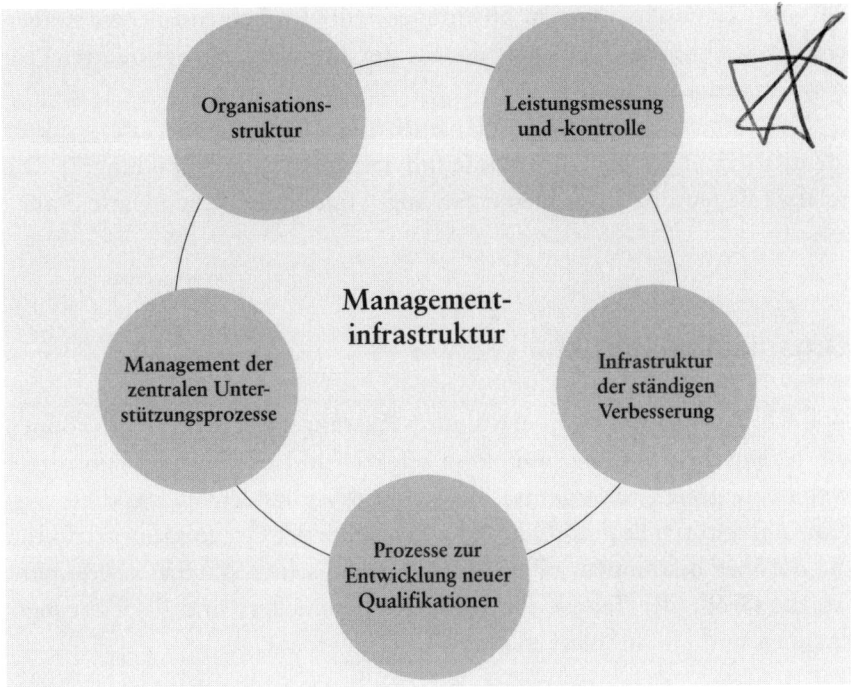

sind, das neue System zu stärken. Wenn die Managementinfrastruktur nicht richtig abgestimmt wird, ist es unwahrscheinlich, dass die betrieblichen Zielsetzungen dauerhaft erreicht werden.

Nehmen wir etwa ein Unternehmen, das ein *Kanban*-System eingeführt hat, um den Bestand an Halbfabrikaten oder das Fertigteilelager zu optimieren. Richtig angewandt, kann ein solches System Fehlbestände verringern, den Arbeitsfluss fördern, die Produktionsplanung vereinfachen und eine Just-in-Time-Lieferung ermöglichen. Aber die Maschinenbediener und Produktionsplaner können das System nur dann richtig nutzen, wenn gleichzeitig weitere Prozesse und Strukturen neu ausgerichtet werden. Die Planungsprozesse müssen angepasst werden, um konsistente Produktionsanweisungen an die nachgelagerten Prozesse sicherzustellen. Es müssen neue operative Leistungskennzahlen und Beurteilungsprozesse eingeführt werden, um den Maschinenbedienern Anreize zu bieten, das *Kanban*-System umzusetzen. Schließlich sind auch Schulungen erforderlich, sowie Anpassungen an Qualifizierungspläne und -bewertungen.

Wie geht ein Unternehmen vor, das seine Managementinfrastruktur auf sein technisches System abstimmen will? Im Folgenden beschreiben wir die wichtigsten Elemente, die bei der Entwicklung optimierter Prozesse zu beachten sind.

Wir haben fünf zentrale Elemente einer Managementinfrastruktur identifiziert, die schlanke Abläufe unterstützen (siehe Abbildung 7). Die relative Bedeutung jedes Elements hängt vom betrieblichen Umfeld ab.

Organisationsstruktur

Wie das Beispiel des oben erwähnten Rüstungsherstellers zeigt, können die technischen Systeme nur dann effektiv und effizient funktionieren, wenn eine geeignete Organisationsstruktur vorhanden ist, die diese Systeme unterstützt. Es gibt drei zentrale Aspekte der Organisationsstruktur, die darüber bestimmen, ob sie auf die technischen Systeme abgestimmt ist: die Größe der Teams, die Rolle des Teamleiters und die Führungsspannen und Hierarchieebenen des Unternehmens.

Teamgröße

Bei Toyota besteht ein Produktionsteam in der Regel aus vier bis acht Mitarbeitern sowie einem Teamleiter. Bei Mars/Masterfoods ist ein einziger Schichtleiter für ein Team von 40 bis 50 Mitarbeitern an einem Süßwarenband verantwortlich, während ein Team an einem Schokoladenband in der Regel nur aus 10 bis 20 Mitarbeitern besteht. Warum sind die Teams so unterschiedlich groß, und welche Rolle spielt das?

Verschiedene technische Prozesse stellen unterschiedliche Anforderungen an die Arbeiter sowie an die Manager oder Teamleiter. Wird die Größe eines Teams falsch gewählt, kann dies katastrophale Folgen haben: Der Überblick über die technischen Prozesse kann verloren gehen, oder die Kosten laufen aus dem Ruder. In manchen Fällen wird ganz genau überlegt, wie die Produktionsteams zusammengesetzt werden, wie groß sie sein sollen und welche Qualifikationen die Mitarbeiter mitbringen müssen. Aber weit häufiger entwickeln sich die Teams im Lauf der Zeit durch

Abbildung 8: Kriterien der Teamgröße

Kriterium	Möglicher Indikator	Teamgröße	
		klein (<4)	groß (~50)
Prozess-stabilität	% OEE	niedrig	hoch
Bedeutung für die Prozesse	Kosten eines Fehlers	hoch	niedrig
Räumliches Layout	Anzahl der Bereiche	komplex	einfach
Komplexität der Aufgaben	Schulungsstunden/Woche	hoch	niedrig
Arbeitsinhalt	Taktzeit × Varianten	hoch	niedrig
Erforderliches Verbesserungs-tempo	% Verbesserung/Monat	schnell	schritt-weise

Gewohnheit und Praxis, bis niemand mehr weiß, warum sie eigentlich in ihrer derzeitigen Form und Größe bestehen. Möglicherweise sind die Teams dann aber den Anforderungen der technischen Prozesse, die sie durchführen sollen, nicht mehr gewachsen.

Wie kann ein Unternehmen nun die richtige Größe seiner Teams festlegen? Wir haben mehrere Kriterien identifiziert, die unserer Meinung nach bei der Wahl der optimalen Teamgröße berücksichtigt werden sollten (siehe Abbildung 8). Diese Kriterien gelten für Dienstleistungsbranchen und Verwaltungsprozesse ebenso wie für die Produktionsindustrie.

Je komplexer der Arbeitsinhalt oder die durchzuführenden Aufgaben sind, desto wichtiger ist es, dass das Management jederzeit in der Lage ist, in die Abläufe einzugreifen. Bei stabilen Prozessen dagegen müssen die Manager seltener eingreifen, und die Führungsspannen können größer sein, sodass auch die Teams größer sein können.

Wenn eine Störung in einem Prozess hohe Kosten verursacht und der Prozess folglich von entscheidender Bedeutung ist, müssen sich der Manager oder Teamleiter genügend Zeit nehmen, um mit auftretenden Problemen umzugehen. In solchen Fällen senkt eine geringere Führungsspanne das Risiko teurer Fehler.

Die Rolle des Teamleiters

Kompetente Manager mögen vielleicht mit großen Führungsspannen umgehen können, aber die Leiter von Arbeitsteams, die selbst in die Prozesse eingebunden sind, können nur kleine Teams überwachen. Ein bekanntes Konsumgüterunternehmen hat nicht nur deshalb große Teams, weil die meisten Mitarbeiter einfache und repetitive Verpackungsarbeiten durchführen, sondern auch deshalb, weil es erstklassige (und gut bezahlte) Schichtleiter beschäftigt.

Es gibt unzählige verschiedene Modelle, um die Rolle des Teamleiters oder Frontline-Managers zu definieren. Sie unterscheiden sich in der Art und Weise, wie sie die Prozessschritte anordnen, Arbeitsschichten organisieren oder die Rollen der Teams und ihrer Manager zuweisen. An einem Ende des Spektrums stehen selbstverwaltete Teams, die ihre Aufgaben untereinander aufteilen und die Prozesse autonom betreiben. Am anderen Ende steht der Frontline-Manager, der die volle Verantwortung für ein Fließband oder eine Schicht trägt und zusätzlich zu seinen Aufsichtspflichten noch weitere Aufgaben des Personalmanagements – etwa Einstellungen, Beurteilungsgespräche und Disziplinfragen – wahrnimmt.

Zwischen diesen beiden Extremen liegen zahlreiche andere Modelle. Ein Teamleiter, der selbst am Band mitarbeitet, könnte konkrete operative Aufgaben (etwa Maßnahmen bei Krankmeldungen) mit Teilen des täglichen Personalmanagements (etwa der Überstundenverwaltung) kombinieren. Dagegen könnte ein rein mit der Aufsicht befasster Teamleiter seine gesamte Zeit darauf verwenden, die Abläufe zu überwachen und die ihm unterstellten Mitarbeiter zu leiten, ohne selbst am Band zu arbeiten und ohne Beurteilungsgespräche zu führen und disziplinarische Fragen zu regeln.

Welches Modell am besten funktioniert, hängt immer vom Kontext ab. Es kommt darauf an, welche Führungsaufgaben die technischen Systeme verlangen, und wie das Unternehmen grundsätzlich das Personalmanagement betreibt.

In einem uns bekannten Produktionsunternehmen funktionieren selbstverwaltete Teams gut, weil der Prozess selbst den Ausschlag darüber gibt, wo die Mitarbeiter eingesetzt werden und welche Aufgaben sie ausführen. Sie funktionieren auch deshalb gut, weil viele Mitarbeiter auf jahrelange Erfahrungen zurückblicken können. Aber in Unternehmen mit weniger eingespielten Abläufen, in denen eine hohe Personalfluktuation herrscht, in denen die Produktionsmitarbeiter nicht zu selbstständigem Arbeiten angehalten werden und in denen noch keine Kultur der ständigen Verbesserung verwurzelt ist, könnte dieses Modell leicht fehlschlagen. Wir besuchten einmal einen Hersteller, der sehr stolz auf seine selbstverwalteten Teams war, aber schon ein kurzer Blick auf die Zahlen zeigte, dass die Produktivität in den vergangenen fünf Jahren keineswegs gestiegen war.

Nehmen Sie dagegen Toyota: Hier bilden die Teamleiter das Rückgrat der Produktionsorganisation. Sie verbringen etwa die Hälfte ihrer Zeit damit, für krank gemeldete Mitarbeiter einzuspringen. Weitere 20 Prozent verbringen sie mit der Lösung von Problemen, die durch *Andon*-Signale gemeldet werden, und den Rest wenden sie für Aufgaben wie Schulungen oder nicht am Fließband stattfindenden Qualitätsprüfungen auf. Die Produktionsaufgaben und die Teamgröße sind klar definiert. Jedes Team hat eine Grundbesetzung von 5,5 Vollzeitbeschäftigten, die im Einzelfall an den Automationsgrad, die Schulungsanforderungen und das Sicherheitsrisiko angepasst werden. In einem Bereich wie der Montage, wo ein intensives On-the-Job-Training erforderlich ist, sind die Teams kleiner, damit der Teamleiter eine ausreichende Einweisung gewährleisten kann. In hoch automatisierten Bereichen wie etwa der Pressenstraße können die Teams dagegen größer sein.

Kontrollspannen und Hierarchieebenen

Für die Organisation der Führungshierarchien gelten dieselben Kriterien wie für die der Frontline-Teams. Manager, die komplexe Abteilungen mit instabilen Prozessen oder schlecht ausgebildeten Mitarbeitern leiten, benötigen kleine Führungsspannen. Dagegen bewältigen Manager, die stabile, sich wiederholende Abläufe mit kompetenten und gut geschulten Mitarbeitern durchführen, viel größere Leitungsspannen.

Die Anzahl der Hierarchiestufen sollte so niedrig sein, wie es mit den Führungsspannen in den einzelnen Führungsebenen noch vereinbar ist.

Weniger Hierarchiestufen bedeuten, dass sich das Management in größerer räumlicher Nähe zum Fertigungsbereich befindet und die Feedbackzeiten kürzer sind. Dies beschleunigt den Informationsfluss, verhindert Missverständnisse und fördert die Entscheidungsfindung. Selbst in einem großen Betrieb dürften selten mehr als drei Ebenen zwischen einem Teamleiter und dem Bereichsleiter erforderlich sein. In der Fertigung entsprechen etwa der Schichtleiter oder der Abteilungsleiter und der Produktions- oder Betriebsleiter diesen Funktionen.

Obwohl weniger Hierarchieebenen den Nachteil haben, dass die Mitarbeiter auch weniger Beförderungs- und Entwicklungschancen haben, bieten sie den Vorteil der Einfachheit: Die einzelnen Mitarbeiter kennen und verstehen ihre Aufgaben, und die Topmanager können ihre Management- und Kommunikationsprozesse effektiv organisieren.

Sobald die Organisationsstruktur auf die Erfordernisse des Lean-Konzepts abgestimmt wurde, sollte das zweite Element der Managementinfrastruktur berücksichtigt werden.

Leistungsmessung und -kontrolle

Die Leistung der Mitarbeiter hängt davon ab, ob diese im Einklang mit den Unternehmenszielen stehen und weiterentwickelt werden können. Dazu muss man den Zusammenhang zwischen Einstellungen und Verhaltensweisen kennen und berücksichtigen (siehe Kapitel 5) und ein effektives Leistungsmanagement einführen. Nach unserer Erfahrung ist die Leistungsmessung und -kontrolle häufig das schwächste Glied in der Managementinfrastruktur.

Wir kennen ein Unternehmen, das stolz auf sein System der Leistungsberichte war und jeden nur erdenklichen Bericht auf Knopfdruck abrufen konnte. Dennoch ließ die operative Leistung zu wünschen übrig, und das Management sah, dass das System ihnen nicht die benötigten Informationen lieferte. Wie sich herausstellte, spiegelten sich in den erfassten Kennzahlen nicht die tatsächlichen Kosten- und Qualitätstreiber: nämlich die Produktivität pro Mitarbeiterstunde und die Fehlerquote der produzierten Teile. Zum Glück war das Problem relativ leicht zu beheben, aber das Beispiel zeigt, dass allein die Einrichtung eines Berichtssystems noch lange nicht bedeutet, dass das Management gut über den Leistungsstand informiert ist.

Eine Fastfood-Kette nahm einmal die Menge der weggeworfenen Lebensmittel als Kriterium zur Leistungsbeurteilung der Filialleiter. Damit wurde zwar das Augenmerk der Manager auf einen wichtigen Kostentreiber gelenkt, aber gleichzeitig verlängerten sich nun die Wartezeiten für die Kunden. Da zubereitete Speisen aus hygienischen Gründen höchstens zehn Minuten aufbewahrt werden durften, wurden nun alle Speisen auf Bestellung zubereitet, um jede Verschwendung zu vermeiden. Mit diesem Kriterium war zwar gewährleistet, dass die Gäste stets frisches Essen erhielten, aber die Erwartung einer schnellen Bedienung wurde oft nicht mehr erfüllt.

Ein gutes Leistungsmanagement im Rahmen eines Lean-Konzepts bedeutet viel mehr, als nur die unterschiedlichsten Berichte abrufen zu können oder die richtigen Kennzahlen zu überwachen. Vielmehr zielt es direkt ins Herz des Managements. Es verlangt nicht nur eine klare Definition des Gesamtsystems – die richtigen Kennzahlen, unterstützt durch effektive Kontroll- und Berichterstattungsprozesse, IT-Tools und Schnittstellen zu den Finanzsystemen –, sondern auch eine geeignete Methode zur Leistungsbeeinflussung: in jeder Stunde, in jeder Schicht, an jedem Tag und in jedem Monat. Darüber hinaus müssen die Mitarbeiter die entscheidenden Leistungskriterien kennen und verstehen, denn nur so können sie die richtigen Maßnahmen ergreifen und die Leistungsziele Tag für Tag erreichen.

Die Einrichtung eines Leistungsbeurteilungssystems im Rahmen eines Lean-Projekts beinhaltet mehrere Schritte: Entwicklung des Systems, Vorgabe von Zielen, Überwachung der täglichen Abläufe, Einrichtung der Personalsysteme, Vorgabe persönlicher Ziele und das Management der individuellen Leistung.

Entwicklung des Systems

Bevor ein Unternehmen anfangen kann, seine Leistung aktiv zu steuern, muss es eine geeignete Architektur für seine Prozesse errichten. Zunächst sollte es seine wichtigsten Unternehmensziele formulieren: Strebt es eine Kostensenkung um 10 Prozent an, oder soll der Lieferservicegrad 100 Prozent erreichen, oder ist das Ziel die Anzahl der Kundenretouren innerhalb von drei Jahren auf zwei Artikel pro Million zu senken. Die Auswahl dieser zentralen operativen Ziele ist nicht so einfach wie es scheint. Häufig nehmen sich die Unternehmen zu viel auf einmal vor. Wir waren einmal für ein Unternehmen tätig, das 21 Ziele hatte! Es ist nicht praktikabel, im Alltag ständig Kompromisse zwischen so vielen Zielen zu schließen, von der Unvorhersehbarkeit der Ergebnisse ganz zu schweigen. Stattdessen sollten die Manager auf eine klare Liste von Kriterien zurückgreifen, um Prioritäten setzen zu können.

Der nächste Schritt besteht darin, eine Hierarchie von Kennzahlen im gesamten Unternehmen zu entwickeln. Dabei muss man darauf achten, dass die weiter unten angesiedelten Kennzahlen die höheren angemessen ergänzen, dass alle zentralen Kennzahlen auf jeder Ebene abgedeckt werden, und dass jede Kennzahl eindeutig »mathematisch« definiert wird. Nur so können auch die zu ihrer Berechnung erforderlichen Daten leicht zur Verfügung gestellt oder durch Veränderungen in der Datenerfassung beschafft werden.

Sobald diese Schlüsselkennzahlen (Key Performance Indicators, KPI) auf jeder Ebene definiert wurden, müssen die Manager entscheiden, wer dafür zuständig ist, sie zu erheben und vorzulegen, und auf welche Weise dies geschehen soll. Soll ein IT-Tool eingesetzt werden, muss es daraufhin überprüft werden, ob es für den Zweck geeignet ist, oder ob seine Datenbankarchitektur oder Algorithmen bei Bedarf geändert werden können. Häufig erfordert eine neue Definition der Schlüsselkennzahlen auch Veränderungen bei den manuellen Erfassungsmethoden der Daten, die in das IT-System eingegeben werden.

Ziele setzen

Dieser Schritt verbindet den einmaligen Vorgang der Systemeinrichtung mit dem Zyklus der dynamischen Leistungsbeurteilung. Die Ziele, die ganz oben auf der Prioritätenliste stehen, müssen sorgfältig auf die Verbesserungspläne abgestimmt werden, die von den Frontline-Teams und ihren Leitern stammen. Dabei sind zu ehrgeizige Ziele mit Vorsicht zu behandeln. Zwar können solche Ziele jenen Unternehmen einen wirksamen Schub geben, die einen Kraftakt bewältigen müssen, um ihr Überleben zu sichern, oder auch jenen Unternehmen, die ihre Belegschaften zu großen Veränderungen motivieren wollen. Routinemäßig eingesetzt, nutzt sich ihre Wirkung jedoch schnell ab. Die Menschen werden ausgelaugt und verlieren die Begeisterung, wenn man ihnen immer wieder Ziele vorgibt, von denen sie wissen, dass sie sie kaum je erreichen können.

Kontrolle der täglichen Arbeit

Natürlich muss die tägliche Arbeit auf jeder Organisationsebene kontrolliert werden. Dafür gibt es verschiedene Methoden und Intervalle. Ein Teamleiter könnte etwa stündlich durch die Fabrik gehen, ein Vorstandsmitglied nur einmal im Quartal. Diese Überwachung kann in Form eines Zyklus erfolgen, der auf den so genannten »Plan-Do-Check-Act«-Zyklus von W. Edwards Deming zurückgeht (Planen-Ausführen-Überprüfen-Verbessern).

Im ersten Schritt des Zyklus wird ein Verbesserungsplan entwickelt, mit dessen Hilfe die vorgegebenen Ziele erreicht werden sollen. Ein Teamleiter könnte etwa ganz einfach entscheiden, Mitarbeiter länger einzusetzen, um einen Produktionsrückstand der vergangenen Stunde auszugleichen. Ein Vorstandsmitglied könnte detaillierte Vorschläge vorlegen, um wichtige langfristige Verbesserungen der Abläufe in die Wege zu leiten.

Nach der Ausführung des Plans (»Do«) werden die Fortschritte überprüft (»Check«). Die Leistungsbeurteilung stellt leider in vielen Unternehmen noch eine große Schwachstelle dar. Eine effektive Leistungsbeurteilung setzt voraus, dass Teamleiter und Manager gewohnheitsmäßig die Lücken zwischen der tatsächlichen Leistung und den Zielen hinterfragen, und dass sie die wahren Ursachen für Leistungsmängel herausfinden. Hier liegt der Unterschied zwischen der reinen Leistungsmessung und einem ganzheitlichen Leistungsmanagement.

Im letzten Stadium des Zyklus werden korrigierende Maßnahmen in die vorhandenen Verbesserungspläne integriert. Dafür werden klare Zuständigkeiten und Fristen definiert. Die Einhaltung und ständige Weiterentwicklung dieser Verbesserungspläne durch das Unternehmen stellen dann einen der vielen Leistungsaspekte dar, die gemessen und kontrolliert werden müssen.

Personalsysteme einrichten

Die für das Management und die Motivation der Mitarbeiter erforderlichen Personalsysteme haben zwei Hauptkomponenten: individuelle Leistungsbeurteilung und Anreizprogramme.

Viele Unternehmen beurteilen zwar in regelmäßigen Abständen die Leistungen der indirekten Mitarbeiter nach vorgegebenen Mechanismen, aber häufig fehlen Routineprozesse für die direkten Mitarbeiter. Deshalb müssen sie formelle Beurteilungsgespräche entwickeln und Vorgaben dazu machen, wie mit ernsthaften Leistungsproblemen umzugehen ist.

Die Anreizpakete müssen so geschnürt werden, dass sie die Leistung einzelner Mitarbeiter und ganzer Teams nach klaren Regeln belohnen. Ein effektives Anreizsystem muss zur Kultur des Unternehmens passen und widerspiegeln, wie wichtig dem Unternehmen der Arbeitseinsatz des Teams und der einzelnen Mitarbeiter ist – sei es durch Prämien oder Belohnungen anderer Art.

Persönliche Ziele setzen

Persönliche Ziele sollten auf die geschäftlichen Ziele abgestimmt werden und die Anforderungen des »SMART«-Prinzips erfüllen: »Specific, Measurable, Achievable, Results-oriented and Time-bound« (spezifisch, messbar, erreichbar, ergebnisorientiert und fristgerecht). Missverständnisse über die Zieldefinitionen sollten unbedingt ausgeschlossen werden. In einem persönlichen Plan sollte sich auf der einen Seite das Engagement des Mitarbeiters für die Ziele und auf der anderen Seite das Engagement des Arbeitgebers dafür spiegeln, dem Mitarbeiter erforderliche Schulungen zu ermöglichen oder ihm Entwicklungschancen zu bieten.

Leistungsmanagement bei einzelnen Mitarbeitern

Managern muss bewusst sein, wie sich Einstellungen und Verhaltensweisen auf die Leistung auswirken. Haben sie ein Problem erkannt, müssen sie in der Lage sein, den Mitarbeitern Feedback zu geben und sie zu betreuen. Wenn nötig, müssen sie auch zu disziplinarischen Schritten greifen. Wie die Toyota-Teams zeigen, sind gute Produktionsteams, denen die Leistungsorientierung in Fleisch und Blut übergegangen ist, durchaus in der Lage, sich selbst zu disziplinieren. Das Belohnungssystem muss gewährleisten, dass gute Leistungen anerkannt und angemessen belohnt werden. Unternehmen, die ein Lean-Projekt durchführen, ziehen es häufig vor, die Leistung eines Frontline-Teams als Ganzes zu belohnen, anstatt die Leistung einzelner Mitarbeiter hervorzuheben.

Beim nächsten Element der Managementinfrastruktur geht es um die Schaffung von Bedingungen, mit denen schlanke Prozesse auf Dauer im Betrieb verankert werden.

Infrastruktur der ständigen Verbesserung

Der Erfolg eines Lean-Projekts ist nur von Dauer, wenn gleichzeitig der Grundsatz der ständigen Verbesserung (»Continuous Improvement« oder CI) im Unternehmen verankert wird. Nur dann kann sich das Unternehmen an veränderte Kundenanforderungen und den Kosten- und Qualitätsdruck anpassen. Andernfalls werden so die hart erkämpften Erfolge wieder zunichte gemacht.

Wie kann ein Unternehmen lernen, seine Abläufe ständig zu verbessern? Schulungen sind zwar gut geeignet, um das Bewusstsein zu schärfen und Begeisterung zu wecken, aber sie allein reichen nicht aus. Begeisterung schlägt oft genug in Frustration um, wenn Mitarbeiter dann im Alltag auf die unvermeidlichen Hindernisse stoßen und feststellen, dass sie keine Unterstützung mehr haben.

Unternehmen mit hervorragenden Abläufen besitzen meist eine eigene Infrastruktur der ständigen Verbesserung (CI), die das Linienmanagement unterstützt. Ein Beispiel ist der französische Automobilzulieferer Valeo. Die ständige Verbesserung ist ein zentrales Element beim *Valeo Production System (VPS)*. Jeder neue Mitarbeiter verbringt seine erste Arbeitswoche in einer Schulung, in der ihm die Grundsätze des *VPS* eingetrichtert werden. In den Werken werden die Manager von einem *VPS*-Moderator unterstützt, der wiederum einem Branchenexperten unterstellt ist, der für eine konsistente Unterstützung des gesamten Unternehmens verantwortlich ist. Schließlich besucht auch noch ein unabhängiges Prüfungsteam regelmäßig jedes Werk, um dessen Fortschritte anhand von 20 Leistungsindikatoren zu messen und zu gewährleisten, dass Verbesserungspläne rigoros umgesetzt werden. Das klingt genauso anstrengend, wie es ist. Valeo setzt über 0,5 % seiner Beschäftigten für die *VPS*-Infrastruktur ein.

Im Lauf der Zeit haben wir viele Erfolgsgeschichten wie die von Valeo kennen gelernt. Dabei sind uns drei wichtige Aufgaben aufgefallen, mit denen das Linienmanagement in der Regel überfordert ist oder die nicht in seinen Aufgabenbereich fallen. Sie sollten deshalb von einer eigenen, für die ständige Verbesserung zuständigen CI-Funktion durchgeführt werden. Es handelt sich um folgende Aufgaben:

- *Entwicklung einer konsistenten Vision und Methodik für die Organisation.* Einzelne Teams entwickeln häufig eigene Visionen für ihren Bereich und die zukünftigen Veränderungen in den Wertströmen. Aber auch in diesen Fällen sollte eine CI-Funktion eingerichtet werden. Nur so kann das Lean-Konzept im gesamten Werk konsistent verankert werden. Das ist besonders wichtig, wenn es mehrere Werke gibt. Die in einem Lean-Projekt eingesetzten Werkzeuge und Techniken scheinen auf den ersten Blick häufig ungewohnt und fremd, sodass die CI-Funktion eine wichtige Rolle bei der Entwicklung der Methodik spielt. Sie wählt die am besten geeigneten Werkzeuge aus und dokumentiert sie in einer dem Unternehmen angemessenen Sprache.
- *Entwicklung der Fähigkeiten im Unternehmen.* Damit sind nicht nur Trainings und Schulungen gemeint. Mindestens ebenso wichtig ist es, Einstellungen und Verhaltensweisen der Mitarbeiter zu ändern. Eine eigene CI-Funktion kann sowohl klassische Schulungen wie auch Möglichkeiten des On-the-Job-Trainings anbieten und so die Verhaltensweisen prägen und verstärken, die für eine erfolgreiche Transformation erforderlich sind.
- *Unterstützung bei der Einführung des Lean-Konzepts.* Die Teams benötigen dann am meisten Unterstützung, wenn sie versuchen, ihre neuen Fähigkeiten erstmals anzuwenden. Die CI-Funktion sollte deshalb ansprechbar sein, um auftretende technische Fragen zu klären und Hindernisse überwinden zu helfen. Außerdem sollte sie Wissen und Best Practices vermitteln und mit externen Kollegen Kontakt aufnehmen, die vielleicht schon Lösungen für bestimmte Probleme gefunden haben. Da die Optimierung von Abläufen auch ein effektives Pro-

jektmanagement erfordert, kann eine CI-Funktion die Linienmanager darin unterstützen, das Verbesserungsprojekt zu überwachen und die Arbeit so zu strukturieren, dass das Tempo des Fortschritts aufrechterhalten bleibt.

Wie sollte nun eine Infrastruktur, die ständige Verbesserungen ermöglicht, in der Praxis aussehen? Bei der Entwicklung sollten drei Hauptfaktoren berücksichtigt werden:

- *Organisationsstruktur und Größe.* Wie viele Mitarbeiter werden benötigt, damit die notwendige Unterstützung bereitgestellt werden kann? Welche sollten am besten in den Werken angesiedelt werden, und welche zentral auf Unternehmensebene? Wie verläuft die Berichterstattung zwischen den Mitarbeitern im Werk und im Unternehmen, und wie berichten sie an das Linienmanagement?
- *Besondere Rollen und Aufgaben.* Sollte es interne Berater, Coaches oder Manager geben, die eigens mit der Durchführung von Veränderungen und Verbesserungen beauftragt werden? Sollten die Rollen standardisiert oder kompetenzorientiert sein? Nach diesem Kriterium werden etwa die Projektmanager bei der Six-Sigma-Methode eingeteilt, die eine Zertifizierung mit grünem und schwarzem Gürtel erlangen.
- *Fähigkeiten und Qualifikationen.* Sind die erforderlichen Fähigkeiten schon im Unternehmen vorhanden? Wenn nein, sollten Berater beauftragt werden, können neue Mitarbeiter eingestellt werden oder können sie intern entwickelt werden? Wie lange dauert es, um die erforderlichen Fähigkeiten zu erwerben, und wie kann das am besten geschehen?

Welche CI-Infrastruktur ein Unternehmen benötigt, hängt auch davon ab, wie weit das Projekt schon vorangeschritten ist. In der Regel gibt es drei Phasen: die Start-, die Aufbau- und die Verankerungsphase:

- *Startphase.* In dieser Phase kommt es vor allem darauf an zu demonstrieren, dass Veränderungen möglich sind. Dazu wird in der Regel ein Pilotbereich innerhalb eines einzigen Wertstroms ausgewählt und nach den Lean-Grundsätzen umgestaltet. Gleichzeitig muss das Unternehmen die CI-Infrastruktur und die Projektsteuerung aufbauen. Ein Vollzeit-Team könnte damit beauftragt werden, das zukünftige System in einem Pilotbereich zu implementieren, während ein weiteres Team gemeinsam mit den Topmanagern an Themen arbeitet, die das gesamte Werk betreffen. Beide Teams benötigen Mitarbeiter, die schon Erfahrungen mit Lean-Prozessen gesammelt haben. In kleineren Unternehmen könnte ein neu eingestellter Manager diese Aufgabe übernehmen. In dieser Phase werden häufig auch externe Berater eingesetzt. In einem typischen Pilotbereich mit etwa 50 bis 100 Mitarbeitern gehören dem Team dann wahrscheinlich ein bis zwei Lean-Experten sowie zwei bis drei Veränderungsmanager an, die aus dem Pilotbereich oder anderen Unternehmensbereichen abgezogen werden. Zu den wichtigsten Aufgaben dieser Phase gehören die Entwicklung des Verbesserungsprogramms, Schulungen und Coaching sowie der Erwerb des nötigen Fachwissens.

- *Aufbauphase.* In dieser Phase stagnieren die Veränderungsbemühungen vieler Unternehmen häufig, weil die unterstützende CI-Infrastruktur unzureichend ist. Während nun die Verwaltung des Transformationsprojekts in den Vordergrund rückt, erweitert sich sein Umfang, und es werden weitere Wertströme einbezogen. Veränderungsmanager, die sich in der ersten Phase bewährt haben, werden nun Manager eines neuen Teams und schulen wiederum den Nachwuchs. Nach einigen Zyklen wechseln sie vielleicht in ein Team auf Unternehmensebene, wo sie als interne Berater fungieren und so den Bedarf an externer Unterstützung reduzieren. Das Projektmanagement gewinnt nun, ebenso wie die Entwicklung neuer Fähigkeiten, entscheidende Bedeutung. Die CI-Funktion, die noch in den Kinderschuhen steckt, muss in eine anerkannte Beraterrolle hineinwachsen und den Aufbau einer Infrastruktur vorantreiben, die eine unternehmensweite Einführung ermöglicht.

- *Verankerungsphase.* Im letzten Stadium wird jeder Wertstrom nach dem Lean-Konzept umgestaltet und optimiert. Ständige graduelle Veränderungen werden zur Norm. Diese Phase erreichen nur die besten schlanken Unternehmen, und auch ihnen gelingt es selten im ersten Anlauf. In der Verankerungsphase ist kaum noch zusätzliche Unterstützung erforderlich: Einige wenige Spezialisten reichen aus, die neue Manager ausbilden und die unmittelbar den Produktionsleitern unterstellten Kaizen-Verbesserungsteams in den Werken unterstützen. Coaching-Leistungen werden nun nicht von der Zentrale »gebracht«, sondern von den Arbeitern und Managern »geholt«, wenn sie es für erforderlich halten, um ihre Ziele zu erreichen. In dieser Phase kommt es besonders darauf an, dass die CI-Funktion ein solides Fachwissen besitzt und praktische Fähigkeiten im Coaching und Change Management anwendet.

Diese Fähigkeiten und Prozesse sind auch entscheidend für das vierte Element der Managementinfrastruktur, das der Unterstützung des technischen Systems dient.

Entwicklung operativer Fähigkeiten

Jedes wichtige Veränderungsprojekt stellt zwangsläufig sowohl die beteiligten Menschen wie auch das Unternehmen als Ganzes vor Herausforderungen. Dabei fördert es verborgene Probleme an die Oberfläche. Dies kann insbesondere für erfahrene Manager frustrierend sein, die plötzlich entdecken, dass die Fähigkeiten, auf die sie sich in ihrer ganzen Laufbahn verlassen konnten, nicht mehr zu den neuen Prozessen passen.

Ein Lean-Projekt stellt insbesondere jene Manager auf die Probe, die stolz auf ihre Fähigkeiten zur Krisenbekämpfung sind. Unternehmen mit instabilen Abläufen haben es sich angewöhnt, sich auf die Fähigkeiten dieser Krisenmanager zu verlassen: Sie haben die Rolle von Feuerwehrleuten, die aufflackernde Brände bekämpfen. Während sie in wichtige Positionen befördert werden, wird diese Art des Krisenmanagements in der Unternehmenskultur verwurzelt. Lean-Projekte dienen jedoch dazu, derartige Brände von vornherein zu vermeiden. Was wird dann aus den Feuerwehrmännern? Die Fähigkeiten, die zum weiteren Ausbau und Management stabiler Prozesse erforderlich sind, unterscheiden sich deutlich von jenen, welche die Krisenbekämpfer in ihrem Repertoire haben.

Um die richtigen operativen Fähigkeiten zu entwickeln, muss die Managementinfrastruktur um zwei zentrale Elemente erweitert werden: um einen Managementprozess, der die erforderlichen Fähigkeiten identifiziert und kodifiziert, und um einen Maßnahmenkatalog (Schulungen, Seminare, On-the-Job-Coaching und Feedback), mit dem der Aufbau dieser Fähigkeiten und der damit verbundenen administrativen Systeme unterstützt wird.

Definition der Fähigkeiten

Die Fähigkeiten, die Mitarbeiter an ihren Maschinen oder am Fließband benötigen, hängen von ihren Aufgaben ab. Es ist jedoch nicht einfach zu gewährleisten, dass sowohl innerhalb der Belegschaft als auch in jeder Schicht die richtigen Fähigkeiten vorhanden sind. Eine verbreitete Methode ist die, eine Matrix der Fähigkeiten zu erstellen, in der die Mitarbeiter mit ihrem Namen sowie die für einzelne Prozesse erforderliche Fähigkeiten verzeichnet sind. Im Idealfall ist eine solche Matrix mit dem Personalmanagementsystem verbunden, sodass jederzeit ein Abgleich der erforderlichen Fähigkeiten mit den verfügbaren Mitarbeitern möglich ist.

In einem schlanken Produktionssystem benötigen die Linienmanager hauptsächlich Fähigkeiten im unmittelbaren Leistungsmanagement, bei der Problemlösung und bei der Führung kleiner Teams, die Verbesserungsmöglichkeiten suchen. Dabei setzen sie Mittel wie Coaching, Personalentwicklung und andere ein.

Erwerb von Fähigkeiten

Lean-Programme müssen umfassend, relevant und auf die jeweilige Zielgruppe zugeschnitten sein und dabei eine gute Mischung aus Schulungen, On-the-Job-Training und Coaching bieten. Manche Unternehmen richten eigene Akademien oder Schulen ein, um die praktischen Fähigkeiten zu vermitteln. Sobald das Unternehmen die Mitarbeiter geschult hat, lässt es sie ihre neuen Fähigkeiten anwenden und überprüft ihre Fortschritte systematisch. Die Aufgabe, wichtige Lücken zu schließen, muss höchste Priorität für die Topmanager haben. Vielleicht stellen sie dabei sogar fest, dass sie selbst neue Fähigkeiten erlernen müssen, um die neuen Arbeitsmethoden anzuwenden.

Beim letzten Element einer schlanken Managementinfrastruktur geht es um die Bereitstellung der funktionalen Unterstützung für die Frontline-Teams und Prozesse.

Management der zentralen Unterstützungsprozesse

Vor 20 oder 30 Jahren noch waren die meisten Großunternehmen bestrebt, sich Größenvorteile zu sichern, indem sie Funktionen wie Personalwesen, Instandhaltung und Planung zentralisierten. Das Ergebnis dieser Politik war, dass die Funktionen allmählich »Silos« immer ähnlicher wurden: Die zentralen Unternehmensaufgaben waren bis in die höchsten Ebenen hinauf getrennt. Beispielsweise waren die Leiter der Produktion, Entwicklung, Instandhaltung, Qualität, Planung und technischen Dienste häufig direkt einem Topmanager unterstellt. Die funktionale Unterstützung der einzelnen Produktionseinheiten vor Ort wurde durch verschiedene formelle und informelle Prozesse sowie funktionsübergreifende Teams gewährleistet, deren Effektivität von der Qualität der persönlichen Beziehungen vor Ort abhing. Wenn es zu Konflikten zwischen Funktionen kam – etwa über die Nachbearbeitung mangelhafter Produkte –, mussten sie häufig dem Topmanagement zur Klärung vorgelegt werden. Es überrascht nicht, dass die meisten Unternehmen sich mittlerweile von diesem Modell verabschiedet haben.

In klarem Gegensatz dazu sind in einer nach Wertströmen gegliederten Organisation alle Funktionen und Zuständigkeiten, die für die Herstellung eines Produkts oder die Bereitstellung einer Dienstleistung benötigt werden, in einer viel niedrigeren Ebene angesiedelt: beim Wertstrom. Die Manager der Wertströme – für jede operative Einheit kann es mehrere geben – können also sehr viel selbstständiger handeln, was die Entscheidungsfindung und Problemlösung deutlich beschleunigt.

In den meisten Unternehmen wird heute ein Mittelweg zwischen diesen beiden Extremen praktiziert. In Abbildung 9 sind verschiedene Möglichkeiten der Organisation der funktionalen Unterstützung dargestellt. In Modell 1 sind die Funktionen in vollem Umfang in den Frontline-Teams integriert, während Modell 4 die »funktionalen Silos« darstellt. Die beiden dazwischen liegenden Modelle liefern funktionale Unterstützung, wobei sie jeweils immer höher in der Organisationsstruktur angesiedelt sind.

In der Praxis gibt es viele Versionen dieser Modelle, die an die jeweiligen Situationen angepasst sind. Ein Hersteller möchte vielleicht seine Instandhaltungsfunktion in reaktive und vorbeugende Instandhaltung aufteilen und integriert die reaktive Instandhaltung voll in die Frontline-Teams, während die vorbeugende Instandhaltung dem Bereichsleiter oder dem Manager des Wertstroms unterstellt wird. In einer solchen Struktur könnte ein für die Qualitätssicherung der Schicht zuständiger Mitarbeiter, der einem Qualitätssicherungsmanager unterstellt ist, den Schichtteams Dienstleistungen bieten, für die spezielle Service Level Agreements abgeschlossen werden.

Abbildung 9: Modelle zur Organisation der Support-Funktionen

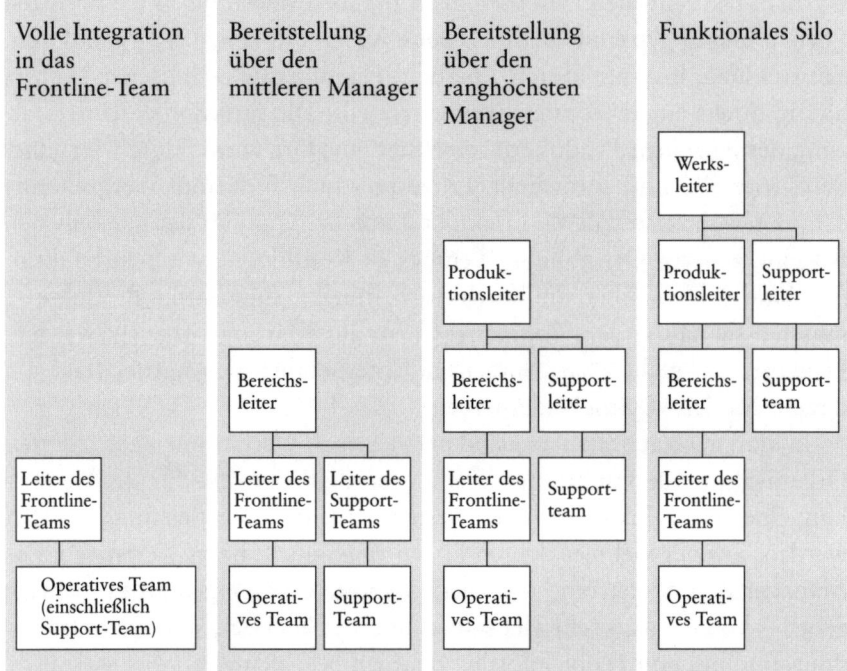

Wie findet ein Unternehmen nun die optimale Struktur? Wir haben sechs Kriterien entwickelt, um die Entscheidung zu erleichtern, wann indirekte Funktionen in die Wertströme integriert werden sollten, wann sie in eigenständigen separaten »Silos« organisiert sein können und wann sich ein Mittelweg empfiehlt:

- *Häufigkeit der Interaktion.* Wenn sich ein Frontline-Team sehr häufig mit bestimmten Aufgaben oder Problemen an eine indirekte Funktion wendet, ist es sinnvoll, diese in das Team zu integrieren. Kommt es etwa häufig zu ungeplanten Stopps am Fließband, empfiehlt es sich, im Frontline-Team Mitarbeiter zu haben, die direkt reaktive Instandhaltungsarbeiten durchführen können.
- *Dringlichkeit.* Wenn die funktionale Unterstützung sehr schnell bereitgestellt werden muss – etwa weil die Kosten eines Maschinenstillstands sehr hoch sind –, sollte sie entweder vom Frontline-Team selbst oder im Rahmen eines Service Level Agreement (SLA) sichergestellt werden. So hatte

zum Beispiel ein Hersteller einen Wartungsvertrag für eine Maschine abgeschlossen, die nur von Spezialisten gewartet und repariert werden konnte. Im SLA-Vertrag wurde der zentrale Wartungsdienst des Unternehmens dazu verpflichtet, 80 Prozent der Ausfälle innerhalb von 15 Minuten zu reparieren. Die Einhaltung der vertraglich vereinbarten Ziele wurde regelmäßig kontrolliert und von den beteiligten Managern überprüft.

- *Fehlende Qualifikationen.* Wenn bestimmte Qualifikationen nicht in ausreichendem Maß unter den Mitarbeitern vorhanden sind, könnte es sich empfehlen, sie innerhalb der Funktion und nicht innerhalb des Frontline-Teams aufzubauen. Kontrollwartungen können häufig nur von hoch spezialisierten Fachleuten durchgeführt werden, die im ganzen Betrieb benötigt werden. Die Wartungstechniker sind auf die enge Zusammenarbeit mit den vorgesetzten Ingenieuren angewiesen, die sie über die neuesten Entwicklungen auf dem Laufenden halten, sie regelmäßig schulen und ihnen Anreize dafür bieten, im Unternehmen zu bleiben.

- *Effizienter Einsatz der Fähigkeiten.* Wenn ein Mitarbeiter mit einer funktionalen Rolle in einem Frontline-Team nicht ausgelastet ist, sollte er in mehreren Teams eingesetzt werden. In diesem Fall empfiehlt sich meist ein »Silo-Modell«.

- *Zugang zu gemeinsam genutzten Anlagen und Einrichtungen.* Wenn die Arbeiter teure zentrale Anlagen, Systeme oder Informationen nutzen müssen, ist dies ebenfalls ein Argument dafür, eine funktionale Aktivität in einem »Silo« bereitzustellen.

- *Unabhängigkeit von den Frontline-Teams.* Einige funktionale Tätigkeiten wie etwa Prüfung, Sicherung und technisches Management erfordern ein gewisses Maß an Objektivität und Unabhängigkeit aufseiten des Anbieters und werden am besten zentral untergebracht.

In den Fällen, in denen funktionale Tätigkeiten direkt im Frontline-Team wahrgenommen werden, müssen starke formelle und informelle Verbindungslinien zur zentralen Funktion aufrechterhalten werden. Nur so sind angemessene Kontrollen und ein leichter Zugriff auf zentrale Ressourcen gewährleistet, etwa auf unternehmensweite Fehlerdatenbanken und Werkzeuge zur Erkennung von Fehlerursachen, die bei Wartungsarbeiten genutzt werden. Außerdem können dann Best Practices im gesamten Betrieb gemeinsam genutzt werden.

Die meisten Lean-Projekte konzentrieren sich auf direkte Unterstützungsprozesse wie etwa die Wartung und Instandhaltung, aber genauso sollten auch scheinbar weniger wichtige und sichtbare Funktionen die erforderliche Unterstützung sicherstellen.

Ein Beispiel dafür sind die Kostenmanagementsysteme. Wenn die Frontline-Manager dafür zuständig sein sollen, die Arbeitsproduktivität ständig zu verbessern, müssen sie auch wissen, ob diese Systeme die Arbeitsstunden und Kosten in ihrem Bereich richtig erfassen, denn nur so können sie ihre Fortschritte messen. Aber meist haben sich die Systeme im Lauf der Zeit entwickelt und erfüllen die Bedürfnisse der neuen, schlanken Prozesse nicht mehr optimal. Dies wiederum könnte die Bemühungen des Linienmanagements leicht konterkarieren.

Weitere Beispiele für wichtige, aber weniger sichtbare Unterstützungsprozesse sind das Qualitätsmanagement, das Personalmanagement (etwa Ressourcenverwaltung, Arbeitsplanung, Systeme zur Urlaubs- und Krankenstandsverwaltung) sowie die IT-Konfiguration. Jeder dieser Unterstützungsprozesse muss so ausgelegt sein, dass er zu den schlanken Prozessen passt und eine effiziente Produktion fördert und nicht behindert. Die Manager müssen diesen Themen ebenso viel Aufmerksamkeit widmen wie der Frage nach der richtigen Taktzeit, wenn sie richtig unterstützte, stabile und effiziente Abläufe erreichen wollen.

Viele Manager werden feststellen, dass es nicht einfach ist, sich an die neue Arbeitsweise zu gewöhnen. Wie das nächste Kapitel zeigt, müssen sie dafür in der Regel eine ganz neue Mentalität und eine neue Herangehensweise an ihre Aufgaben entwickeln.

Kapitel 5

Einstellungen und Verhalten

Themen dieses Kapitels

➤ Die Einstellungen und Verhaltensweisen der Beschäftigten unterstützen ein Produktionssystem (oder sabotieren es).

➤ Einige Aspekte, die für die Einstellungen und das Verhalten in einem schlanken Unternehmen typisch sind, laufen der Intuition zuwider.

➤ Die Einstellungen und das Verhalten müssen auf die Bedürfnisse des technischen Systems abgestimmt werden.

Das beste technische System, mit entsprechend geeigneter Managementinfrastruktur, bleibt erfolglos, wenn es von den Mitarbeitern nicht getragen wird. Diese Unterstützung zeigt sich in ihren Denk- und Verhaltensweisen. Zwar sind die richtigen betrieblichen Systeme, Strukturen und Prozesse unabdingbare Voraussetzungen, um Veränderungen nachhaltig zu verankern – aber sie reichen nicht aus. In jedem Lean-Projekt müssen die Mitarbeiter anfangen, ihr Verhalten zu ändern. Dazu müssen sie wiederum auf jeder Unternehmensebene engagiert und mit ganzem Herzen dabei sein.

Wenn wir von Einstellungen und Verhaltensweisen sprechen, meinen wir die Art und Weise, wie Einzelne und Teams denken, fühlen und handeln. Das Handeln der Menschen lässt sich nie auf direkte, klar eingegrenzte Motive zurückführen. Vielmehr liegen jeder Handlung viele Einstellungen, Meinungen, Ambitionen und Werte zugrunde, die letztlich darüber bestimmen, wie ein Mensch auf eine neue Herausforderung reagiert.

Problematisch ist dieses Thema deshalb, weil man zwar das Verhalten beobachten kann, nicht aber die Einstellungen. Wenn ich Ihnen meine Meinung zu einer Streitfrage sage, können Sie noch lange nicht darauf vertrauen, dass ich es auch so meine. Sage ich die Wahrheit? Kenne ich mich selbst gut genug? Zwischen den Einstellungen und dem Verhalten bestehen also Verbindungen, die weder transparent noch vorhersagbar sind.

Zu den Grundtatsachen menschlichen Verhaltens gehört es, dass es selten ausreicht, Mitarbeitern einfach nur Anweisungen zu erteilen. Das liegt daran, dass sie auch verstehen möchten, wie oder warum sie etwas tun sollten. Die meisten Menschen fühlen sich bevormundet, wenn man ihnen Anweisungen erteilt. Sie empfinden es als einen Angriff auf ihre Eigenständigkeit. Auch wenn sie den Anweisungen Folge leisten, ärgern sie sich wahrscheinlich insgeheim, was einer weiteren fruchtbaren Zusammenarbeit nicht gerade zuträglich ist.

Anweisungen haben etwa in Notfall- und Krisensituationen durchaus ihre Berechtigung: »Pass auf, da kommt ein Auto!« In diesen Fällen beruhen sie aber auf einem gemeinsamen Verständnis der Situation und auf der Bereitschaft, ihnen Folge zu leisten. Wenn jemand ein herannahendes Auto sieht und erkennt, dass die Anweisungen in seinem ureigenen Interesse liegen, befolgt er sie auch. Grundsätzlich führen Menschen also Anweisungen mit einer höheren Wahrscheinlichkeit aus, wenn sie ihnen letztlich nützen. Ist das nicht der Fall, oder glaubt jemand sogar, dass er sich durch eine Anweisung schadet, ignoriert er sie oder handelt ihr zuwider.

Noch schwieriger wird es, wenn sich Gruppen aus völlig unterschiedlichen Gründen gleich verhalten. Beispielsweise bittet ein Manager seine vier Teammitglieder zu Beginn eines Verbesserungsprojekts darum, täglich einen einfachen Berichtsbogen auszufüllen, in den sie Fortschritte und eventuelle Probleme eintragen. Der Manager gibt klare Anweisungen und sorgt für die nötigen Ressourcen, aber kein Einziger der vier füllt den Bogen aus. Woran liegt es?

Das erste Teammitglied hält das Verbesserungsprojekt lediglich für eine weitere Eintagsfliege und glaubt, dass sich auch dieses Projekt nach ein paar Wochen von selbst erledigt. Ein anderer Mitarbeiter mag den Manager nicht und möchte ihn in Schwierigkeiten bringen. Der dritte macht sich Sorgen darüber, was die neue Arbeitsmethode für ihn bedeutet. Der vierte schließlich spürt die zögerliche Haltung seiner Kollegen und ahmt sie aus Solidarität nach. Hier liegen also vier verschiedene Einstellungen vor, die alle zum selben Verhalten führen.

Daraus lassen sich drei Schlussfolgerungen ziehen. Erstens lassen sich die Motive der Menschen nicht einfach dadurch ermitteln, dass man beobachtet, wie sie sich verhalten. Natürlich kann man sie danach fragen, aber wahrscheinlich werden sie keine aufrichtige Antwort geben. Zweitens sollte man grundsätzlich davon ausgehen, dass man die Motivation der Menschen nicht kennt. Akzeptieren Sie einfach, dass jeder Mensch individuelle Motive hat, und versuchen Sie erst gar nicht, sie zu verallgemeinern. Drittens schließlich ändern Menschen ihr Verhalten oft selbst dann, wenn dafür kein offensichtlicher Anreiz erkennbar ist. Das gilt vor allem für so dynamische Situationen wie Veränderungsprojekte.

Manche Manager erwarten jedoch blinden Gehorsam und glauben, dass Verhaltensänderungen einfach diktiert werden können. Aber warum sollten Mitarbeiter erwünschte Verhaltensweisen an den Tag legen, wenn man ihnen keine Gründe und Erklärungen nennt? Ein Manager soll sich seine Mitarbeiter nicht gefügig machen, sondern er soll sie von den gemeinsamen Zielen überzeugen.

In diesem Kapitel beschreiben wir die typischen Einstellungen, die für die Umsetzung von Lean-Konzepten entwickelt werden müssen. Wir zeigen, wie sich diese Einstellungen im Verhalten niederschlagen und erklären, wie ein Unternehmen die neuen Einstellungen und Verhaltensweisen auf seine neuen technischen Systeme abstimmen sollte. Außerdem machen wir anhand einiger Fallstudien deutlich, wie wichtig es in Veränderungsprojekten ist, die Mentalität und das Verhalten auf das technische System und die Managementinfrastruktur abzustimmen.

Einstellungen

»Lean Thinking« beginnt beim Kunden, dem Ausgangspunkt für alles andere. Jede Aktivität, die keine Wertschöpfung für den Kunden bedeutet, gilt als Verschwendung.[1] Ein schlankes Unternehmen ist bestrebt, kontinuierlich und in möglichst kurzer Zeit Werte für den Kunden zu schaffen, indem es Verschwendung, Variabilität und Inflexibilität rigoros

---

1 James Womack und Daniel Jones haben den Begriff »Lean Thinking« in ihrem Buch *Lean Thinking: Banish Waste and Create Wealth in your Corporation* geprägt.

bekämpft. Bestimmte Ideen sind allen schlanken Unternehmen gemeinsam und tragen zur Entwicklung der erforderlichen Einstellungen bei. Manche sind aber so ungewohnt, dass sie der vorherrschenden Mentalität in vielen konventionellen Unternehmen zuwiderlaufen.

Denken Sie nicht in großem Maßstab – bleiben Sie flexibel

Zu den Zielen einer Transformation zählt es auch, die Durchlaufzeiten zu reduzieren, damit ein Unternehmen schnell auf sich ändernde Kundenanforderungen reagieren kann. Dazu müssen die zentralen Prozesse und die Organisationsstruktur so ausgelegt werden, dass alle Abläufe »fließen«. Diese Vorstellung widerspricht allerdings allem, was Manager gelernt haben, die bisher Größenvorteile anstrebten – die also teure Anlagen einsetzten, um große Serien zu produzieren und die Stückkosten zu senken.

In einem schlanken Unternehmen werden bekannte Probleme in einem anderen Licht gesehen. Denken Sie etwa an Ihre letzte Flugreise. Wenn es auf dem Flughafen keinen direkten Zugang zur Gangway gab, wurden wahrscheinlich große Busse eingesetzt, um eine Gruppe von Passagieren nach der anderen vom Terminal zum Flugzeug zu transportieren. Sie mussten zuerst warten, bis der Bus kam, dann warteten Sie im Bus, bis der letzte Passagier eingestiegen war, und dann standen Sie auf dem Rollfeld wieder Schlange, bis Sie das Flugzeug besteigen konnten. Ein solches System ist eher durch Stagnation als durch Fluss gekennzeichnet. Wie könnte es geändert werden, damit die Fluggäste schneller an Bord gehen können? Die Wartezeiten könnten etwa durch den Einsatz kleinerer Busse gesenkt werden. Dazu wären höhere Investitionen und mehr Personal erforderlich, aber dafür würde den Fluggästen auch ein höherer Wert geboten.

Die Wertschöpfung muss aus Kundensicht stattfinden

Wenn Sie einen Supermarkt aufsuchen, möchten Sie die gewünschten Produkte schnell und in guter Qualität finden und sie dann bezahlen, ohne lange an der Kasse anzustehen. Wenn Sie einen Artikel nicht finden, hilft Ihnen ein freundlicher Mitarbeiter weiter. Als Kunde ist es Ihnen egal, wie viele Lieferungen in der vergangenen Nacht eingetroffen sind, an welchen Schulungen die Kassiererinnen teilgenommen haben, oder welche Schlüsselkennzahlen der Filialleiter überwacht. Natürlich sind all diese Dinge für den Supermarkt wichtig, damit er Ihnen den gewünschten Nutzen bieten kann, aber sie sind nicht Bestandteil Ihrer Einkaufserfahrung oder Ihres empfundenen Werts. Das mag banal klingen – aber vielen Managern fällt es schwer, die Implikationen dieser Feststellung zu akzeptieren. Möglicherweise müssen sie ihre eigenen Aufgaben und ihre Zeiteinteilung verändern, damit die Abläufe aus Kundensicht reibungslos verlaufen und eine Wertschöpfung aus Kundensicht stattfindet.

Jeder Mitarbeiter muss seinen Beitrag zu den Geschäftszielen kennen

Stellen Sie sich ein Unternehmen vor, in dem immer schon viele Überstunden gemacht wurden. Nun geht die Nachfrage zurück, und das Unternehmen muss diese teuren zusätzlichen Kapazitäten nicht mehr nutzen. Diejenigen Mitarbeiter, die sich an das zusätzliche Einkommen gewöhnt haben, müssen die betrieblichen Gründe für die Veränderung verstehen, um zustimmen zu können. Die Abschaffung der Überstunden sollte durch einen anderen Vorteil ausgeglichen werden, etwa eine höhere Sicherheit des Arbeitsplatzes. Die Manager müssen mit offenen Karten spielen, nicht nur, um die Notwendigkeit der Veränderung zu verdeutlichen, sondern auch, um Vertrauen zu schaffen und dazu beizutragen, dass die Interessen der einzelnen Mitarbeiter auf diejenigen des Unternehmens abgestimmt werden. Eine solche Abstimmung schafft die notwendige Grundlage dafür, dass die Mitarbeiter die richtigen Einstellungen entwickeln und die zusätzliche Verantwortung übernehmen, die ihnen die optimierten Lean-Prozesse abverlangen.

Nicht Symptome kurieren, sondern Probleme an der Wurzel bekämpfen

In instabilen operativen Systemen verbringen die Menschen die meiste Zeit damit, auf Probleme zu reagieren. So werden sie im Lauf der Zeit zu hervorragenden Feuerwehrleuten. Ihr Verhalten wird belohnt, und die Brandbekämpfung entwickelt sich zu einem Bestandteil der Unternehmenskultur. In einem schlanken Unternehmen dagegen werden Probleme erst gar nicht toleriert. Jede Instabilität steht in Widerspruch zum Lean-Konzept. Schwachstellen werden bis an ihre Wurzel zurückverfolgt und ausgeschaltet, damit sie nie mehr auftreten.

Bei Toyota wird jedes Problem so schnell wie möglich benannt, damit es an Ort und Stelle gelöst werden kann. Die Mitarbeiter sind verpflichtet, das Montageband sofort anzuhalten, wenn sie einen Fehler entdecken. Die Fehlerursachen müssen gelöst werden, bevor die Produktion wieder aufgenommen wird.

Probleme geben Anstoß zu Verbesserungen, nicht zu Schuldzuweisungen

Ein Regime, das seine Bürger drangsaliert und unterdrückt, lädt sie indirekt zur Rebellion und zum Umsturz ein. Wenn Kinder gedemütigt werden, sobald sie einen Fehler zugeben, lernen sie schnell, dass es sicherer ist, gar nichts zu sagen und Probleme unter den Teppich zu kehren. Sehr ähnlich ist es am Arbeitsplatz. Wenn man Mitarbeiter, die etwas falsch gemacht haben, mit Verachtung oder Sanktionen bestraft, geht das nicht lange gut. Sie verhalten sich dann so unauffällig wie möglich und versuchen, Schwierigkeiten zu verheimlichen. So wird es unmöglich, Probleme zu erkennen und zu lösen, sobald sie auftreten. Es entsteht eine Kultur der Verleugnung, in der die Mitarbeiter wenig engagiert sind und kaum zu Verbesserungen beitragen.

Im Rahmen von Lean-Projekten werden aber unweigerlich Probleme an die Oberfläche gebracht, denn nur so kann die im System vorhandene Verschwendung beseitigt werden. Deshalb kommt es darauf an, diese Probleme als Chancen zu betrachten und dann Lösungswege zu finden.

Verhalten

Neue Einstellungen führen zu neuen Verhaltensweisen. Wie Abbildung 10 zeigt, ändert sich in Unternehmen, in denen die Lean-Grundsätze angewandt und verankert wurden, auch das Verhalten.

Entscheidungen müssen auf langfristigen Systemüberlegungen beruhen

Die meisten Werksleiter sind stolz auf ihre neueste und modernste Maschine und führen sie ihren Besuchern gerne vor. Das liegt zum Teil daran, dass sich Ingenieure natürlich für Technik interessieren, aber auch daran,

Abbildung 10: Die Einstellungen beeinflussen das Verhalten

Einstellungen im schlanken Unternehmen	Verhalten im schlanken Unternehmen
Flexibilität ist wichtiger als Größe.	Entscheidungen beruhen auf langfristigen Systemüberlegungen.
Es kommt auf die Wertschöpfung aus Kundensicht an.	Das Management kennt den Alltag der Frontline-Mitarbeiter.
Jeder sollte verstehen, wie er mit seiner Arbeit zu den Geschäftszielen beiträgt.	Die Frontline-Mitarbeiter setzen sich für Verbesserungen ein und führen sie durch.
Nicht die Symptome, sondern die Ursachen von Problemen müssen behoben werden.	Manager sind bestrebt, Systemprobleme zu lösen.
Probleme sind Verbesserungschancen.	Die Mitarbeiter verschiedener Ebenen führen einen offenen Dialog.

dass Investitionen häufig mit Verbesserungen gleichgesetzt werden. Westliche Besucher in japanischen Fabriken, in denen nach den Grundsätzen der Lean Production gearbeitet wird, staunen oft über das Alter vieler Anlagen und Maschinen. Sie übersehen, dass sie ihren Zweck voll und ganz erfüllen und gut gewartet sind.

Manager in Betrieben mit schlanken Prozessen gewöhnen sich eine Systemperspektive an, die sich auf ihre Prioritäten und Investitionsentscheidungen auswirkt. Sie stellen sich etwa folgende Fragen: Was kann ich tun, um die vorhandenen Anlagen besser zu nutzen, anstatt in zusätzliche Kapazitäten zu investieren? Welche gezielten Investitionen sollte ich vornehmen, um meinen Ablauf zum »Fließen« zu bringen? Zu viele Manager überschätzen die Rolle der Technik, wenn sie die Leistung verbessern wollen. Aber sobald sie einmal die Vorteile der Flexibilität gegenüber der Größe erkennen, ändern sich auch ihre Entscheidungen und Prioritäten.

Das Management sollte den Alltag der Frontline-Mitarbeiter kennen

Es ist sehr wichtig zu überprüfen, dass geplante Maßnahmen an der Schnittstelle zum Kunden funktionieren. In der Praxis bedeutet das: Die

Manager müssen sich Zeit für ihre Mitarbeiter nehmen. Sie sollten etwa Verkäufer zu Kundenbesuchen begleiten oder gemeinsam mit den Werkern am Fließband arbeiten. Nur solche unmittelbaren, ungefilterten Erfahrungen vermitteln ihnen den erforderlichen Hintergrund, um ihre Entscheidungsfindung immer weiter zu verbessern.

Bei einem großen Telekommunikationsbetreiber versuchte einmal ein Team, die Reparaturprozesse zu verbessern. Die Teammitglieder erkannten bald, dass sie ihren Schreibtisch verlassen mussten, um sich vor Ort ein Bild zu machen. Einer von ihnen drückte es so aus: »Wir hatten unser Büro bis dahin nie verlassen. Wir hatten zwar riesige Datenbanken, stellten aber fest, dass einige der wichtigsten Faktoren qualitativer und nicht quantitativer Natur waren. Nachdem wir nur einen Tag lang einen Techniker begleitet hatten, fanden wir schon die wahren Ursachen. Jetzt haben wir Strukturen eingerichtet, in denen die Manager verpflichtet sind, regelmäßig Zeit im Außendienst zu verbringen. Das Prinzip, sich selbst ein Bild zu machen, ist Bestandteil unserer Kultur geworden.«

Die Frontline-Mitarbeiter setzen sich für Verbesserungen ein und führen sie durch

Wie viele Mitarbeiter erledigen ihre Arbeit Tag für Tag auf dieselbe Weise, erleben immer wieder dieselben Enttäuschungen und erzielen immer wieder dieselben Ergebnisse? Gerade weil sie die Probleme täglich am eigenen Leib erfahren, haben die Frontline-Mitarbeiter häufig auch gute Ideen, um sie zu lösen. In einem schlanken Unternehmen werden die Motive und brachliegenden Ideen der Beschäftigten aufgegriffen und auf die übergreifenden Unternehmensziele abgestimmt, um die Leistung langfristig zu verbessern. Die ständige Verbesserung darf also nicht allein Aufgabe des Managements sein.

In einem schlanken Unternehmen weiß jeder, was er tun muss und wie er mit seinen Bemühungen zum großen Ganzen beiträgt. Von der höchsten bis zur niedrigsten Hierarchieebene sind alle darum bemüht, das Erreichte ständig zu verbessern. Ein Unternehmen machte sich einmal folgenden Slogan zu eigen: »Jeder Mitarbeiter in unserem Unternehmen hat zwei Aufgaben – nämlich seine Arbeit zu tun und seine Arbeit zu verbessern.« Viele Unternehmen behaupten, dass sie den Grundsatz der ständigen Verbesserung praktizieren. Ob dies auch den Tatsachen entspricht, lässt sich leicht überprüfen, indem man fragt, ob auch die Frontline-Mitarbeiter zu den Verbesserungen beitragen.

Manager sollten die Systemprobleme lösen

Die Manager müssen nicht nur die Probleme der Frontline-Mitarbeiter verstehen, sondern sie müssen diese Probleme auch auf Systemebene lösen. Als ein Telekommunikationsbetreiber untersuchte, wie in seinem Call-Center eingehende Anrufe behandelt wurden, stellte er fest, dass lediglich zwei von neun zufällig ausgewählten Mitarbeitern das korrekte Verfahren einhielten und den Kunden anriefen, wenn ein bestimmter Fehler festgestellt worden war. Die Schwächen, die hier zutage traten, konnten nicht von den Frontline-Mitarbeitern selbst beseitigt werden. Vielmehr handelte es sich um ein Systemproblem, um das sich die Manager kümmern mussten. Es erforderte ein grundsätzliches Umdenken bei der Mitarbeiterschulung und vielleicht auch beim Einstellungsverfahren. Ohne ein solches Eingreifen der Manager hätten die Teams nur Flickwerk betrieben, und das Problem wäre sicherlich wieder aufgetreten. In einem schlanken Unternehmen sind die Manager dafür verantwortlich, tieferliegende Mängel im System und in der Infrastruktur anzusprechen, welche die Frontline-Mitarbeiter daran hindern, die Wertschöpfung für die Kunden zu steigern.

Die Mitarbeiter verschiedener Ebenen müssen einen offenen Dialog führen

In Unternehmen, in denen sich eine Kultur der Schuldzuweisungen verfestigt hat, reden die Mitarbeiter ihren Vorgesetzten nach dem Mund, weil sie Angst vor Repressionen haben. Die Auswirkungen sind fatal. Eine Filialleiterin erzählte uns einmal, dass sie bei der Ankündigung neuer Projekte grundsätzlich nichts sagte, weil sie schon mehrmals als Bremsklotz abgestempelt worden war, wenn sie Bedenken erhoben hatte. Sie hatte die Erfahrung gemacht, dass es besser war, »einfach nur den Mund zu halten und abzuwarten, bis die Sache schief ging.« In einem gesunden schlanken Unternehmen dagegen können Menschen auf verschiedenen Hierarchieebenen sagen, was sie wirklich denken, weil sie wissen und akzeptieren, dass jeder einzelne Mitarbeiter für Probleme mitverantwortlich ist.

Abheben

Für ein Werk, das bereits gut ist, kann es nur eins geben: noch besser werden. Das haben sich auch die EADS-Manager gedacht, als sie den Standort Augsburg weiter perfektioniert haben – mit dem Augsburg Operating System.

Die EADS ist das größte Luft- und Raumfahrtunternehmen Europas, das zweitgrößte der Welt. Es entstand im Juli 2000 durch Fusion der deutschen DaimlerChrysler Aerospace AG, der französischen Aerospatiale Matra und der spanischen CASA. 2003 lag der Konzernumsatz bei über 30 Milliarden Euro. Rund 100.000 Mitarbeiter fertigen an 70 Produktionsstandorten Hightech-Produkte wie den Eurocopter und den Airbus.

Einer der wichtigsten Produktionsstandorte ist Augsburg. Knapp 2 000 Mitarbeiter produzieren hier das Rumpfmittelteil für den Eurofighter und Komponenten für die gesamte Airbus-Familie. Dazu gehören Landeklappenführungen, Fußbodenträger und Einzelschalen. Besonders wichtig ist die »Sektion 19«, die zwischen der Druckkabine und dem letzten Segment mit dem Hilfstriebwerk sitzt. Die »Sektion 19« ist technisch sehr anspruchsvoll, denn sie ist nicht zylindrisch geformt und enthält auch die Aufnahme für Höhen- und Seitenruder.

Augsburg liefert an verschiedene Airbus-Standorte: an Bremen, Hamburg und per Luftfracht im Supertransporter Beluga auch nach Broughton und nach Toulouse. In den Endmontagen werden die Rümpfe zu »Zigarren« zusammengesetzt, und die Flügelkomponenten werden integriert. Augsburg ist für Airbus einer der wichtigsten externen Struktur-Zulieferer. Er bietet seinem Kunden höchste Qualität bei innovativen Lösungen; so zum Beispiel für den A380 mit Bauteilen aus einem Materialmix wie Titan, Kohlefaser und Aluminium, die damit die bereits strengen Gewichtsvorgaben noch unterschreiten.

Leichte Turbulenzen

Das Werk gehörte bereits im Jahr 2000 zu den besten innerhalb der EADS. Dennoch war das Management nicht mit allem zufrieden. So ließ zum Beispiel der Materialfluss noch zu wünschen übrig: Im Wareneingang stauten sich regelmäßig Lieferungen, die noch nicht an ihren Bestimmungsort im Werk ausgeliefert werden konnten, wenn dort noch andere Arbeiten ausstanden. Weil sich Augsburg von Anfang an als Zulieferer gegenüber starken Wettbewerbern behaupten musste, setzte sich das Unternehmen das Ziel, die Gesamtkosten deutlich zu reduzieren. Insgesamt ging es also darum, sich im starken Konkurrenzkampf die Position als bevorzugter Zulieferer zu sichern und gleichzeitig für den Kunden noch schneller und flexibler zu werden.

Komplexität ist gut – und schlecht

Schon im Jahr 2000 war das Werk Augsburg in der Lage, komplexe Produktionsprozesse mit vielfältigen Anforderungen technisch perfekt zu beherrschen. Dies war und ist eine besondere Stärke des Standorts. Die komplexen Strukturen und Prozesse führten jedoch auch dazu, dass einzelne Abläufe zu langwierig und zu aufwändig waren und nicht reibungslos miteinander harmonierten. Zentrale Abläufe wurden deshalb in verschiedenen Pilotprojekten einem gründlichen »Systemcheck« unterzogen: Wie sieht der Material- und Informationsfluss aus? Wo sind Schwachstellen und Engpässe? Das Verbesserungspotenzial aus dieser Analyse war überzeugend: Es lag sowohl in den einzelnen Bereichen als auch auf die gesamte Produktion bezogen im zweistelligen Bereich.

Das Augsburg Operating System

»Ready for Take-off« also für einen weitreichenden Prozess, der die vorhandenen Produktivitätspotenziale erschließen sollte. Doch wie sollte das Vorgehen im Einzelnen aussehen? Um diese Frage zu beantworten, besuchte das Management etwa 20 Industrieunternehmen mit beispielhaften Produktionssystemen; die meisten dieser Benchmarks stammten aus anderen Branchen. Die Parole hieß: Von den Besten lernen, um selbst bald dazuzugehören. Die reisenden Mitarbeiter sammelten viele Erfahrungen; sie werteten Konzepte und Methoden aus. Alle Ergebnisse und Erkenntnisse flossen in ein umfassendes Programm ein: das Augsburg Operating System, kurz AOS. Die Werkleitung, bestehend aus den sechs Bereichsleitern und dem übergeordneten Werkleiter, verpflichtete sich, das AOS pyramidenförmig in das Werk zu tragen: In einer Schulung machten sie sich zunächst selbst umfassend mit der Philosophie und den Methoden von AOS vertraut; dann übernahm jeder Bereichsleiter Verantwortung für »seine« Themen. Der Fertigungsleiter beispielsweise kümmerte sich um die Themen Just-in-Time, Fließfertigung und Kanban, der Personalchef um Arbeitsmodelle, Anreizsysteme und Schulung. Antworten und Lösungen arbeitete jeder Bereich schriftlich aus. So entstand ein umfangreiches Handbuch. Es fasste alle Tools zusammen, die gebraucht wurden, um die laufenden Prozesse am Standort zu optimieren – von der Fertigung bis hinein in die Verwaltung.

Alles fließt

Mit dem AOS, im Handbuch detailliert beschrieben, ließen sich alle Verbesserungsmaßnahmen systematisch und zügig umsetzen. Das Management wusste, welche Schritte wichtig waren – und es wusste, in welcher Reihenfolge und in welchem Zeitraum sie verwirklicht werden sollten. So war es zum Beispiel wichtig, den Material- und Informationsfluss zwischen den dezentral organisierten Fertigungs-Centern weiter zu optimieren. Eine Anpassung der Fertigungssteuerung glich Prozessschwankungen aus. Alle Aufgaben konnten seitdem glatt abgearbeitet werden. Material und Informationen befinden sich heute in einem gleichmäßigen Fluss. Zudem wurden die Rüstzeiten und die Verfügbarkeit der Maschinen optimiert. Insgesamt konnte so die Durchlaufzeit um 60 Prozent verkürzt werden. Das hat sich auch positiv auf den Wareneingang ausgewirkt: Jetzt erreichen fast 100 Prozent aller Lieferungen, die hier eingehen, noch am gleichen Tag die Abnehmer im Werk. Früher lag dieser Wert deutlich niedriger.

Performance fängt mit A an

Ein wichtiger Teil des neuen Operating-Systems ist die so genannte »5-A-Methode«. Sie ist ein wesentliches Merkmal des legendären Lean-Manufacturing-Konzepts von Toyota. Die fünf »A« stehen für: Aussortieren, Aufräumen, Arbeitsplatz sauber halten, Arbeitsstandards definieren und einhalten, Alles wiederholen und ständig verbessern. Diese Methode gilt für alle Bereiche – für den Wareneingang ebenso wie für die Fertigung und alle Büroangestellten. »Aufräumen« und »den Arbeitsplatz sauber halten« – diese und die anderen Maßnahmen hören sich erst einmal nicht sehr bewegend an. Doch sie sind es durchaus. Denn sie bewirken, dass jeder Mitarbeiter eine bessere Performance zeigt. Im Ergebnis steigt damit die Leistungsfähigkeit des gesamten Standorts.

Kennzeichen A-OS

Neue Strukturen und Prozesse bedeuten auch ein neues Arbeiten. Jeder Mitarbeiter, von den Führungskräften bis zu den Meistern und Werkstattmitarbeitern, wurde deshalb in Einzel- und Gruppentrainings für das AOS fit gemacht. Die Schulungen verdeutlichten Mitarbeitern und Management, wie wichtig das AOS für den Erfolg des Unternehmens ist. Den Wechsel der Prozessmuster flankierte ein Wandel der Denkmuster. Dazu gehörte auch, dass die Center eigenverantwortlich daran arbeiten, immer besser zu werden. In regelmäßigen Workshops und Meetings besprechen seitdem die Mitarbeiter, wo sie Verbesserungspotenziale ausgemacht haben.

Für den Erfolg des gesamten Projektes AOS war von Anfang an besonders wichtig, dass sich die Geschäftsleitung alle zwei Wochen ausführlich einem Pilotprojekt vor Ort widmete. Dabei ließen sich die Manager von den Mitarbeitern erklären, welche Verbesserungsideen sie haben und wie sie diese umsetzen wollen. Zu Beginn des Projektes sorgte das Engagement und die sichtbare Aufmerksamkeit des Managements für einen wichtigen Motivationsschub. Jeder Bereich wollte zeigen, was er kann.

Alle Mitarbeiter identifizieren sich heute voll und ganz mit dem Augsburg Operating System; es ist Teil ihrer Arbeitswelt und ihrer Unternehmenskultur. Ein Ausdruck dieses Selbstverständnisses ist auch, dass die Kennzeichen der Dienstfahrzeuge mit »A-OS« beginnen. Gewiss, dies ist nur ein Detail. Doch die Perfektion der Details bestimmt immer die Qualität des großen Ganzen. So wie die »Sektion 19« und die anderen Bauteile die Qualität eines Airbus wesentlich mit bestimmen.

Einstellungen und Verhalten auf das technische System abstimmen

Die oben beschriebenen Denk- und Verhaltensweisen sind in allen schlanken Unternehmen vorhanden. Unternehmen, die sich dem Lean-Gedanken verschrieben haben, müssen aber weiter ins Detail gehen und entscheiden, welche Arten von Einstellungen und Verhaltensweisen sie fördern müssen, um das neue technische System zu unterstützen. Sie müssen auch gewährleisten, dass die gewünschten Denk- und Verhaltensweisen von den Topmanagern vorgelebt werden, und zwar durchgängig Tag für Tag.

Solche Vorbilder geben den Ton für die anderen Mitarbeiter an. Wenn ein Unternehmen etwa die Kosten senken will, sollten die Manager auf Flugtickets erster Klasse und Fünfsternehotels verzichten. Wir haben in unserer Beratungstätigkeit immer wieder gesehen, dass das Verhalten der Topmanager, sowohl individuell wie im Team, im gesamten Unternehmen reflektiert wird.

Als wir einmal eine Betriebsanalyse bei einem großen Elektronikhersteller durchführten, bemerkten wir, dass der CEO und der Chefingenieur mehrere kritische Schritte bei der Aushandlung eines wichtigen neuen Vertrags ausgelassen und dies mit außergewöhnlichen Umständen begründet hatten. Damit aber sandten sie ein fatales Signal an die restlichen Mitarbeiter aus. Immerhin waren diese beiden Manager persönlich dafür verantwortlich, einen neuen Prozess zu verankern, der dem Ziel diente, große Entwicklungsprojekte endlich ordnungsgemäß zu steuern und zu überwachen.

Ein weiteres Beispiel ist ein britischer Baumaschinenhersteller. Das Unternehmen startete ein großes Verbesserungsprojekt, um die Lieferzuverlässigkeit und Qualität zu steigern und gleichzeitig die Kosten zu senken. Die technischen Systeme und die Managementinfrastruktur wurden neu entworfen, und die Umsetzung sollte in zwei Pilotbereichen beginnen.

Nach sechs Wochen zeigten sich ermutigende Fortschritte: Die Durchlaufzeit war reduziert und die Lieferzuverlässigkeit um 60 Prozent verbessert worden. Aber bald verlor das Projekt an Schubkraft. Die Arbeit an den zentralen Managementsystemen kam viel zu langsam voran, und die Begeisterung dafür, das neue Produktionssystem unternehmensweit einzusetzen, hielt sich sehr in Grenzen.

Das Management beschloss daraufhin, sich die Verhaltensweisen im Unternehmen genauer anzusehen und entdeckte auch bald einige Schwachstellen, die zu den Problemen geführt hatten. Auf der Managementebene wurden zwar Entscheidungen getroffen, aber nicht umgesetzt. Das lag zum Teil daran, dass die Manager den Kontakt mit den Arbeitern und Meistern in der Fertigung mieden, was eine gemeinsame Problemlösung natürlich unmöglich machte.

Noch schlimmer war jedoch, dass unter den Teammitgliedern kein Vertrauen herrschte. Die älteren Manager verdächtigten die jüngeren Kollegen, dass sie ihre derzeitige Position nur als Sprungbrett für ihre Karriere nutzten und kein Interesse an der Zukunft des Unternehmens hätten. Die jüngeren Manager wiederum warfen den älteren vor, zu konservativ zu sein. Anstatt Entscheidungen offen zu diskutieren, zogen die Manager es vor, sie in privaten Gesprächen mit dem Geschäftsführer anzubahnen. In der Werkhalle gab es ähnliche Probleme: Die Produktionsteams waren nicht in der Lage, schichtübergreifend zusammenzuarbeiten und gemeinsam Probleme zu lösen.

Das Topmanagement gab unfreiwillig ein schlechtes Beispiel, dem alle anderen folgten. Die mittleren Manager arbeiteten isoliert, die Arbeiter in der Fertigung befolgten lediglich Anweisungen. Es war unbedingt erforderlich, dass sich die Topmanager einen Spiegel vor das Gesicht hielten, um zu erkennen, wie sie sich verhielten und welche fatalen Folgen dies hatte. Erst dann konnten sie anfangen, eine Vorbildfunktion zu übernehmen und die neuen Verhaltensweisen vorzuleben, die erforderlich waren, damit das Veränderungsprojekt dauerhaft erfolgreich war und die internen Konflikte gelöst werden konnten. Zwei Eigenschaften kenn-

Abbildung 11: Bedeutung der Einstellungen und Verhaltensweisen in einem schlanken Unternehmen

Technisches System	Management- systeme	Einstellungen und Verhalten
Schnelle Rüstzeiten.	Wartung des Systems fällt in den Verant- wortungsbereich des Teamleiters.	Hohes Maß an Disziplin erforder- lich, damit die Regeln eingehalten werden.
Berechnung der korrekten Signale und Losgrößen.		
Klare visuelle Standards für Werker und Packer.	Lagerbestände werden überwacht, weil sie wichtig für die pünktliche und vollständige Liefe- rung (OTIF-Kenn- zahl) sind.	Vertrauen erforder- lich, um das Signal des nachgelagerten Prozesses abzu- warten.
»Geglättete« Produktion.		
	Neuorganisation der Wartungsunterstüt- zung, um die Zuver- lässigkeit zu sichern.	Diskussion mit dem Teamleiter, um Pro- bleme oder Bedenken anzusprechen.

zeichnen das Verhalten von Menschen in schlanken Unternehmen ganz besonders: Disziplin und Zusammenarbeit.

Wir haben schon gesehen, wie ein *Kanban*-System dazu verwendet werden kann, um schnelle Rüstzeiten, korrekte Losgrößen, klare visuelle Standards und eine geglättete Produktion zu gewährleisten. Aber es kann nur funktionieren, wenn die Menschen diszipliniert sind und die Regeln des Systems einhalten, wie Abbildung 11 zeigt. Die Arbeiter dürfen die Teile nicht zu früh herstellen, sie müssen ihren Kollegen vertrauen, sie müssen auf die Signale der nachgeschalteten Stationen warten, und sie müssen Probleme mit ihren Teamleitern besprechen, sobald sie auftreten, damit sie schnell gelöst werden können und die Stabilität des Systems nicht bedrohen.

Ebenso wichtig ist die Kooperation. Dies gilt sowohl für die Beziehungen innerhalb der Teams und Abteilungen wie auch zwischen den Funktionen. Wie die Erfahrung zeigt, kann es sehr schwierig sein, verschiedene

Funktionen dazu zu bewegen, an einem Strang zu ziehen, vor allem dann, wenn sie verschiedene Kulturen und widersprüchliche Ziele haben. Die meisten Funktionen sind darauf ausgelegt, ihre eigenen Abläufe zu optimieren, nicht aber das System als Ganzes.

Zur Illustration dient das Beispiel einer Fabrik, in der Elektrogeräte herstellt wurden. Nur wenige dieser Produkte waren standardisiert, die meisten wurden auf Bestellung angefertigt. Die Mitarbeiter in der Entwicklung und in der Produktion waren in verschiedenen Abteilungen untergebracht. In der Vergangenheit hatte die Entwicklungsabteilung ihre eigenen Ressourcen und Fähigkeiten optimiert und die Bedürfnisse und Zwänge der Produktion ignoriert. Das hatte zu einer sehr ungleichmäßigen Produktionsauslastung und zu Engpässen geführt, die wiederum Lieferverzögerungen nach sich zogen. Die Isolation der Entwicklungsabteilung hatte der Produktion aber noch weitere Probleme beschert: So hatte sie es häufig versäumt, die Blaupausen zu aktualisieren, welche die Arbeiter in der Produktion als Referenz verwendeten.

Die Fabrik beschloss nun im Rahmen eines Lean-Projekts, die Fertigungsplanung in die Entwicklung zu integrieren. Das bedeutete, dass die Entwickler in Zukunft gezwungen waren, die Zwänge zu berücksichtigen, denen die Produktionsabteilung unterlag. Diese Veränderung war nicht nur organisatorischer Natur, sondern sie wirkte sich auch auf die Einstellungen und Verhaltensweisen der betroffenen Gruppen aus. Um tiefliegende Probleme zu beheben, musste jede Abteilung verstehen, wie die andere funktionierte. Die Abteilungen mussten bereit sein, Informationen auszutauschen und gemeinsam an der Lösung auftretender Schwierigkeiten zu arbeiten.

Abschließend zeigen wir in einer Fallstudie, wie ein Einzelhandelsunternehmen im Rahmen eines Lean-Projekts ein neues technisches System einrichtete und dabei entdeckte, dass die Veränderung der Einstellungen und Verhaltensweisen wichtiger und schwieriger als erwartet war.

Den Teufelskreis der operativen Probleme durchbrechen

Bei unserem Beispielfall geht es um einen europäischen Einzelhändler mit einem großen Filialnetz und einer breiten Produktpalette. Bevor das Unternehmen sein Veränderungsprojekt begann, waren die Filialen zwar immer gut besucht, aber nicht einmal die Hälfte der Besucher kaufte tatsächlich etwas. Viele Stammkunden stöberten auch dann in den Läden, wenn sie gar nicht vorhatten, etwas zu kaufen, und viele Menschen besuchten die Filialen nur in der Absicht, ein Schnäppchen zu machen.

In den vergangenen Jahren hatte das Unternehmen intensiv Werbeaktionen eingesetzt, um den Umsatz zu steigern. Zu den Nebenwirkungen dieser Strategie gehörte es, dass sich übrig gebliebene Bestände von diesen Werbeaktionen ansammelten, was die operativen Probleme weiter verschärfte. Außerdem war die Verfügbarkeit der Produkte schlecht: Im Durchschnitt waren lediglich 70 Prozent der gelisteten Produkte tatsächlich in den Regalen jederzeit verfügbar.

Anstatt für fehlende Produkte Lücken zu lassen, sortierten die Regalauffüller andere Produkte an ihre Stelle ein. Folglich hatten die Auslagen in den Filialen manchmal wenig Ähnlichkeit mit den Vorgaben, die in der Zentrale entwickelt worden waren. Dadurch wurde es schwierig zu beurteilen, wie erfolgreich verschiedene Produkte waren. Wenn die Umsatzzahlen zeigten, dass sich ein Produkt in einer Filiale gut verkaufte, lag es dann daran, dass es wirklich beliebt war, oder lag es daran, dass es zusätzlichen Platz im Regal kommen hatte? Auch das Management der Lieferkette wurde in Mitleidenschaft gezogen: Weil die von der Zentrale definierten Standards für das Auffüllen der Regale nicht beachtet wurden, waren auch die Bestandsdaten nicht mehr zuverlässig.

Die operativen Bedürfnisse lauteten folglich, sich von Überbeständen zu trennen, die Lager effizient zu verwalten und die Produktverfügbarkeit zu verbessern. Dazu musste nicht nur die Managementinfrastruktur verbessert werden, sondern es mussten auch einige tiefverwurzelte Verhaltensweisen hinterfragt werden. Bevor die Zentrale etwa die Produktverfügbarkeit verbessern konnte, musste sie wissen, welche Produkte fehlten. Dies bedeutete in den ersten Monaten, dass die Mitarbeiter die Regale nicht beliebig auffüllen durften, sondern Lücken lassen mussten, wo Produkte fehlten. Dabei hatten sie aber ein ungutes Gefühl. Sie mussten der Versuchung widerstehen, die Lücken aufzufüllen. Dazu waren Verständnis, Disziplin und eine grundlegende Änderung in den Einstellungen und im Verhalten nötig.

Eine Analyse der Situation zeigte, dass die Feedbackschleife zwischen den Funktionen in der Zentrale, die Pläne für die Filialen entwickelten, und den Filialleitern, die für die Umsetzung der Pläne zuständig waren, zusammengebrochen war. Die Zentrale wusste nicht mehr, was in den Filialen vor sich ging, während die Filialen die Pläne der Zentrale für unrealistisch hielten.

Das Veränderungsprojekt wurde in drei Hauptteile unterteilt. Der erste Teil bestand daraus, die Planung neu zu organisieren. Dazu wurde die Datenerhebung in der Zentrale effektiver gestaltet, und es wurde gewährleistet, dass die wichtigsten geschäftlichen Kennzahlen die Realität spiegelten. Der zweite Teil bestand darin, innerhalb der Filialen Standards anzuwenden, mit denen die penible Einhaltung des Plans gesichert werden sollte. Im dritten Teil schließlich ging es darum, das neue System als Bestandteil der Unternehmenskultur zu institutionalisieren.

Das Projekt begann mit einer gründlichen Diagnose, in deren Verlauf die entscheidenden Themen analysiert wurden. So wurde gefragt, warum die Produktverfügbarkeit so schwer zu bestimmen war, und warum Produkte so häufig fehlten. In manchen Fällen stellte sich heraus, dass sich die Produkte im Lager befanden, aber nicht in die Regale gefüllt worden waren: Da sie mit einigen Wochen Verspätung geliefert worden waren, war die für sie vorgesehene Lagerfläche mittlerweile mit anderen Produkten besetzt. In anderen Fällen hatte es eine Störung im Lagerwirtschaftssystem gegeben, und verkaufte Ware war nicht nachbestellt worden.

Der nächste Schritt bestand darin, Lösungen zu entwickeln und in sechs repräsentativen Filialen zu testen. Das Unternehmen entwickelte eine Reihe einfacher Prozesse, etwa die Einführung bunter Etiketten, um Stellen in den Regalen zu identifizieren, die vorübergehend mit einem Ersatzprodukt aufgefüllt worden waren. Solche Maßnahmen erinnerten die Mitarbeiter daran, das ursprüngliche Produkt wieder ins Regal zu stellen, sobald es vorrätig war.

Aber die Pilotversuche zeigten, dass selbst simple Lösungen wie diese nicht dauerhaft waren und die Probleme wieder auftraten. Als das Projektteam den Grund dafür untersuchte, stellte es fest, dass die Bereichsleiter und die Manager der Zentrale nicht genug Zeit in den Filialen verbrachten, um sich mit den systemimmanenten Problemen vertraut zu machen, an denen sie selbst arbeiten mussten. Selbst diejenigen, die es taten, waren kein gutes Vorbild.

Die Filialleiter taten deshalb weiterhin das, was sie immer getan hatten – sie füllten die Lücken in den Regalen, anstatt sie leer zu lassen, wenn ein Produkt fehlte. Auch die Mitarbeiter in den Filialen verstanden den Grund für die neuen Verfahren nicht: In ihren Augen machte es keinen Sinn, Regalflächen leer zu lassen, wenn sie stattdessen andere Produkte verkaufen konnten. Da sie den Grund für die neuen Methoden nicht verstanden, waren sie auch nicht motiviert, anders als bisher zu arbeiten.

Dieses fehlende Verständnis war aber nicht das einzige Hindernis. Das Anreizsystem der Filialen beruhte allein auf dem Umsatz und der Gewinnspanne. Von den Mitarbeitern in den Testfilialen wurde nun verlangt, Verfahren einzuhalten, die dem Umsatz kurzfristig schadeten, auch wenn sie die Verfügbarkeit und den Umsatz auf lange Sicht steigern sollten. Somit standen die Leistungsanreize in direktem Gegensatz zu den erwünschten neuen Verhaltensweisen. Es überrascht wenig, dass die Mitarbeiter so arbeiteten, wie sie es immer getan hatten.

Nachdem das Team diese Probleme aufgedeckt hatte, ergriff es Maßnahmen, um die Veränderungen dauerhaft zu verankern. Es fasste die neuen Richtlinien auf einer Seite zusammen. Damit sollten die Topmanager daran erinnert werden, wie sie sich während ihrer Besuche in den Filialen verhalten sollten, um die neuen Prozesse bei den Mitarbeitern zu verankern. Die Manager sollten die Ziele für ihren Besuch ganz am Anfang abklären und dann den Filialleitern die Führung überlassen, wobei sie den vereinbarten Ablauf und die Zeitvorgaben respektierten. Das Team betonte auch, wie wichtig es sei, die Frontline-Mitarbeiter zu besuchen und um ihre Meinungen zu bitten.

Die Topmanager wurden ebenfalls darum gebeten, mögliche Probleme keinesfalls vor dem Filialteam zu besprechen, außer wenn sie ganz besonders schwerwiegend waren. Stattdessen sollten sie den Filialleiter außerhalb der Ladenräume darauf ansprechen. Damit sollte gewährleistet werden, dass die Topmanager nicht unbeabsichtigt den Status der Filialleiter als wichtigstes Vorbild für ihre Mitarbeiter unterminierten. Um dieses neue Machtgleichgewicht zwischen Filialleiter und Zentrale zu verstärken, führte das Team ein »Buddy«-System ein, in dem jedem Filialleiter ein Manager aus der Zentrale zugeordnet wurde. Dieser hatte ein offenes Ohr für ihre Probleme und fungierte als Coach. Dies erwies sich als ein sehr effektiver Weg, um dazu beizutragen, dass die Topmanager wieder mehr Tuchfühlung zu den Filialen bekamen.

Während der Projektumsetzung erkannte das Unternehmen schnell, dass sein auf den Umsatzzahlen basierendes Anreizsystem den neuen Gegebenheiten nicht mehr angemessen war. Es führte stattdessen eine wöchentliche Überprüfung ein, um zu beurteilen, wie rigoros die Filialen die neuen Prozesse einhielten. Zwar lautete das Hauptziel weiterhin, den Filialleitern zu helfen, Bereiche mit einem hohen Verbesserungsbedarf zu identifizieren. Doch dieses Ziel wurde nun auch mit den Anreizstrukturen verbunden, wobei Punkte für die Einhaltung der neuen Richtlinien vergeben wurden. Paradoxerweise schuf dies allerdings neue Probleme, da der Wettbewerb zwischen den Filialen so stark wurde, dass er die Einbettung der neuen Arbeitsmethoden in den Alltag bedrohte.

Wie dieser Fall nur allzu klar zeigt, werden die Schwierigkeiten häufig unterschätzt, die auftreten, wenn man Verhaltensänderungen erreichen will. Die Manager müssen sicherstellen, dass die »menschliche Seite« – die Einstellungen und Verhaltensweisen – von Anfang an ebenso wichtig sind wie das technische System und die Managementinfrastruktur. Nur so können sie viele Fallen vermeiden, die Veränderungsprojekten so oft zum Verhängnis werden.

In Teil I dieses Buches haben wir die Merkmale von Unternehmen beschrieben, die ihre Abläufe nach den Lean-Prinzipien ausrichten wollen. In Teil II beschreiben wir nun den fiktiven Haushaltsgerätehersteller *Arboria*, der beschließt, sich auf die Reise zum schlanken Unternehmen zu begeben.

Teil II
Der Weg zum schlanken Unternehmen

Kapitel 6

Eine wegweisende Entscheidung

Themen dieses Kapitels

➤ Es muss eine klare betrieblich bedingte Notwendigkeit dafür geben, die Abläufe neu zu gestalten.
➤ Die Werksleitung muss eine bewusste Entscheidung zum Handeln treffen und die damit verbundenen Risiken und Schwierigkeiten berücksichtigen.
➤ Für die erste Etappe der Reise muss ein Plan erstellt werden.

In den folgenden fünf Kapiteln begleiten wir das fiktive Unternehmen *Arboria* auf seinem Weg zu schlanken Prozessen. Wie die meisten anderen Unternehmen in dieser Lage verfügt *Arboria* über keinerlei Erfahrungen mit dem Lean-Konzept und muss folglich eine Reihe von Hindernissen überwinden, bis es seine Leistung nachhaltig verbessern kann.

Ein Marktführer unter Druck

Arboria ist ein Nischenhersteller für hochwertige Haushaltsgeräte wie Küchenmaschinen, Kaffeemaschinen, Toaster und Wasserkocher. Bei einem Jahresumsatz von etwa 450 Millionen Euro beschäftigt das Unternehmen 3 000 Mitarbeiter und unterhält Niederlassungen in Italien, Deutschland und Großbritannien. In Zuge der Rezession Anfang der neunziger Jahre wurde eine vierte Niederlassung in Frankreich geschlossen. Die kleine Zentrale von *Arboria* liegt in unmittelbarer Nähe von Brüssel; das Entwicklungs- und Technologiezentrum ist der italienischen Niederlassung angegliedert.

Als Mitte der neunziger Jahre die Konsolidierung in der Branche abgeschlossen war, wurde *Arboria* von einem US-Haushaltsgerätehersteller gekauft. Dieser wollte damit Zugang zu den europäischen Märkten sowie zu kleineren Modellen gewinnen, die er in den Wachstumsmärkten von China und Indien verkaufen wollte. Nach der Übernahme ließ der neue Inhaber *Arboria* weitgehend freie Hand. In jüngerer Zeit allerdings übte er Druck auf das Management aus, mehr Wachstum zu erzielen und die Rendite auf das eingesetzte Kapital (Return On Capital Employed, ROCE) zu steigern.

In den vergangenen sechs Jahren wurde *Arboria* von Bruno Fontana geführt (siehe Abbildung 12). Der umtriebige Italiener gehört dem Unternehmen schon seit über 20 Jahren an und war dabei überwiegend im Vertrieb tätig. Er hat bewiesen, dass er wichtige Branchentrends frühzeitig erkennt und oft genug noch rechtzeitig für eine Neupositionierung sorgen kann. Bruno ist ein Visionär, lässt sich oft von seinen Gefühlen leiten und kann durchaus launisch sein. Er spornt andere zu Höhenflügen an, wirkt aber oft auch einschüchternd.

In den vergangenen drei Jahren verdoppelte sich der mit neuen Produkten erzielte Umsatzanteil. Damit wurde eine Vorgabe von Bruno erfüllt, der festgestellt hatte, dass die Produkte von *Arboria* allmählich etwas angestaubt wirkten. Er beförderte einen vielversprechenden Manager

Abbildung 12: Europa-Management, Arboria Europe

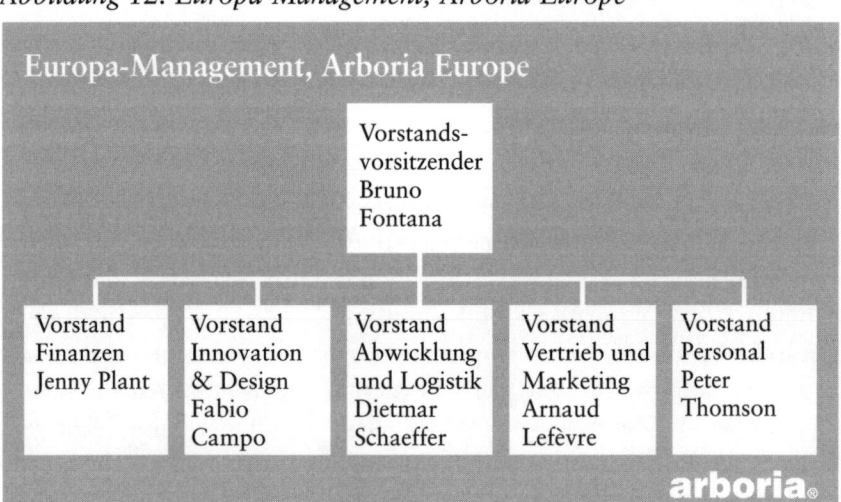

auf den Posten des Entwicklungsleiters und beauftragte ihn mit der Rationalisierung und Verjüngung der Produktpalette. *Arboria* brachte daraufhin eine Serie farbenfroher Geräte auf den Markt – ein klarer Bruch mit der bisherigen Tradition weißer Produkte – und begann, Entsafter für gesundheitsbewusste Verbraucher zu entwickeln.

Bruno zeigte sich von der Überarbeitung der Produktpalette begeistert. Die Designer orientierten sich nun wieder an den Kundenbedürfnissen. Einige der neuen Produkte erhielten sogar Preise für ihr hervorragendes Design. Die farbenfrohen Geräte verkauften sich sehr gut und führten *Arboria* eine neue Kundengeneration zu. Die Position des Unternehmens als Premiummarke in Europa wurde gefestigt. Allerdings hatte dieser Erfolg auch die unangenehme Begleiterscheinung, dass die Produktionskapazitäten belastet wurden. Das Management war nun unschlüssig, was es in Anbetracht der Wachstumsaussichten tun sollte: Sollte es einen Teil der Produktion auslagern oder lieber in neue Kapazitäten investieren?

Hinzu kamen auch mögliche Probleme bei der Preisgestaltung. In der Vergangenheit waren die Kunden bereit, den Markennamen, die Zuverlässigkeit und das hochwertige Design, das sie mit *Arboria* verbanden, durch Preisaufschläge zu honorieren. Aber in den vergangenen Jahren rückten Konkurrenten aus Ländern mit niedrigeren Kosten immer mehr auf und kamen *Arboria* schon gefährlich nahe. Das Unternehmen steht nun vor der Aufgabe, sich diesem Preis- und Kostendruck zu stellen und die Anforderungen der Muttergesellschaft zu erfüllen. Mit diesen Problemen beschäftigt sich Bruno derzeit.

Bruno war auf dem Weg zur Arbeit tief in Gedanken versunken. Ihm ging eine Bemerkung im Kopf herum, die Philipe de Lasset, ein Vertriebspartner von *Arboria* in Frankreich, am Vortag geäußert hatte.

»Bruno, da braut sich etwas zusammen«, hatte Philipe beim Mittagessen gesagt. »Der Markt für Ihre Produkte wächst zwar, aber die Hersteller in Asien und Osteuropa holen auf: Sie bieten gute Produkte zu guten Preisen an. Mag sein, dass Ihre Marke heute noch stark ist – aber möglicherweise reicht das dieses Mal nicht mehr aus.«

Normalerweise ließ sich Bruno von Philipes düsteren Vorhersagen nicht beunruhigen, aber dieses Mal war es anders. In gewissem Sinn hatte Philipe nichts Neues gesagt: Natürlich stellten preiswerte Importe eine Gefahr für *Arboria* dar. Was Bruno aber Kopfzerbrechen bereitete, war die Tatsache, dass die preisgünstigeren Konkurrenten auch in der Qualität beängstigend schnell aufschlossen.

Als Einzelhändler kannte Philipe seine Kunden. Seinen Beobachtungen zufolge hatten die konservativen französischen Verbraucher begonnen, preiswertere Produkte den traditionellen Marken vorzuziehen. Philipes Kunden vertrauten darauf, dass er ihnen keinen Ramsch verkaufte, und waren immer häufiger bereit, auch unbekannte Marken auszuprobieren. Das erkannte er schon daran, dass *Arboria*-Produkte nicht mehr so häufig auf den Geschenkelisten für Hochzeiten auftauchten wie noch vor fünf Jahren.

Bruno parkte auf dem für ihn reservierten Parkplatz. Er war so in Gedanken gewesen, dass er den Weg fast automatisch gefahren war. Er nutzte die halbe Stunde Fahrt immer dazu, seine Gedanken für den vor ihm liegenden Arbeitstag zu sammeln. Auf dem Nachhauseweg dachte er dann über die Ereignisse des Tages nach und horchte in sich hinein, ob er etwas Wichtiges vergessen oder übersehen hatte.

Er zog den Schlüssel ab und blieb tief in Gedanken versunken sitzen. Wollte sich *Arboria* der Bedrohung durch die neue Konkurrenz stellen, würde sich jeder Einzelne im Unternehmen dafür einsetzen müssen. Die Mitarbeiter müssten ihre gewohnten Arbeitsmethoden aufgeben und ihre Aufgaben mit neuen Augen sehen. Seine Führungskompetenzen und diejenigen seiner Manager würden hier einer harten Probe unterzogen. Die Aussicht darauf war ebenso beängstigend wie spannend.

Die Optionen

Bruno sieht zwar, dass er drastische Maßnahmen ergreifen muss, aber er hat noch keine Ahnung, in welcher Form dies geschehen soll. Er steht an einer Kreuzung, an der viele Unternehmen schon den falschen Weg eingeschlagen haben.

Die Umstellung auf schlanke Prozesse wird nämlich häufig als rein technische Angelegenheit betrachtet und an die Mitarbeiter in den operativen Bereichen delegiert. Eine solche Sichtweise verrät jedoch ein mangelndes Verständnis für die Reichweite und Bedeutung des bevorstehenden Wandels. Die Transformation zu einem schlanken Unternehmen setzt voraus, dass die Abläufe aus Kundensicht neu gestaltet werden. Es geht folglich um funktionsübergreifende Veränderungen, die sich nicht auf einzelne Bereiche beschränken. Vielmehr erfordern sie neue Prozesse, Einstellungen und Verhaltensweisen im gesamten Unternehmen.

Ein derart weitreichender Wandel kommt leider schnell wieder zum Stillstand, wenn er nicht vom Vorstand und den Topmanagern ausdrücklich unterstützt wird. Die Geschäftsleitung muss auf Tuchfühlung mit den Mitarbeitern gehen, denn nur so kann sie ihnen die am Anfang oft harten und schwierigen Entscheidungen vermitteln und das Unternehmen unbeschadet durch die Turbulenzen der Anfangszeit führen.

Bruno hat erkannt, dass das Unternehmen in einen anderen Gang schalten muss. Die jährlichen graduellen Verbesserungen, mit denen *Arboria* in der Vergangenheit gut gefahren ist, reichen nun nicht mehr aus. *Arboria* benötigt einen durchgreifenden Wandel – nicht nur vor dem Hintergrund der geschäftlichen Ziele, sondern auch deshalb, weil es die Energiequellen der Mitarbeiter anzapfen, ihre Begeisterung wecken und ihnen die Dringlichkeit der Veränderungen vermitteln muss.

Wie kann Bruno sicher sein, dass die Umstellung auf schlanke Prozesse tatsächlich die Antwort auf seine Probleme darstellt? Die Transformation zum schlanken Unternehmen stellt hohe Anforderungen an die Zeit des Unternehmenschefs und stellt ein langfristiges Unterfangen dar. Stünde *Arboria* vor der Aufgabe, möglichst schnell Verluste auszugleichen, um dem Konkurs zu entgehen, wäre ein rigoroses Kostensenkungsprogramm eine bessere Lösung – so wie ein Patient mit Wundbrand eine Amputation und keine Physiotherapie benötigt.

Bruno weiß genau, dass er und sein ganzes Team mit voller Kraft an der Lösung arbeiten müssen, wie auch immer sie aussehen wird. Deshalb beginnt er sofort damit, seine Topmanager und die Berater, denen er am meisten Vertrauen schenkt, zu konsultieren.

In den folgenden Wochen führte Bruno also Gespräche, in denen er verdeutlichte, dass *Arboria* schnell handeln musste, um dem Kostendruck standhalten zu können. Er setzte das Thema offiziell auf die Tagesordnung der monatlichen Zusammenkunft des Europa-Managements (EuMa) von *Arboria* und reservierte eine halbe Stunde dafür.

In der Besprechung wurden ganz unterschiedliche Meinungen geäußert, aber das hatte Bruno nicht anders erwartet. Die Finanzleiterin Jenny Plant argumentierte, dass *Arboria* die gefährliche Kostensituation nur unter Kontrolle bringen könne, wenn die Herstellung der Massenprodukte an billigere Standorte ausgelagert würde. Die Fertigung der höherwertigen Produkte solle – zumindest vorerst – behalten werden. »Wenn wir sie nicht schlagen können, gehen wir eben denselben Weg«, lautete ihr Fazit.

Dietmar Schaeffer, zuständig für Abwicklung und Logistik, äußerte Vorbehalte gegen die Outsourcing-Pläne. Er hatte einmal die deutsche Niederlassung von *Arboria* geleitet, welche die Fertigung der Metallpressen an einen Lieferanten in der tschechischen Republik ausgelagert hatte. Daraufhin sanken zwar die Stückkosten, aber die Lieferungen waren unzuverlässig und die Qualität ließ zu wünschen übrig. Dietmar hielt diese Probleme zwar letztlich für lösbar, argumentierte jedoch, dass man mit dem Outsourcing möglicherweise nur den Teufel mit dem Beelzebub austrieb. Er wies auch darauf hin, das *Arboria* über keinerlei Erfahrungen mit der Auswahl von Lieferanten und ihrem Management verfügte. Wenn das Unternehmen diesen Weg gehen wollte, musste es sich vorher noch sehr genau über mögliche Risiken informieren.

Der Vertriebs- und Marketingleiter Arnaud Lefèvre äußerte sich ähnlich. Er wies auf die Macht der Vertriebspartner hin und verdeutlichte, dass *Arboria* sich keinen Fehler leisten dürfe. *Arboria* kämpfte ohnehin schon mit den sich ständig ändernden Anforderungen der Händler, und einige von ihnen hatten sich jüngst sehr kritisch zur Liefertreue geäußert.

Arnaud war also der Ansicht, dass die Erweiterung der Lieferkette die Lage nur noch verschlimmern würde: »Unseren Kunden sind unsere internen Strukturen und Abläufe völlig egal. Sie möchten nur, dass wir die richtigen Produkte zur richtigen Zeit auf den Markt bringen. Wenn wir uns von Lieferanten in Polen abhängig machen, steigt das Risiko von Fehlern. Aber wenn wir unsere Kosten in den Griff bekommen, wird uns das viele Vorteile bringen.«

Bruno erkannte, dass dem Team die nötigen Erfahrungen und die Fakten fehlten, um eine fundierte Entscheidung zu treffen. Er beendete deshalb die Debatte und bat Dietmar darum, einen Besuch bei einem Unternehmen zu organisieren, das schon in einer ähnlichen Lage gewesen war und sich daraus erfolgreich befreit hatte. Er hoffte, dann mehr Klarheit darüber zu gewinnen, was bei *Arboria* zu tun war.

Aus der Erfahrung anderer lernen

Die erste Besprechung beförderte eine Vielfalt von Meinungen darüber ans Tageslicht, welche Veränderungen für *Arboria* am besten wären. Jenny Plant als Finanzleiterin nahm eine pragmatische Sichtweise ein und schlug vor, dass *Arboria* nur noch diejenigen Produkte selbst fertigen sollte, die sich aus finanzieller Sicht lohnen. Ihre Argumentation mochte überzeugend klingen, aber die Entscheidung war nicht so einfach, wie sie aussah.

Jenny verglich die Herstellungskosten eines Produktes innerhalb des Unternehmens mit jenen einer Fremdvergabe. Wie Arnaud zu Recht bemerkte, ließ sie dabei aber die Durchlaufzeiten außer Acht. Dieser Faktor ist aus Kundensicht sehr wichtig und könnte zu völlig neuen Problemen führen. Darüber hinaus wirft dieser Vorschlag auch Fragen zur Leistungskultur bei *Arboria* auf. Es ist nicht von der Hand zu weisen, dass sich *Arboria* durch das Outsourcing lediglich der Notwendigkeit einer innerbetrieblichen Leistungsverbesserung entzieht.

Derartige Meinungsverschiedenheiten können in diesem frühen Stadium der Entscheidungsfindung sehr hilfreich sein. In den späteren Phasen allerdings führt ein mangelnder Konsens im Topmanagement häufig zu Problemen. Gibt man den Diskussionen nicht genug Raum, leidet möglicherweise die Qualität der Entscheidungen darunter. Die Erzielung eines Konsens gestaltet sich aber mitunter als sehr langwierig: Nicht jeder äußert sich offen, und manche müssen erst mühsam dazu gebracht werden, ihre Meinung preiszugeben. Überstürzt man die Debatte, werden vielleicht wichtige Einwände nicht diskutiert, und dies muss dann zu einem späteren Zeitpunkt nachgeholt werden. Letztlich ist es deshalb besser, einer Diskussion die gebührende Zeit einzuräumen.

Vor einer endgültigen Entscheidung über den richtigen Weg müssen sich Bruno und sein Team eine realistische Vorstellung davon machen, welche Fähigkeiten und Ressourcen die Transformation zu einem schlanken Unternehmen verlangt. Denn auf gar keinen Fall möchten sie sich auf eine Reise begeben, die sie dann nicht abschließen können.

Einige Wochen später besuchte das *EuMa*-Team die Firma *ATC* in Rouen, die Kunststoffteile für die Autoindustrie herstellt. Dietmar kannte den Produktionsleiter von *ATC*, Luc Bezier, der sich zu einer halbtägigen Betriebsbesichtigung bereit erklärte, um von seinen Erfahrungen mit der schlanken Produktion zu erzählen. Leider sagte Jenny in letzter Minute ihre Teilnahme ab, weil sie einen dringenden Bericht für die US-Muttergesellschaft von *Arboria* erstellen musste.

Das Team war von der ersten Minute an von der peniblen Ordnung im Werk von *ATC* beeindruckt. Bei der Anmeldung erklärte der Wachmann die Sicherheitsbestimmungen auf dem Betriebsgelände. Auf dem Weg zum Hauptgebäude meinte Bruno flachsend zu Dietmar, man erkenne sofort, dass man sich nicht auf dem Gelände von *Arboria* befinde: Im Bereich der Laderampe liege nicht eine einzige zerbrochene Palette.

Der Besuch begann ganz konventionell: Sie wurden in einen Schulungsraum gebeten und erhielten schlechten Kaffee aus Plastikbechern. Aber dann wurde es interessant. Anstatt ihnen eine lange Präsentation zuzumuten, übergab Luc seine Besucher einem Teamleiter namens Jerome Chevalier.

Jerome gab zunächst einen Überblick über die wechselhafte Geschichte des Unternehmens, das auch schon einen schweren Streik überlebt hatte. Dann erzählte er von der Einführung des Lean-Konzepts und erläuterte die Auswirkungen auf die Geschäftsergebnisse und die Fertigungsabläufe. Er ließ Fotos herumgehen, auf denen die praktischen Verbesserungen sichtbar waren, welche die Produktionsarbeiter eingeführt hatten. Schließlich beantwortete er die Fragen des schon tiefbeeindruckten *EuMa*-Teams.

Die Besuchergruppe wurde daraufhin in die Fertigungshalle geführt. Neben dem vertrauten Geruch von spritzgegossenem Kunststoff fiel ihnen sofort wieder die penible Ordnung auf, auf die sie schon bei ihrer Ankunft gestoßen waren. Von der klaren Etikettierung der Maschinen bis zu den Anschlagtafeln im Besprechungszimmer schien alles bemerkenswert gut organisiert. Auf dem Weg vom Spritzgussbereich zur Montage kamen sie an Behältern mit Kunststoffteilen vorbei, die in Reihen aufgestellt waren. Auf dem Ladeplatz lud ein Gabelstaplerfahrer die fertigen Produkte auf einen LKW, der sie an ein nahe gelegenes Automontagewerk lieferte.

Jerome sprach den jungen Arbeiter an, der die Paletten belud, und bat ihn darum, seine Aufgaben zu erklären. Der Arbeiter zeigte ihm seine Ausfassliste, der er entnahm, in welchen Mengen die einzelnen Teile benötigt wurden. Er erklärte, dass die Standorte der Teile in der Fertigungshalle markiert waren, sodass er immer genau wusste, wo jedes Produkt zu finden war. »Das ist kein Hexenwerk. Es ist eigentlich ganz einfach«, meinte er schulterzuckend.

Jerome führte seine Besucher zurück in den Montagebereich. Zu ihrer Überraschung waren die Bänder viel voller als bei *Arboria*. Sie blieben bei einer Produktionszelle stehen, an der eine LED-Anzeige die Zahl der schon hergestellten Komponenten sowie das Produktionsziel angab. Jerome erklärte, wie die Zielvorgaben entsprechend der Taktzeit berechnet wurden, und erläuterte, dass er als Teamleiter manchmal selbst mitarbeitete, um eventuelle Rückstände aufzuholen.

Die Besucher sahen, dass alle Arbeiter genau wussten, was sie taten: Sie folgten einem Rhythmus und einem vorgegebenen Muster. Nirgendwo blieben Teile für längere Zeit liegen, sondern sie wurden zügig bearbeitet oder an die nächste Bearbeitungsstufe weitergeleitet. Dietmar dachte daran, dass in den Montagebereichen bei *Arboria* immer ganze Berge von Komponenten und Teilen herumlagen.

Auf dem Rückweg in die Spritzgussfertigung kam das *Arboria*-Team wieder an den Teilebehältern vorbei. Jerome rief eine Frau zu sich. Sie erklärte, dass sie stündlich Teilebehälter für die Montagelinien einsammelte, um Unterbrechungen im Montagerhythmus zu vermeiden. Sie nahm die bunten *Kanban*-Karten aus den Behältern und legte sie in dafür bestimmte Ablagefächer auf dem Boden. Am Ende jeder Schicht holte der Teamleiter aus dem Spritzgussbereich alle *Kanban*-Karten und legte auf der Grundlage der *Kanban*-Informationen den Produktionsablauf für die nächste Schicht fest.

»Bedeutet das, dass Sie keine zentrale Produktionsplanung haben?«, fragte Dietmar, auch im Namen seiner *EuMa*-Kollegen, die denselben Gedanken hatten.

»Nein.« Jerome zögerte noch einen Augenblick. »So richtig trifft das auch nicht zu. Wir haben eine zentrale Planung für die Rohstoffe und die Verladung der Endprodukte, aber direkt in der Produktion – nein, dort eigentlich nicht.«

»Und das funktioniert? Gehen ihnen nie die Teile aus? Was passiert, wenn Karten verloren gehen?«, fragte Bruno.

Jerome lachte. »Eigentlich funktioniert es sehr gut. Ich weiß, dass es vielleicht allzu simpel aussieht. Aber vieles funktioniert heute besser als früher, als wir noch komplizierte Planungssysteme hatten. Natürlich gab es Startschwierigkeiten, aber das ist wohl unvermeidlich. Als unsere Mitarbeiter das neue System erst einmal verstanden hatten und dann die erforderliche Disziplin aufbrachten, konnten sie auch die auftretenden

Probleme lösen. Nachdem sie erkannten, dass das neue System ihnen die Arbeit erleichterte, setzten sie sich dafür ein und brachten es zum Funktionieren. Wir sind alle ziemlich stolz auf die Produktivitätssteigerungen, die wir erreicht haben.«

Dietmar begegnete Brunos Blick. Er wusste, was er gerade dachte. Die Planung war ein wunder Punkt bei *Arboria*. Bruno würde wissen wollen, warum er nicht auch eine solche Lösung einsetzte.

Sie gingen weiter und hielten an einer Maschine an, die gerade umgerüstet wurde. Auch hier schien jeder Arbeiter genau zu wissen, was er tat. Wenn zwei Werker benötigt wurden, um das neue Formwerkzeug in der Maschine anzubringen, waren sie zur Stelle. Bei anderen Aufgaben arbeiteten sie getrennt. Die gesamte Umrüstung dauerte nur 20 Minuten.

»Früher benötigen wir dafür einmal bis zu vier Stunden«, erklärte Jerome. »Jeder Arbeiter und Techniker hatte seine eigene Arbeitsweise, sodass niemand vorhersagen konnte, wie lange eine Umrüstung dauern würde. Die Planung war ein Albtraum.«

Jerome ging zur Bearbeitungsstation an der Maschine. Werkzeuge hingen nach genauen Vorgaben an einem Brett über einem kleinen Tisch. Auf dem Tisch lagen das Schichtprotokoll und einige andere Unterlagen. Er nahm ein Bündel mit Anweisungen und Fotos in die Hand.

»Wir haben einige Rüstvorgänge gemeinsam mit den Arbeitern analysiert und dann einen Standardprozess entwickelt. Wir messen auch heute noch, wie lange die Umrüstungen dauern.« Er zeigte seinen Besuchern ein Diagramm. »Wenn uns vor drei Jahren jemand gesagt hätte, dass wir eine Umrüstung in 15 Minuten durchführen könnten, hätten wir ihn ausgelacht. Aber genau das haben unsere Mitarbeiter geschafft, und jetzt wissen sie, dass echte Fortschritte möglich sind. Sie haben eine ganz neue Einstellung zu ihrer Arbeit gewonnen.«

Die Zeit war abgelaufen, und das *Arboria*-Team kehrte zur Abschlussbesprechung in den Schulungsraum zurück. Die Manager waren sehr nachdenklich, als sie ihre weißen Kittel auszogen. In der Regel verbrachten sie nicht viel Zeit in Fertigungshallen – nicht einmal in ihren eigenen. Bruno war überrascht, wie interessant der Besuch gewesen war. Er staunte weniger über die Prozesse, die sich nicht grundlegend von denen bei *Arboria* unterschieden, sondern über die Menschen. Sie schienen mit Engagement bei der Sache zu sein und beherrschten jeden Handgriff.

Nachdem das Team einige weitere Fragen gestellt hatte, fasste Luc

Abbildung 13: Wichtige Lektionen

Sechs wichtige Lektionen **●ATC**

- »Lean« fängt ganz oben an.
- Geben Sie ehrgeizige Ziele vor.
- Frühe Etappensiege sind wichtig.
- Hören Sie auf Ihre Mitarbeiter.
- Ziehen Sie Experten zu Rat.
- Veränderungen brauchen Zeit.

Bezier seine Erkenntnisse zusammen. Er sprach darüber, welche Erfahrungen *ATC* in den vergangenen Jahren gemacht hatte und präsentierte eine Liste der wichtigsten Lektionen (siehe Abbildung 13).

Bruno erhob sich. »Ich möchte mich ganz herzlich bei Ihnen und bei allen anderen bedanken, die wir heute kennen gelernt haben. Wir haben mit eigenen Augen gesehen, wie ein schlankes System funktioniert. Ich fand es außerordentlich interessant und lohnenswert, und ich habe Appetit auf mehr bekommen. Deshalb mein aufrichtiger Dank im Namen von uns allen.«

Als er sich wieder setzte, fügte er hinzu: »Erlauben Sie mir eine letzte Frage. Wenn Sie sich in unsere Lage versetzen und an den Beginn Ihrer eigenen Reise zurückdenken, was würden Sie uns raten?«

Luc Bezier dachte kurz nach. »Ich würde sagen, dass es Ihre Aufgabe ist, den Wandel anzustoßen und ihn zu führen. Natürlich brauchen Sie auch den Rat und die Unterstützung von Fachleuten, die sich mit den Lean-Konzepten auskennen und Ihnen bei der Entscheidung helfen, welchen Weg Sie einschlagen sollen. Diese Lean-Experten wissen auch, welche Abkürzungen auf dem Weg sicher sind und welche gefährlich sein könnten. Aber Sie dürfen ihnen nicht die Führung überlassen – das ist allein Ihre Aufgabe.«

»Ich kenne zu viele Projekte, die gescheitert sind. Wenn ich die Frage beantworten müsste, warum unser Projekt erfolgreich war, dann hing das sicherlich mit dem Engagement unserer Topmanager zusammen. Sie bewirkten sehr viel, indem sie ihre Einsatzbereitschaft demonstrierten. Die Mitarbeiter hatten damit gerechnet, dass sie das Management nach den ersten Anfeuerungsreden nicht mehr sehen würden, aber so war es nicht. Die Topmanager sandten damit ein entscheidendes Signal an alle Mitarbeiter aus. Wenn es etwas gibt, das den Ausschlag zum Gelingen gab, dann war es das.«

Er lächelte und war sich bewusst, dass er nun den Ball an Bruno und sein Team weitergegeben hatte.

Aufbruchpläne

Die Betriebsbesichtigung bei *ATC* verdeutlicht, wie tiefgreifend sich schlanke Prozesse in der Praxis auswirken. Das *EuMa*-Team sah nicht nur, wie sich das Lean-Konzept im Alltag bewährte, sondern verfügte nun auch über einen Anhaltspunkt für die eigenen Werke. Bruno kann sich nun fragen, was er tun muss, damit auch die *Arboria*-Werke denen von *ATC* ähnlich werden. Er weiß allerdings auch, dass die Antwort darauf nicht leicht ist, weil die »harten« Faktoren (Systeme, Strukturen und Prozesse) mit den »weichen« (Kultur, Einstellungen und Verhalten) integriert werden müssen. Gemeinsam mit seinem Team hat er auch bemerkt, dass die Lean-Prinzipien für die Arbeiter in der Fabrik eine reale Bedeutung haben. Sie haben ein schlankes System aufgebaut, das funktioniert. Sie betreiben es und sind dafür verantwortlich.

Eine wichtige Rolle spielt auch, dass das *EuMa*-Team die Betriebsbesichtigung als eine gemeinsame Erfahrung verbuchen kann. Gemeinsam verarbeiteten sie ihre ersten Eindrücke und verschafften sich einen ersten Überblick. Mit etwas Glück wird ihnen dieses gemeinsame Erlebnis helfen, eine Vision für die Zukunft von *Arboria* auszuarbeiten, hinter der alle geschlossen stehen.

Solche Besuche haben auch den Vorteil, dass die Manager wieder mit den Realitäten der Produktion in Berührung kommen. Zwar treffen Topmanager ständig Entscheidungen, die sich auch auf die Abläufe auswirken, aber nur wenige lassen sich in den Werkhallen blicken. Vielleicht fühlen sie sich dort unwohl, oder sie erkennen keine Notwendigkeit dafür. Aber die Erfahrung hat uns gelehrt, dass es von entscheidender Bedeutung für eine erfolgreiche Transformation ist, die Verbindung zwischen den Entscheidern und den Arbeitern zu intensivieren. Ohne ein solche Verbindung ist die Gefahr zu groß, dass zu wenig Feedback geliefert wird, beide Seiten zu wenig voneinander lernen und Entscheidungen nicht konsequent umgesetzt werden oder nicht die erwarteten Ergebnisse bringen. Es ist immer am besten, sich ein Bild aus erster Hand zu machen.

Manche Unternehmen haben schon erkannt, wie wichtig der Kontakt zu den Mitarbeitern in der Fertigung ist. Als der Chairman der britischen *Royal Mail*, Allan Leighton, Anfang 2003 einen neuen Chief Executive Officer einstellte, der den Postkonzern umgestalten sollte, bestand er darauf, dass der neue Manager seine ersten beiden Wochen mit der Briefzustellung verbrachte. Solche Erfahrungen können unschätzbare Einblicke in die täglichen Abläufe liefern.

Bruno hatte schon gespürt, dass das Führungsteam von *Arboria* eine Hauptrolle im Transformationsprozess spielen müsste: Luc Beziers Warnungen, den Veränderungsprozess zu delegieren, bestätigten ihn nur noch.

Unter dem Eindruck des Besuchs bei *ATC* einigte sich das *Arboria*-Team darauf, grundsätzlich ein Lean-Projekt in Angriff zu nehmen. Voraussetzung dafür war jedoch, dass in ihren Niederlassungen ein ausreichendes Potenzial vorhanden war, um auch die geschäftlichen Bedürfnisse noch zu erfüllen. Bruno rief Dietmar zu sich, um mit ihm darüber zu sprechen.

»Was meinen Sie?«, fragte er. »Sind wir in der Lage, ein Lean-Projekt durchzuführen?«

»Ich glaube nicht, dass wir derzeit über die erforderlichen Fähigkeiten verfügen«, erwiderte Dietmar mit der für ihn typischen Offenheit.

»Was haben wir dann für Möglichkeiten? Sollen wir geeignete Manager einstellen?«

»Zuerst müssen wir wissen, wo wir anfangen wollen.«

»Und wo ist das Ihrer Meinung nach?«

»Ich glaube, wir sollten mit einem Pilotprojekt im Werk in Bolton beginnen. Dieses Werk hinkt zwar mit der Produktivität hinter den anderen her, aber es hat strategische Bedeutung, weil der britische Markt für Toaster und Wasserkocher sehr groß ist. Wenn die schlanke Produktion in Bolton funktioniert, erzielen wir große Vorteile und können sicher sein, dass sie auch in den anderen Werken funktioniert. Und wenn es daneben geht – nun, dann sind wir auch nicht schlechter dran als jetzt.«

»Einverstanden«, meinte Bruno. »Und wie fangen wir an?«

»Wir müssen jemanden einstellen, der schon ausreichend Erfahrungen mit Lean-Projekten gesammelt hat. Außerdem müssen wir ein starkes Projektteam in Bolton bilden.« Dietmar dachte einen Augenblick nach. »Wir sollten uns auch Gedanken darüber machen, wie wir die Methode dann auf die anderen Werke übertragen. Vielleicht sollten wir uns externe Unterstützung holen oder ein oder zwei Mitarbeiter aus den anderen Fabriken versetzen.«

Bruno schloss das Gespräch ab: »Eins nach dem anderen, Dietmar. Konzentrieren wir uns zuerst auf Bolton, und kümmern wir uns später um die anderen Werke. Am besten, Sie machen sich auf die Suche nach einem geeigneten Kandidaten für die Projektleitung. Gemeinsam mit ihm entwickeln wir dann die Geschäftspläne und Ziele.«

In den folgenden Wochen beschäftigte sich das *EuMa*-Team intensiv mit der Frage, welche Ziele sie mit dem Verbesserungsprojekt erreichen wollten. Gemeinsam mit den Kollegen aus dem Marketing untersuchten sie, wie sich die Kundenanforderungen in den nächsten Jahren wahrscheinlich entwickeln würden, und was *Arboria* tun musste, um seine Marktführung zu behaupten. Sie überlegten auch, wie sie die frühen Phasen des Lean-Projekts auf ihre Investitionspläne für neue Produkte abstimmen könnten.

Währenddessen beauftragte Dietmar Personalagenturen mit der Suche nach einem geeigneten Kandidaten für die Leitung des Lean-Projekts. Gemeinsam mit dem Betriebsleiter von Bolton, John Wexford, führte er mehrere Einstellungsgespräche. Einer der Kandidaten, Philip Hargreaves, schien die richtige Mischung aus Energie und Erfahrung mitzubringen. Philip flog nach Brüssel, um Bruno kennen zu lernen, und erhielt noch am selben Abend ein Angebot für die Position.

Bruno hatte das Gefühl, dass die Reise nun in Gang kam. Sie besaßen eine grobe Vorstellung von der Route und von der Mannschaft. Sie waren bereit zur Abfahrt.

Kapitel 7

Die Sondierung des Terrains

Themen dieses Kapitels

➤ Bei der Beurteilung des Verbesserungspotenzials müssen Unternehmen alle drei Aspekte einer schlanken Organisation berücksichtigen: das technische System, die Managementinfrastruktur sowie die Einstellungen und das Verhalten.
➤ Jede Verschwendung muss identifiziert werden, indem gefragt wird, ob ein Arbeitsschritt aus Kundensicht zur Wertschöpfung beiträgt.
➤ Die Manager müssen Probleme aus eigener Anschauung erfahren, um ein Gespür für ihre Dringlichkeit zu entwickeln.

Die Manager von *Arboria* halten also die Umstellung auf schlanke Prozesse für die vielversprechendste Methode, ihre geschäftlichen Probleme zu lösen. Nun müssen sie die aktuelle Situation beurteilen und festlegen, wo Potenziale für Verbesserungen liegen. Es ist wichtig, dass sie eigene Erfahrungen mit den Problemen vor Ort sammeln. Ein solcher persönlicher Einsatz verbessert nicht nur ihr Verständnis der Situation, sondern führt aufgrund der emotionalen Beteiligung oft auch zu einem besonders starken Engagement für die bevorstehenden Aufgaben. So schöpfen die Manager die nötige Energie, um den Wandel bis zum Abschluss durchzusetzen, und sie vermitteln einen Eindruck von ihrer Einsatzbereitschaft in den späteren Phasen der Transformation.

Bei der Beurteilung der aktuellen Situation soll das Team versuchen, alle Quellen der Verschwendung im technischen System zu benennen und zu quantifizieren. Es muss außerdem mögliche Mängel in der Managementinfrastruktur analysieren und die erforderlichen Veränderungen in den Einstellungen und Verhaltensweisen berücksichtigen. Diese Phase der

Diagnose oder Bestandsaufnahme ist mit einigen Wochen normalerweise relativ kurz. Aus ihr ergeben sich die Aufgaben für die frühen Stadien der Projektumsetzung.

Mittlerweile hat das *EuMa*-Team von *Arboria* schon einige Monate über das Lean-Projekt nachgedacht, aber noch keine offizielle Erklärung dazu in den Werken bekannt gegeben. Eine effektive Kommunikation ist Voraussetzung für eine erfolgreiche Transformation und trägt dazu bei, die Einstellungen und das Verhalten der Beteiligten zu prägen. Aber es muss sich um einen echten Dialog handeln, nicht um eine eingleisige Vermittlung von Botschaften. Da in diesem Stadium die Erwartungen und Rollen schon Form anzunehmen beginnen, ist es von wesentlicher Bedeutung, dass alle wichtigen Gruppen angesprochen und einbezogen werden.

Besonders diejenigen Mitarbeiter, die durch ihren Status oder auch ihren inoffiziellen Einfluss die Meinung sehr stark prägen, müssen frühzeitig bestimmt werden und sinnvolle Aufgaben in der Transformation erhalten. Schließlich soll die Gerüchteküche im Unternehmen für das Verbesserungsprojekt und nicht dagegen wirken. So offensichtlich dies scheinen mag, dieser Schritt wird häufig übersehen oder falsch durchgeführt.

Abbildung 14: Führungsstruktur von Arboria UK

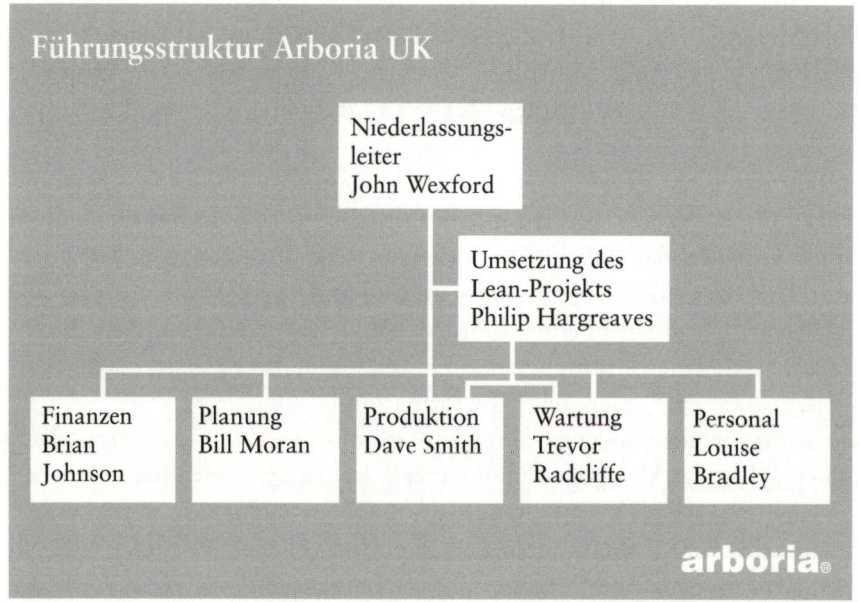

Vielleicht sind die wichtigsten Meinungsmacher gar nicht in den höchsten Positionen, oder sie sind noch skeptisch gegenüber dem neuen Projekt. So verlockend es ist, sie zu übergehen – wenn sie wirklich viel Einfluss haben, könnte sich dies als riskante Strategie erweisen und letztlich sogar zum Scheitern des Projekts führen.

Dave Smith ist Produktionsleiter im *Arboria*-Werk in Bolton, aber sein Einfluss geht weit über diese Rolle hinaus (siehe Abbildung 14). Wie viele mittlere Manager hat er seinen Platz im Unternehmen gefunden und macht seine Arbeit gut. Im Lauf der Jahre hat er viele Verbesserungsinitiativen kommen und gehen sehen. Ihm scheint, dass den *Arboria*-Mitarbeitern nun eine weitere ins Haus steht.

Die Kaffeemaschine funktionierte – wieder einmal – nicht. Das war nichts Ungewöhnliches, aber Dave hätte darauf verzichten können. Vor einigen Jahren war jemand auf die geniale Idee gekommen, eine auswärtige Firma mit der Bereitstellung von Getränken für die Mitarbeiter zu beauftragen, um Kosten zu sparen. Dave bestritt zwar nicht, dass es stichhaltige wirtschaftliche Gründe für das Outsourcing von Aufgaben gab, die nicht zu den zentralen Aktivitäten zählten. Er fragte sich aber doch, wie ein Unternehmen, das Wasserkessel herstellte, auf die Idee kommen konnte, dass gerade diese nicht von zentraler Bedeutung seien.

In den vergangenen Jahren hatte *Arboria* viel Lob für die Anpassung seiner Produktpalette an neue Bedürfnisse und Geschmäcker erhalten. Aber Dave wurde nie müde, seine Kollegen in der Entwicklungs-, Marketing- und Finanzabteilung daran zu erinnern, dass sich Kaffeemaschinen und Wasserkocher nicht von alleine montierten. Wie stark die Marke und wie modisch das Design auch sein mochten, irgendjemand musste die Produkte immer noch herstellen.

Als vor einigen Jahrzehnten das Werk in Bolton eröffnet wurde, waren Lancashire und Yorkshire für ihre qualifizierten Industriearbeiter bekannt. Dort ansässige Firmen exportierten in die ganze Welt. Mittlerweile verlief der Strom in die umgekehrte Richtung: Das starke Pfund und die niedrigeren Arbeitskosten in Asien und Osteuropa ließen die heimische Industrie um ihr Überleben kämpfen. Viele Unternehmen hatten schon aufgegeben. Mit jedem Jahr, das verging, fragten sich die Manager der verbleibenden Firmen, wie lange sie noch die Kosten senken und dem immer stärkeren Druck standhalten konnten.

Als Dave bei *Arboria* angefangen hatte, war er auf zahlreiche Möglichkeiten zur Verbesserung der Abläufe gestoßen, von denen nicht nur das Unternehmen, sondern auch die Mitarbeiter in der Fertigung profitiert hätten. Aber seine guten Vorsätze verliefen regelmäßig im Sand: Es gab immer eine Angelegenheit, die dringend seine Aufmerksamkeit erforderte, oder einen Brand, den es zu löschen galt. Schließlich sagte er sich, dass er für den reibungslosen Ablauf der täglichen Produktion zuständig sei und sich deshalb nicht den Kopf über ihre allgemeine Organisation zerbrechen müsse.

Dave hatte schon von Christine McGuire, die in der Planungsabteilung arbeitete und eine zuverlässige Informationsquelle war, erfahren, dass Philip Hargreaves als Leiter des Lean-Projekts einige weitreichende Ideen zur Verbesserung der Produktionsabläufe hatte. Wenn Dave in den vergangenen Jahren etwas gelernt hatte, dann war es, dass weitreichende Ideen in der Regel Ärger bedeuteten.

Dave machte sich ohne seinen Kaffee auf den Gang durch die Werkhalle. Er hatte es sich zur Gewohnheit gemacht, jeden Morgen kurz nach seiner Ankunft um 7 Uhr nach dem Rechten zu sehen. Er wollte gerne vor der Besprechung um 8 Uhr auf dem Laufenden sein und hatte festgestellt, dass es dafür keine bessere Methode gab als die, sich persönlich ein Bild zu machen. Außerdem konnte er im Versandbereich seine Morgenzigarette rauchen.

Auf seinem Rundgang plauderte er mit den Beschäftigten an den Montagebändern, meist Frauen mittleren Alters, die schon seit Jahren bei *Arboria* waren. Dave konnte gut mit Menschen umgehen und wusste, wie er sie dazu brachte, ihr Bestes zu geben.

Er sah eine freie Fläche auf dem Boden, wo eigentlich die Kunststoffgehäuse für die Kaffeemaschinen hätten liegen sollen. »Sind keine Gehäuse da, Fiona?« fragte er die Teamleiterin.

»Wonach sieht es denn aus?«, gab sie zurück. »Es ist immer dasselbe: Es gibt Probleme in der Spritzgussfertigung.«

»Was für Probleme?«

»Woher soll ich das wissen? Ich habe hier genug zu tun, ohne auch noch für andere das Kindermädchen zu spielen.«

Die Gehäuse für die Kaffeemaschinen fehlten regelmäßig. Deshalb wurden neben dem Band Pufferbestände gelagert. Verschiedene Teams waren schon gebeten worden, sich mit dem Problem zu befassen, hatten aber nie eine dauerhafte Lösung gefunden. Die Spritzgussfertigung machte die schlechte Qualität des Vormaterials oder zu spät mitgeteilte Terminänderungen für die Misere verantwortlich. Der Einkauf beschuldigte die Produktion, die Maschinen falsch einzustellen. Dave interessierte sich nicht dafür, wer schuld war. Er wollte nur, dass genügend Gehäuse bereitgestellt wurden, damit genügend Kaffeemaschinen produziert werden konnten, bevor er abends wieder nach Hause ging.

Obwohl es eigentlich Zeit für seine Zigarette war, beschloss Dave, einen kurzen Blick in die Spritzgussfertigung zu werfen, um dort nach dem Rechten zu sehen. Auf dem Weg dorthin schaute er im Büro des Planungsleiters vorbei, um nachzusehen, wie viele Gehäuse am Vortag produziert worden waren. Er fand das Schichtübergabeblatt auf Bill Morans Schreibtisch unter einem Becher mit kaltem Kaffee. Bill hatte sich geweigert, eine so wichtige Aufgabe wie die Zubereitung von Kaffee einer Maschine zu überlassen, und besaß deshalb einen Wasserkessel in seinem Büro. Dave stellte den Becher weg und sah, dass die Produktion vormittags planmäßig verlaufen war, die Schicht aber abends ihr Ziel nicht erreicht hatte. Er nahm an, dass dies an den fehlenden Gehäuselieferungen gelegen hatte, obwohl das Übergabeblatt davon nichts erwähnte.

Er setzte seinen Weg fort, tief in Gedanken versunken. Sein schleppender, bedächtiger Gang hatte ihm seinen Spitznamen eingebracht: Dumbo-Dave. Er hatte eine ruhige und unerschütterliche Art, die bei den Beschäftigten in der Werkhalle gut ankam.

Als er den Spritzgussbereich betrat, sah Dave sofort, dass die Maschine, welche die Gehäuse für die Kaffeemaschinen herstellte, stillstand. In der Maschine selbst befand sich kein Gehäuse, und weit und breit war niemand zu sehen. Manchmal sahen die Maschinen aus, als würde ihr Innerstes nach außen gekehrt: die Schutzvorrichtungen waren abgebaut und überall lagen Teile und Werkzeuge herum. Dieses Mal sah Dave nichts dergleichen. Die Maschine schien in Ordnung zu sein, also stand wahrscheinlich nur eine Umrüstung an.

Dave erblickte die Form für das Kaffeemaschinengehäuse auf einer nahe gelegenen Palette. Sie war sauber und fühlte sich kalt an, sodass sie eigentlich hätte eingesetzt werden können. In diesem Augenblick klopfte Guy Lanbridge, der Schichtführer in der Spritzgussfertigung, Dave auf die Schulter und hinterließ einen öligen Abdruck auf seinem weißen Kittel.

»Na, werfen Sie ein Auge auf uns, Dave?«

»Nicht auf Sie, sondern auf meine Gehäuse. Was ist los, Guy? Wir haben seit gestern Abend nichts mehr bekommen.«

»Dasselbe wie immer. Laut Plan sollte die Morgenschicht Toastergehäuse herstellen und dann auf Kaffeemaschinen umrüsten. Wir waren gerade dabei, als jemand in blinder Panik aus der Planungsabteilung kam und uns anwies, ein ganz anderes Produkt herzustellen und die Farbe zu wechseln. Deshalb haben wir keine Gehäuse für Kaffeemaschinen. Es ist das reine Chaos.«

»Es hat sich nichts geändert«, stimmte Dave zu. »Vielleicht hat Philip Hargreaves ja einige zündende Ideen.«

»Das können wir nur hoffen. Etwas muss sich ändern, so viel steht fest.«

»Wann stellen Sie dann wieder Gehäuse her?«, fragte Dave und klopfte auf das Spritzgusswerkzeug.

»Vielleicht in einer Stunde, vielleicht später. Das hängt davon ab, wen ich dafür finde.«

»Wann kann Fiona dann damit rechnen, wieder Kaffeemaschinen zu montieren?«

»Die ersten Gehäuse werden wir gegen 10 Uhr herstellen. Danach können Sie die Teile haben, vorausgesetzt, wir haben jemanden für die Kontrolle.«

»In Ordnung. Ich sage meinen Leuten am Band Bescheid und sehe zu, wie ich sie bis dahin beschäftige.«

Dave kehrte in den Montagebereich zurück und informierte Fiona. Er schlug ihr vor, die Elektrobauteile für die Kaffeemaschinen vorzumontieren. Mittlerweile war es fast 8 Uhr, was bedeutete, dass er auf seine Zigarette verzichten musste. Kein Kaffee, keine Zigarette – der Tag ließ sich wenig vielversprechend an.

Fehlersuche in den drei Kernaspekten

Schon auf diesem kurzen Gang durch die Werkhalle begegnet Dave in allen drei Kernaspekten den klassischen Fällen von Verschwendung: im technischen System, in der Managementinfrastruktur und in den Einstellungen und Verhaltensweisen.

Die Herstellungsprozesse finden in Fertigungsinseln statt: Sämtliche Spritzgussmaschinen stehen in der Spritzgussfertigung, die räumlich von der Montagelinie getrennt ist. Weil die Versorgung so unzuverlässig ist, werden neben der Montagelinie Pufferbestände gelagert, damit die Produktion auch bei Engpässen in der Spritzgussfertigung fortgesetzt werden kann. Aber mit dieser Behelfslösung wird nicht die Ursache des Problems, sondern sein Symptom bekämpft. Die Pufferbestände erhöhen die Lagerkosten, nehmen Platz weg und verlängern die Durchlaufzeit. Somit stellen sie eine Quelle der Verschwendung im Wertstrom dar.

Darüber hinaus gibt es niemanden, der an der vorgeschalteten Stelle die Verantwortung dafür trägt, die Qualität, den Lagerort oder die Auffüllung der eher zufällig entstehenden Bestände zu kontrollieren. Das Problem kann nur dauerhaft gelöst werden, wenn seine Ursachen beseitigt werden: Umplanungen zu einem sehr späten Zeitpunkt und zu lange Rüstzeiten in der Spritzgussfertigung.

Dieses technische Problem wird dadurch verschärft, dass ein wichtiger Bestandteil der unterstützenden Managementinfrastruktur fehlt: eine effektive Leistungsmessung und -kontrolle. Wenn sich Dave über grundlegende Produktionsdaten informieren will, muss er den Fertigungsbereich verlassen und in einem Büro nach einem Stück Papier wühlen. Außerdem wird an den Planungsproblemen deutlich, dass die Kommunikation zwischen den Abteilungen nicht funktioniert.

Der dritte Faktor schließlich sind die Einstellungen und Verhaltensweisen der Beschäftigten. Das fehlende Interesse Fionas an der Ursache des Lieferproblems und Daves Unvermögen, sie dafür zur Rede zu stellen, zeugen von einem mangelnden Verantwortungsgefühl. Niemand fühlt sich dafür zuständig, sich um das Problem zu kümmern. Guy mag Recht haben, wenn er mit dem Finger auf die veränderten Pläne zeigt, aber er kann durchaus beeinflussen, wie viel Zeit für die Umrüstung der Spritzgussmaschine benötigt wird. Aber er verzettelt sich in der täglichen Krisenbekämpfung und wird seiner Rolle als Teamleiter nicht gerecht.

Philip Hargreaves hat einige dieser Probleme in seinen ersten Wochen im Werk erkannt. Er hat sich einen Überblick verschafft, Mitarbeiter verschiedener Ebenen kennen gelernt und zahlreiche Informationen des Managements überprüft, um sich ein Bild über mögliche Vorgehensweisen zu machen. Er ist zum Ergebnis gekommen, dass *Arboria*, wie viele reife

Unternehmen, einem Haus ähnelt, das im Lauf der Jahre immer weiter ausgebaut wurde. Der ursprüngliche Stil ist nicht mehr erkennbar, das Dach hat Löcher, die Wände weisen Risse auf, aber die Bewohner haben sich an diese Mängel gewöhnt. Die Mitarbeiter bei *Arboria* arbeiten hart. Dabei haben sie aber das Gefühl, dass sie ihre Leistungen nicht dank des Systems, sondern trotz des Systems erreichen.

Philip betrachtet es als eine spannende persönliche Herausforderung, die Mitarbeiter zu mobilisieren, um den Marktanteil von *Arboria* in Europa zu steigern. Er hält die Strategie für solide und realistisch, attraktive Produkte schneller und preisgünstiger als die Konkurrenten auf den Markt zu bringen. Er hofft außerdem auf eine Karriere in der amerikanischen Muttergesellschaft, vor allem im Hinblick auf die geplante Expansion in Asien. Was ihm Kopfzerbrechen bereitet, sind die bisherigen gescheiterten Versuche bei *Arboria*, die Abläufe zu verbessern. Mit jedem fehlgeschlagenen Veränderungsprojekt steigt die Skepsis der Mitarbeiter gegenüber einem »Neuen«, der wieder ein Projekt ankündigt.

Er macht sich auch über das Team Gedanken, mit dem er die Diagnose oder Bestandsaufnahme durchführen wird. Er möchte, dass Dave Smith unter seiner Anleitung die Führung im Team übernimmt. Damit könnte er eine engere Beziehung zu Dave aufbauen und ihm die Grundsätze der Lean Production vermitteln. Daves unbestrittener Einfluss in der Werkhalle würde Philip Glaubwürdigkeit verschaffen – und diese benötigt er dringend als Außenseiter, der von der Zentrale abgesandt wurde. Philip möchte auch Guy Lanbridge und Fiona Richardson, die Teamleiter aus der Spritzgussfertigung und der Montage dabeihaben, sowie einen oder zwei Produktionsingenieure und jemanden aus der Produktionsplanung.

Philip möchte außerdem, dass alle Mitglieder der Werksleitung einen Tag pro Woche für die Umsetzung des Lean-Projekts reservieren, damit sie ihrer Führungsverantwortung gerecht werden und genügend Einblicke in die anstehenden Themen gewinnen. Nach seiner Überzeugung werden der Niederlassungsleiter sowie der Werkbuchhalter, Planungsleiter, Wartungsleiter und Personalleiter das verborgene Potenzial der Fabrik erkennen, wenn sie nur genügend Zeit in der Fertigung verbringen und dort intensive Beobachtungen und Analysen anstellen. Zunächst aber benötigt er noch die Zustimmung dafür, Dave, Guy und Fiona für einige Wochen von ihrer Arbeit abzuziehen, damit sie gemeinsam mit ihm die Lage analysieren und Problemfelder diagnostizieren.

Durchführung der Diagnose

Die erste Beurteilung der Abläufe bei *Arboria* ist von großer Bedeutung für den weiteren Fortgang des Projekts. Eine solche Diagnose dient nicht nur dazu, die Wurzeln der aktuellen Probleme offen zu legen und Lösungswege aufzuzeigen, sondern sie soll auch das Team mit der nötigen Energie und Motivation erfüllen.

Die Ziele festlegen

Philip hat einen Plan für die umfassende Beurteilung der Systeme und Abläufe bei *Arboria* erstellt. Allerdings sind die konkreten geschäftlichen Bedürfnisse noch nicht genau genug definiert. Auf welche Weise will *Arboria* die Kosten senken: Will es die Umsatzkosten um 5 Prozent senken, oder will es etwa die Arbeitsproduktivität um 20 Prozent steigern? Wenigstens sind die Kosten leicht zu quantifizieren, während dies bei der Flexibilität schon ganz anders aussieht. Die Durchlaufzeiten in der Produktion und die Liefertreue gegenüber den Kunden können zwar als grobe Anhaltspunkte dienen, ergeben aber noch längst kein Gesamtbild.

Das geschäftliche Problem muss präzise und konkret definiert werden, damit das Unternehmen weiß, welches Ziel es ansteuert und wie es dorthin gelangt. Das bedeutet, dass bei möglichst geringem Ressourceneinsatz alles Notwendige getan wird, um das betriebliche Bedürfnis zu erfüllen, während gleichzeitig aber auch keine utopischen Vorgaben gesetzt werden. So könnte sich *Arboria* mit einer konsistenten Durchlaufzeit von zwei Wochen einen Wettbewerbsvorteil verschaffen, aber eine weitere Reduzierung auf eine Woche würde keinen zusätzlichen Vorteil bringen.

Definition der Methode

Bei der Beurteilung des Verbesserungspotenzials muss Philip zwei Fragen beantworten. Wie weit kann der Betrieb seine Leistung im äußersten Fall verbessern? Wird diese Verbesserung ausreichen, um das geschäftliche Problem zu lösen?

Ein wertvolles Tool zur Beantwortung solcher Fragen ist die so genannte Material-and-Information-Flow-Analysis (MIFA), auch Value-Stream-Mapping oder Prozessflussanalyse genannt. Dabei wird der Material- und Informationsfluss eines Wertstroms aufgezeichnet, um die Schwachpunkte – Verschwendung, Variabilität und Inflexibilität – zu identifizieren, die den Fluss behindern oder blockieren könnten. Eine Prozessflussanalyse versetzt ein Team in die Lage, den Blick von den einzelnen Prozessen zu lösen und stattdessen das Gesamtsystem zu betrachten, um so die Ursachen für die mangelnde Produktivität auf der Systemebene zu verstehen.

Abbildung 15: Beispiel eines Wertbaums

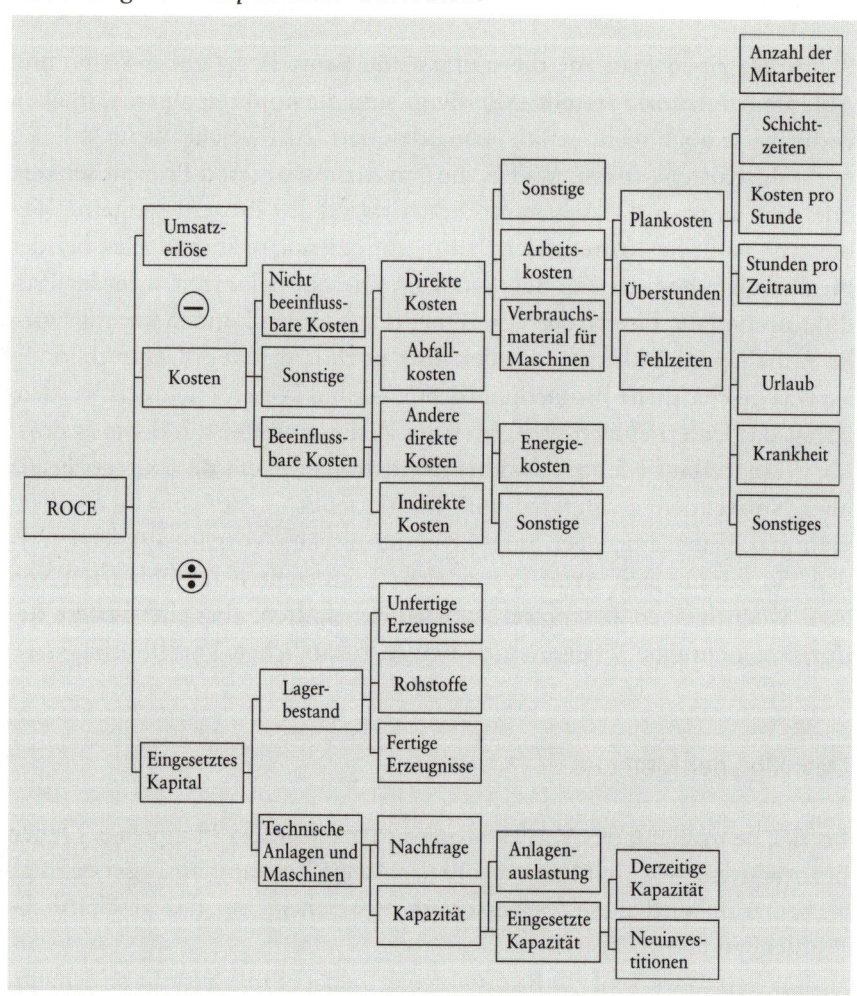

Um das Ausmaß der Schwachstellen und das Verbesserungspotenzial zu quantifizieren, müssen weitere detaillierte Analysen vorgenommen werden. Dabei geht es um die Höhe der Bestände, die Auslastung der Anlagen und Maschinen, die Häufigkeit von Maschinenstörungen, Wartezeiten, Prozesszeiten, Multimomentverfahren, Anzahl der Arbeiter, Schichtzeiten, Losgrößen, Schwankungen von Prozessparametern, Fehlerquoten und Lieferleistung. So könnte die detaillierte Analyse der Tätigkeiten der Wartungstechniker ergeben, dass sie nur 60 Prozent ihrer Zeit mit Reparaturen verbringen. In der restlichen Zeit füllen sie Formulare aus, warten auf Aufträge und tun andere Dinge, die nicht zur Wertschöpfung beitragen. Könnte man ihnen einen Teil dieser administrativen Aufgaben abnehmen, würden sie Zeit für produktive Tätigkeiten gewinnen.

In solchen Fällen erweist sich ein so genannter Wertbaum als nützlich (siehe Abbildung 15). Dabei handelt es sich im Wesentlichen um einen Logikbaum, der verschiedene operative Leistungskennzahlen (etwa Maschinenausnutzung, Höhe der Bestände und indirekte Arbeitskosten) mit einer Unternehmenskennzahl verknüpft (etwa mit der Umsatzrendite oder der Rendite auf das eingesetzte Kapital). Ein Wertbaum richtet das Augenmerk auf die wichtigsten Verbesserungshebel und trägt dazu bei, dass die Strategie zur Ablaufoptimierung mit dem gesamten Unternehmensergebnis verknüpft wird. Ohne diese Verknüpfung geschieht es leicht, dass man sich in einem Lean-Projekt verzettelt und auf einzelne Werkzeuge konzentriert, anstatt ganzheitlich und ergebnisorientiert vorzugehen.

Der Umfang des Projekts

Die meisten von Philip vorgeschlagenen Analysen zielen darauf ab, die Effektivität des technischen Systems von *Arboria* zu untersuchen. Er muss aber auch überprüfen, inwieweit die Managementinfrastruktur dieses System effektiv unterstützt. Wie wir schon gesehen haben, liegen wichtige Unterlagen unter einer Kaffeetasse versteckt, und es fehlt den Mitarbeitern an Verantwortungsbewusstsein.

Eine Analyse des Systems zur Leistungsmessung und -kontrolle wird Aufschluss darüber ergeben, ob sich die Mitarbeiter auf die richtigen Schwerpunkte konzentrieren, und ob es Konsequenzen hat, wenn sie die

Vorgaben nicht erfüllen. Wenn nämlich nicht erreichte Ziele keine Konsequenzen haben, fehlt auch der Anreiz, sich um Verbesserungen zu bemühen. Ein technisches System mag einen gut geplanten Material- und Informationsfluss haben, aber wenn die Mitarbeiter keine Rechenschaft über ihre Leistung ablegen müssen, stellt dies ebenfalls eine Form der Verschwendung dar.

Die Motivation ist von zentraler Bedeutung, will man den aktuellen Leistungsstand und das Verbesserungspotenzial verstehen. Dazu kann man die Mitarbeiter beobachten, informelle und offizielle Vier-Augen-Gespräche führen und Umfragen durchführen. In solchen Gesprächen gewinnen die Manager Aufschluss darüber, ob die Mitarbeiter die geschäftlichen Herausforderungen verstehen, ob es schwierig sein wird, sie zu Veränderungen zu motivieren, und mit welchen Hindernissen dabei zu rechnen ist. Hinderlich ist es etwa, wenn die Mitarbeiter in der Vergangenheit schon zu viele Veränderungsprojekte erlebten, die abgebrochen wurden. Eine Mitarbeiterumfrage könnte etwa ergeben, dass die mittleren Manager sich von den Topmanagern nicht genug in die Entscheidungsfindung einbezogen fühlen und befürchten, kein Vertrauen bei ihnen zu genießen. Es kann den Erfolg des Projekts entscheidend beeinflussen, wenn man sich solche Problemfelder in diesem frühen Stadium bewusst macht.

Der Umfang der Diagnose muss genau definiert werden. Philip hat beschlossen, sich den Wertstrom einer Produktfamilie von den Rohstoffen bis zum fertigen Produkt genau anzusehen. Er entscheidet sich für die Kaffeemaschinen, weil sie ihm repräsentativ erscheinen und einen wichtigen Umsatzbeitrag leisten.

Auswahl des Teams

Mitarbeiter aus verschiedenen Funktionen und Ebenen zusammenzubringen, kann schon den ersten Schritt der Problemlösung darstellen. Die Manager müssen eine führende Rolle bei der Diagnose übernehmen oder sich zumindest aktiv daran beteiligen. Dies gilt sowohl für die »kampferprobten« mittleren Manager als auch für die »Nachwuchsstars«. Sie gewinnen wertvolle Erkenntnisse über die operativen Schwierigkeiten des Alltags, wenn sie mit den Mitarbeitern in der Werkhalle sprechen und selbst einen Beitrag zur Lagebeurteilung leisten.

»Ja, bitte?«, brummte John Wexford, der Niederlassungsleiter von *Arboria UK*, als es an seiner Tür klopfte. Philip trat ein. »Hallo Phil. Was kann ich für Sie tun?« John stand auf und reichte ihm die Hand.

Philip wurde von niemandem sonst Phil genannt. Aber John hatte es von Anfang so gehalten, und Philip hatte ihn nicht davon abbringen können.

»Wie in der vergangenen Woche vereinbart, habe ich einen Plan entworfen, um die Diagnose durchzuführen, und wollte ihn mit Ihnen noch abstimmen«, begann Philip.

»Schön, dann lassen Sie ihn uns ansehen.«

Philip reicht ihm ein Blatt und begann, ihm seinen Plan zu erklären (siehe Abbildung 16). »Ich dachte, es sei sinnvoll, sich in der ersten Woche auf die MIFA zu konzentrieren und dann ...«

»Auf die was?«, unterbrach ihn John.

»MIFA – die Material- und Informationsflussanalyse. Das ist eine hervorragende Methode, um einen Prozess von Anfang bis Ende zu analysieren und den Problemen auf den Grund zu gehen.«

»Die Probleme kennen wir eigentlich schon ganz gut, Phil. Was wir brauchen, sind Lösungen.«

»Richtig. Mit dieser Analyse werden wir auch die Lösungen finden.« Zunächst aber ist es wichtig, dass sich die am Projekt beteiligten Mitarbeiter von Anfang an über die Hauptprobleme und ihre Ursachen einig sind.«

John überflog die Seite. »Das sieht gut aus. Ehrlich gesagt, verstehe ich es zwar nicht, aber Sie werden schon wissen, was Sie tun. Nur eine Sache noch: Sie haben also vor, die Ergebnisse der Diagnose Bruno am 16. Juni beim Europa-Meeting vorzustellen?«

»Ja, so ist es geplant.«

»Dann möchte ich mir die Präsentation aber vorher gern genau ansehen. Wenn es geht, sollten Sie sie in den nächsten drei Wochen vorbereiten, weil ich direkt vor dem Meeting einige Tage verreist bin. Dann können wir uns einen halben Tag Zeit nehmen, um die Präsentation im Team durchzugehen. Ist das in Ordnung?«

»Nun, ideal ist es nicht«, räumte Philip ein. »Aber wenn es sein muss, können wir so vorgehen.«

»Ja, es geht nicht anders. Wenn das alles war ...«

»Nur noch eine Sache: die Zusammenstellung des Teams. Ich möchte, dass Dave für die Durchführung der Diagnose zuständig ist. Wir würden natürlich zusammenarbeiten.«

»Dumbo-Dave?«

»Ganz genau.«

»Mein Produktionsleiter?« John klang ehrlich überrascht.

»Ich weiß, dass er in der Produktion wichtige Arbeit leistet, aber genau aus diesem Grund wäre es so vorteilhaft, wenn er die Leitung übernähme.«

»Hören Sie, Phil. Natürlich ist dieses Projekt wichtig, aber wir müssen auch unsere Aufträge erledigen. Ich hatte schon im letzten Quartal Bruno Fontana auf dem Hals, weil wir Lieferfristen nicht eingehalten haben, und ich möchte keine Wiederholung riskieren. Nehmen Sie einen der Teamleiter, aber Dave kann ich dafür wirklich nicht abstellen. Wie wäre es mit Fiona Richardson – sie ist ein Organisationstalent –, und dann stellen wir Ihnen noch ein paar junge Produktionsingenieure zur Seite. Dabei werden sie eine Menge lernen.«

Philip kehrte mit einem unguten Gefühl in sein Büro zurück. John hatte ihm nicht seine volle Aufmerksamkeit gewidmet. Er schien in diesem Projekt etwas zu sehen, was von Bruno angeordnet worden war, nicht etwas, wofür er selbst Verantwortung trug. Als Angehöriger beider Lager befand sich Philip in einer schwierigen Position.

Abbildung 16: Philips Diagnose-Plan

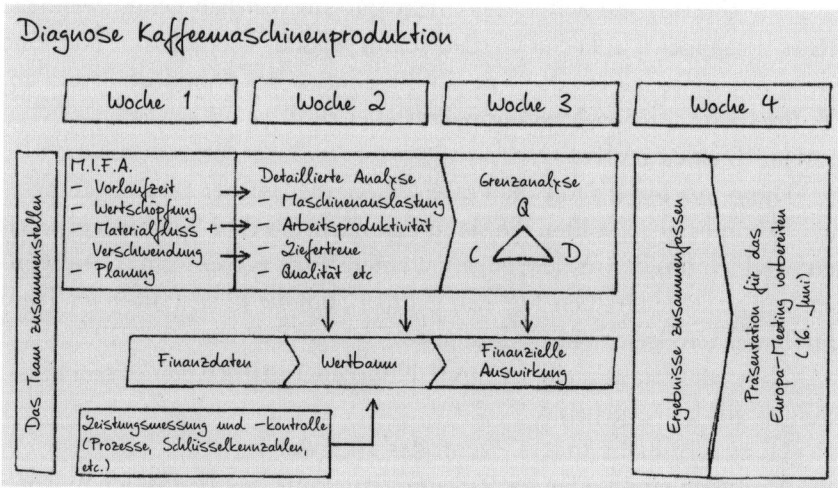

Das Management muss sich für das Veränderungsprojekt verantwortlich fühlen

Philips Gespräch mit John zeigt, wie schwierig es sein kann, ein Verbesserungsprojekt neben dem normalen Geschäftsbetrieb zu planen. Außerdem verdeutlicht es, dass die Projektziele auch mit den persönlichen Zielen der beteiligten Manager in Einklang stehen sollten. Nur dann sehen die Manager eine Veranlassung, sich voll und ganz hinter das Projekt zu stellen. Schwierig daran ist jedoch, dass sie das Risiko eines Misserfolgs oder einer unerwünschten Distanzierung von ihren Kollegen eingehen, während sie im Erfolgsfall nur wenig kurzfristige Vorteile für sich gewinnen.

Wenn John Wexford ganz pragmatisch entscheidet, die weitere Entwicklung einfach abzuwarten, werden die *Arboria*-Beschäftigten daraus vermutlich schließen, dass er nur mit halbem Herzen bei der Sache ist. Sie werden sich dann ebenfalls so verhalten und dem Projekt nicht ihre volle Unterstützung geben.

Im Idealfall sollten die Topmanager an einem Strang ziehen und sich konsequent für das Verbesserungsprojekt engagieren, auch mit ihrem persönlichen Einsatz. Die Lage in Bolton ist alles andere als ideal. John hat Philips Bitte abgelehnt, Dave mit der Leitung der Diagnose zu beauftragen. Obwohl es vielleicht zutrifft, dass Daves Qualifikationen den Anforderungen dieser Aufgabe nicht optimal entsprechen, hat John übersehen, dass er mit Daves Ernennung ein wichtiges Signal für den ganzen Betrieb ausgesandt hätte.

John spielt eine entscheidende Rolle: Als Niederlassungsleiter kommt ihm die Vorbildfunktion zu. Er hat zwar zugesichert, gemeinsam mit dem Management einen halben Tag für die Besprechung der Ergebnisse aus der Diagnose zu reservieren, aber Philip hatte sich mehr erhofft. Da der größte Teil der Analyse von einem Vollzeitteam ausgeführt wird, könnten sich die Linienmanager leicht in die Zuschauerrolle versetzt fühlen und sich nicht als aktiv Beteiligte sehen. Wenn John glaubt, dass sein Team die Richtung, in die sich das Werk entwickeln muss, genauso klar wie er selbst sieht, könnte er sich täuschen. Mit seinem Führungsstil ermutigt er andere nämlich nicht dazu, ihre Meinung zu äußern. Deshalb ergeben sich mit ihm nur selten Diskussionen, in denen unterschiedliche Standpunkte geklärt werden könnten.

Unter solchen Umständen kann es hilfreich sein, einen objektiven Außenseiter als Moderator heranzuziehen. Dieser sollte versuchen, das Vertrauen jedes Teammitglieds zu gewinnen, um dann mögliche Meinungsunterschiede aufzudecken, ohne dabei Einzelne bloßzustellen.

Im Augenblick jedoch ist Philip die Hauptperson: Er beginnt damit, die Abläufe im Werk und ihr Verbesserungspotenzial zu beurteilen.

Am Tag nach dem Gespräch mit John traf sich Philip mit allen Mitgliedern des Teams, die an der Diagnose mitwirken sollten, und vereinbarte mit ihren Vorgesetzten, dass sie für diese Aufgabe freigestellt wurden. Dabei traf er auf so wenig Widerstand, dass er sich schon fragte, ob er wirklich das beste Team hatte. Dennoch freute er sich, dass er nun endlich mit der Arbeit beginnen konnte, für die er eingestellt worden war.

Dem Team gehörten folgende Mitarbeiter an: Christine McGuire aus der Produktionsplanung, die mit dem Planungssystem vertraut war, Fiona Richardson, die Teamleiterin an der Montagelinie für Kaffeemaschinen, Derek Hines, ein Wartungsingenieur aus der Spritzgussfertigung, und zwei Produktionsingenieure, Lisa Hallum und Steve Edwards (siehe Abbildung 17). Philip vereinbarte außerdem mit dem Finanzleiter Brian Johnson, dass der Werksbuchhalter für die Dauer der Diagnose an zwei Tagen in der Woche abgestellt wurde. Da sich die Idee mit Dave zerschlagen hatte, wollte Philip selbst die Teamleitung übernehmen und mitarbeiten. Er sorgte dafür, dass der Schulungsraum von Prototypen und anderen Gerätschaften geräumt wurde, damit er ihn als »Zentrale« nutzen konnte.

Abbildung 17: Das Diagnoseteam

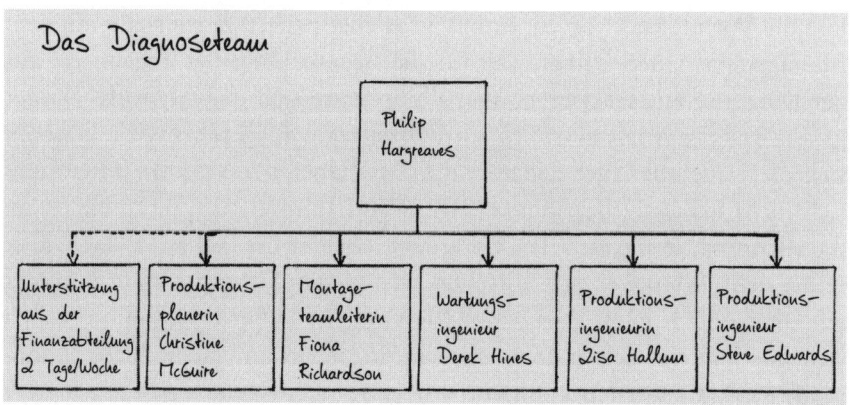

Am folgenden Montagmorgen stellte Philip dem Team seinen Plan vor. Er betonte gleich am Anfang, wie wichtig es sei, sich nicht zu verzetteln, und erläuterte die MIFA-Methode, die ihnen helfen sollte, den Überblick zu behalten.

»Die Analyse des Material- und Informationsflusses ist kein Hexenwerk. Sie ermöglicht es uns lediglich, den gesamten Wertstrom von Anfang bis Ende auf einem Blatt Papier darzustellen«, erklärte er. »Sie zwingt uns, den Prozess aus der Vogelperspektive zu betrachten. Wir erkennen den Zusammenhang zwischen dem Materialfluss – also der Herstellung – und dem Informationsfluss, aus dem hervorgeht, was wir wann in welcher Menge herstellen sollen.«

Trotz Philips Begeisterung wirkte das Team ein wenig verunsichert. Deshalb skizzierte er ein MIFA-Diagramm auf der elektronischen Wandtafel (siehe Abbildung 18). Er erklärte den Informationsfluss vom Kunden

Abbildung 18: Philips Material- und Informationsflussanalyse (MIFA)

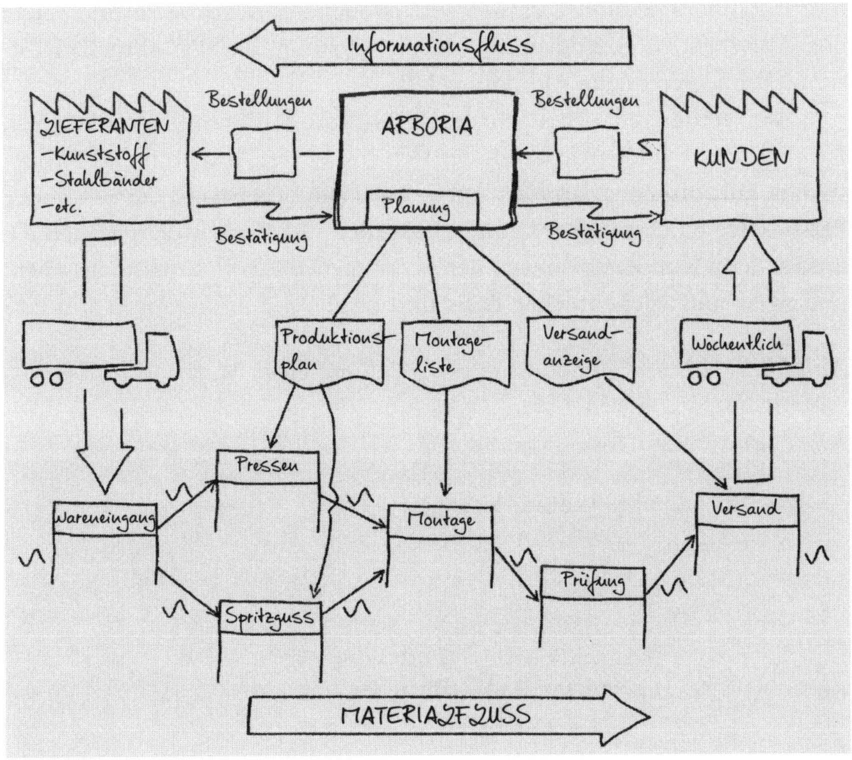

zu *Arboria* und wieder zurück zu den Teile- und Vormateriallieferanten. Er erläuterte dann den Materialfluss in die entgegengesetzte Richtung, bis das Endprodukt beim Kunden angelangte.

»Dieser Materialfluss stellt den Wertstrom dar, mit dem wir uns beschäftigen werden. Zwischen dem Materialfluss und dem Informationsfluss liegt die Produktionsplanung. Diese versucht, aus den Kundenanforderungen Anweisungen abzuleiten, die gewährleisten, dass die richtigen Produkte zur richtigen Zeit in der richtigen Menge hergestellt werden.«

»*Versucht* ist das richtige Wort«, murmelte Fiona.

Christine fühlte sich sofort angesprochen. »Ich kann doch nichts dafür, wenn die Kunden nicht wissen, was sie wollen.«

Philip ignorierte die Unterbrechung. »Wir werden dann sehen, dass es gute Gründe dafür gibt, dass wir so häufig Probleme mit den Lieferterminen haben. Wir klären die Ursachen dieser Schwierigkeiten und entwickeln daraus dann einen Verbesserungsplan.«

Um sein Team nicht gleich zu überfordern, verzichtete Philip auf weitere Details. Er wandte sich der bevorstehenden Aufgabe zu und zeigte den Anwesenden eine Liste mit sieben Schritten, die den aktuellen Zustand abbildeten (siehe Abbildung 19).

»Wir werden die ersten Schritte parallel durchführen. Ich schlage vor, dass wir Paare bilden: Jemand, der sich mit einem Abschnitt eines Wertstroms gut auskennt, arbeitet mit jemandem zusammen, der eine neue Perspektive hineinbringen kann. Christine und Lisa, würden Sie sich die tatsächliche Kundennachfrage der vergangenen zwölf Monate ansehen, und zwar auf wöchentlicher Basis und nach Produktnummern sortiert?

Abbildung 19: Sieben Schritte zur Erstellung einer Material- und Informationsflussanalyse (MIFA)

Sieben Schritte zur Erstellung einer MIFA

1. Kundenanforderungen
2. Prozessschritte
3. Prozessdaten
4. Lagerbestand
5. Materialfluss vom Lieferanten zum Kunden
6. Informationsfluss (Push oder Pull)
7. Vorlaufzeit und Zeit, in der eine Wertschöpfung stattfindet

arboria®

Derek und Fiona, würden Sie die Daten zur Produktion, Umrüstung und Verfügbarkeit der Spritzgussmaschinen zusammenstellen, basierend auf den tatsächlichen Vorgängen? Wenn Sie Gelegenheit haben, versuchen Sie, auch die Bestandsmenge für jedes Produkt zu notieren. Steve und ich werden uns um die Montagebereiche kümmern und untersuchen, wie die Aufgaben derzeit verteilt sind.«

»Meinen Sie die Bestandsmengen im Lager oder im Werk?«, erkundigte sich Fiona.

»Gute Frage. Wir brauchen beide Informationen. Überall, wo es Lagerbestände gibt, sollten Sie die Menge und den Standort notieren. Wenn ein Artikel mit derselben Artikelnummer an mehreren Stellen gelagert wird, müssen wir das wissen. Denken Sie daran – und das gilt für alles, was wir in den nächsten Wochen tun –, dass die Auskünfte, die man Ihnen gibt, nicht das Evangelium sind. Schenken Sie dem, was man Ihnen sagt, niemals blindes Vertrauen. Vergewissern Sie sich immer selbst. Das ist das Motto, an das Sie sich halten müssen.«

»Wir werden uns sehr beliebt machen«, meinte Derek ironisch.

»Mir ist klar, dass wir einigen Leuten auf die Zehen treten werden«, antwortete Philip. »Aber wir müssen nun einmal herausfinden, wo wir wirklich stehen. Ganz gewiss werden wir einige Leichen im Keller finden.«

»Verstehen Sie mich nicht falsch, Philip. Natürlich ist es für das Unternehmen das Beste. Aber wir dürfen nicht erwarten, dass man uns dafür dankbar sein wird.« Derek warf Christine einen wissenden Blick zu.

Die Teammitglieder packten ihre Notizbücher und Stifte ein und machten sich an die Arbeit.

Die Beurteilung des technischen Systems

Philip setzt die Material- und Informationsflussanalyse ein, damit die Teammitglieder sich daran gewöhnen, in größeren Zusammenhängen zu denken. Bisher hatte niemand von ihnen verlangt, ihre Arbeit bereichsübergreifend zu betrachten. Die MIFA-Analyse wird ihnen nicht alle Antworten liefern, aber sie verschafft ihnen zumindest einen Zugang zur Thematik, indem sie die Wurzeln der Verschwendung sowie Bereiche aufdeckt, die eine noch detailliertere Analyse erfordern. Das Wechselspiel zwischen Informationsfluss und Materialfluss selbst stellt eine der häufigsten Quellen der Verschwendung in einem Produktionssystem dar.

Ein Unternehmen, das maßgefertigte Teile für die Bauindustrie herstellt, beurteilte einmal sein Produktionssystem mithilfe der Material- und Informationsflussanalyse. Das Problem war, dass der Lagerraum knapp wurde, weil sich immer mehr Produkte ansammelten. Wie sich herausstellte, lag dies daran, dass die Kunden häufig Terminänderungen in letzter Minute verlangten, weil etwa schlechtes Wetter die Baufortschritte verzögert hatte. Häufig wurden die neuen Terminwünsche erst mitgeteilt, wenn die Produkte schon in der Fertigung waren.

Natürlich hatte es schon Versuche gegeben, das Problem zu beheben. So rief ein Mitarbeiter die Kunden grundsätzlich am Mittwoch vor einer Lieferung an, um sich zu erkundigen, ob die Auftragsdaten noch aktuell seien. Dieser Anruf war zwar kein Bestandteil des offiziellen Planungsprozesses, gehörte aber wahrscheinlich zu einem der wichtigsten Vorgänge im Werk, wie die MIFA-Analyse zeigte. Die Schlussfolgerung lautete, dass die Lagerbestände nur reduziert werden konnten, wenn die Durchlaufzeiten in der Produktion verkürzt wurden. Wenn die Aufträge erst später in die Produktion gingen, ließen sich die hinfällig gewordenen Bestellungen tatsächlich mit einem Telefonanruf herausfiltern. Innerhalb von zwei Monaten waren die Bestände auf ein Minimum geschrumpft.

Arboria hat ähnliche Schwierigkeiten damit, die sich ständig ändernden Kundenwünsche in der Produktion zu berücksichtigen. Derzeit werden Bestellungen in der Zentrale bearbeitet und dann an die Niederlassungen weitergeleitet, was an sich schon problematisch ist, da jede zusätzliche Stufe in der Lieferkette die Nachfrageschwankungen tendenziell verstärkt. Wo auch immer die Ursache liegt, *Arboria* muss seine Liefertreue verbessern. Schließlich verfolgt es mit der Transformation das Ziel, die Flexibilität der Fertigung und die Reaktionsfähigkeit auf Kundenwünsche zu erhöhen und dadurch einen Vorteil vor der außereuropäischen Konkurrenz zu gewinnen.

Bei der Untersuchung des gesamten Wertstroms von der ersten bis zur letzten Station müssen auch die Grenzen für den Umfang ihrer Diagnose festgelegt werden. Philip beschränkt sich bei der Beurteilung des technischen Systems auf das Werk in Bolton, weil er glaubt, dass auch auf dieser Ebene schon geschäftliche Bedürfnisse angesprochen werden können. Aber manchmal müssen die Kreise weiter gezogen werden.

So musste in der Kreditbearbeitungsabteilung eines Unternehmens jedes einzelne Antragsformular eingescannt werden, damit es elektronisch gespeichert werden konnte. Da die Formulare aus Broschüren stammten, mussten die Mitarbeiter die Seiten mühsam trennen und Heftklammern entfernen, bevor sie sie in den Scanner einlegen konnten. Dies war sehr aufwändig in einer Abteilung, in der täglich Tausende von Anträgen bearbeitet wurden. In diesem Fall durfte die Diagnose nicht auf die Abteilung beschränkt werden, sondern sie musste auf die Filialen ausgedehnt werden, um das Problem an der Wurzel zu beseitigen.

Auf dem Weg zur Kaffeemaschinenmontage erklärte Philip Steve, wie er vorgehen wollte. »Wir werden den Weg eines einzigen Teils durch den Montageprozess verfolgen. Versetzen Sie sich in die Lage eines Kunden, der auf eine bestimmte Kaffeemaschine wartet. Beobachten Sie den Prozessfluss, und fragen Sie sich dabei immer wieder, ob Sie bereit wären, für die einzelnen Schritte Geld zu bezahlen.«

»Ich weiß nicht, ob ich das richtig verstehe. Meinen Sie, dass ich beobachten soll, was die Montagearbeiter genau tun?«

»Ja, aber auch alles andere, was mit dem Teil geschieht. Sehen Sie genau hin – ob nun zwei Bauteile zusammengefügt werden, ob ein Behälter mit Spritzgussformen an einen anderen Platz gebracht wird, oder ob eine Kaffeemaschine nachbearbeitet wird, weil sie in einer Kontrolle hängen geblieben ist. Immer dann, wenn etwas mit dem Teil passiert, fragen Sie sich, ob der Vorgang zur Wertschöpfung beiträgt oder lediglich Kosten verursacht. Wenn er nur Kosten verursacht, müssen wir überlegen, wie wir diese Verschwendung beseitigen können.«

»Ja, ich verstehe.«

»Die Rentabilität kann entweder über den Preis oder über die Kosten beeinflusst werden. Den Preis können wir nur bis zu einem bestimmten Grad beeinflussen, aber im Wesentlichen müssen wir uns am Markt orientieren. Auf die Kosten dagegen können wir stärker einwirken. Wenn wir überflüssige Kosten entdecken und einsparen, steigern wir die Rentabilität.«

Als sie sich dem Montagebereich näherten, zupfte Philip Steve am Ärmel. »Warten Sie. Lassen Sie uns hier eine Minute zusehen.«

In der Kaffeemaschinenmontage waren gerade vier Arbeiter beschäftigt. Die erste Arbeiterin prüfte das Gehäuse auf Mängel und setzte den

Wasserstandanzeiger ein. Die zweite setzte das Heizelement und eine Dichtung ein, montierte den Schalter und die Bedienungstasten und legte die Drähte für die Kontrolllämpchen durch das Gehäuse. Alle elektrischen Komponenten wurden vormontiert an das Band geliefert.

Der dritte Arbeiter drehte dann das Gehäuse auf den Kopf, brachte Klebstoff auf der Unterseite an und presste die Standfläche mit einer Druckluftpresse fest. Der vierte Arbeiter testete die Kaffeemaschinen mit einem elektrischen Prüfgerät, verpackte sie mit der Bedienungsanleitung in einer Plastikhülle, stellte einen flach zusammengelegten, bedruckten Karton auf und brachte die Kaffeemaschine darin unter.

»Was sagen Sie dazu?«, fragte Philip.

»Auf den ersten Blick sieht das ganz in Ordnung aus. Jeder hat etwas zu tun.«

»Welchen Eindruck haben Sie, wenn Sie ein einzelnes Teil aus der Sicht eines Kunden verfolgen?«

Steve beobachtete die erste Arbeiterin, die mittlerweile bemerkt hatte, dass sie beobachtet wurde. Sie beendete ihre Arbeit an einem Teil und legte es zu anderen Teilen auf den Tisch neben ihr.

»Jetzt wird an meinem Teil nicht mehr weitergearbeitet, aber das verursacht auch keine Kosten, oder etwa doch?«

»Es werden zwar keine Kosten verursacht, aber die Bearbeitungszeit verlängert sich«, antwortete Philip. »Stellen Sie sich vor, wir hätten es nicht mit einer Kaffeemaschine zu tun, sondern mit einem verderblichen Produkt, etwa Obst. Genauso müssen wir unsere Produkte sehen: als verderbliche Waren, die wir möglichst schnell bearbeiten müssen, damit sie frisch beim Kunden ankommen. Stellen Sie sich den Geruch all der Früchte vor, die zu faulen beginnen, weil sie hier nutzlos herumliegen.«

»Das leuchtet ein«, meinte Steve nachdenklich. »Wenn wir schneller auf die Kundenbedürfnisse reagieren wollen, können wir es uns nicht leisten, Produkte mitten im Bearbeitungsprozess beiseite zu legen. Das verlängert die Durchlaufzeit.«

»Genau! Beobachten Sie Ihr Teil nun weiter. Was passiert jetzt?«

Steve sah zu, wie die zweite Arbeiterin, die sich unter der Beobachtung unwohl zu fühlen schien, das Teil mit beeindruckender Geschicklichkeit weiter behandelte. Sie legte es wieder auf den Montagetisch neben ihrem Arbeitsbereich, wo weitere teilweise montierte Kaffeemaschinen darauf warteten, geklebt zu werden. Der Arbeiter an der Klebestation machte sich gerade mit einem Schraubenzieher an der Druckluftpresse zu schaffen. Es sah aus, als wollte er ein stecken gebliebenes Teil entfernen. In der Zwischenzeit häuften sich die Maschinen vor der Presse an.

»Sieht aus, als hätte die Klebestation wieder Probleme«, sagte Steve. »Das kennen wir schon, es steht auf unserer Mängelliste.«

»Sie sehen, welche Auswirkungen dieses Problem auf den Arbeitsfluss hat. Die Unzuverlässigkeit der Presse schafft Schwankungen, die an anderen Stationen des Prozesses zu Verschwendung führen, während die vorgeschalteten Arbeiter darauf warten, dass sich der Rückstand auflöst. Der Arbeiter an der Teststation hat jetzt keine Geräte mehr, die er testen könnte. Sehen Sie, was er nun tut.«

Der vierte Arbeiter stellte Kartons auf und stapelte sie neben seinem Testgerät.

»Was spricht dagegen, dass er seine Zeit produktiv nutzt?«, fragte Steve.

»Natürlich nichts, aber er benötigt die Kartons jetzt gar nicht. Ich mache ihm keinen Vorwurf, er meint es ja gut, aber er schafft eine Überproduktion.«

»So gesehen, stimmt das natürlich«, räumte Steve ein.

»Die Kartons nehmen viel Platz weg und behindern die Arbeiter in diesem Bereich. Gleichzeitig ist das eigentliche Problem mit der Klebemaschine noch nicht beseitigt, auch wenn dies nicht so offensichtlich ist, weil sich der Arbeiter mit anderen Dingen beschäftigt.«

»Ich sehe jetzt nach, wie Fiona und Derek in der Spritzgussfertigung zurechtkommen. Es wäre großartig, wenn Sie notieren könnten, wie lange jeder Ablauf dauert, damit wir Daten über den Arbeitsinhalt haben. Messen Sie die Zeit einfach mit dem Sekundenzeiger Ihrer Uhr. Ich bin gleich zurück.« Philip machte sich auf den Weg.

Steve legte sein Notizbuch auf eine Palette mit Faltkartons und nahm seine Uhr ab. Er stellte fest, wie lange der erste Arbeiter brauchte, um seinen Vorgang abzuschließen: 24 Sekunden, 26 Sekunden, 33 Sekunden ...

»Was soll das werden? Eine Arbeitsablaufstudie?«, fragte Jeff Aspinall, der die Kaffeemaschinen verpackte.

»Nein, nichts dergleichen. Wir müssen nur wissen, wie lange es dauert, um eine Kaffeemaschine von Anfang bis Ende zusammenzubauen.«

»Wer ist wir?«

»Nun, Philip Hargreaves, der neue Manager, der das Lean-Projekt leitet. Vor einer Minute war er noch hier.«

»Aha. Und was soll das sein, ein Lean-Projekt?«

Mittlerweile waren auch die anderen Arbeiter näher gekommen, gespannt, was er zu sagen hatte. Steve fühlte sich unwohl. Es war keine gute Idee gewesen, die Beschäftigten bei ihrer Arbeit zu beobachten, ohne ihnen vorher den Grund dafür zu erklären. Während sie ihn mit Fragen bombardierten, bemerkte er, dass er sich auf unsicherem Terrain bewegte. Er entschuldigte sich und verließ den Montagebereich, wusste aber, dass er einiges Porzellan zerschlagen hatte.

Er fand Philip in der Spritzgussfertigung und erzählte ihm, was geschehen war. Fiona bot an, zurückzugehen und mit den Arbeitern zu sprechen. Philip ärgerte sich über sich selbst, weil ihm das passiert war. Er hätte das Team besser einweisen und die Gelegenheit nutzen müssen, Steve zu coachen.

Als sie zurückgingen, versuchte Fiona, Steve wieder aufzubauen. »Machen Sie sich keine Sorgen. Wenn wir erklären, worum es eigentlich geht, werden sie schon Verständnis dafür haben. Es ist nur so, dass man uns Arbeiter am Band nie über etwas informiert, und irgendwann hat man es einfach satt, wie Galeerensträflinge behandelt zu werden.«

»Wieso Galeerensträflinge?«

»Die müssen auch immer nur schuften und haben nichts zu melden.«

Fiona klärte die Angelegenheit mit dem Montageteam, und Steve entschuldigte sich dafür, dass er ihnen den Zweck seiner Beobachtungen nicht erklärt hatte. Er betonte, dass es ihm nicht darum gehe, einzelne Arbeiter zu kontrollieren, sondern darum, den Prozess zu verstehen. Schließlich siegte die Neugierde über die Verärgerung. Die Arbeiter wollten Genaueres wissen und fingen schon an, Verbesserungsvorschläge zu machen. Nachdem Fiona versprochen hatte, ihre Ideen aufzuschreiben und ihnen die Ergebnisse der Diagnose mitzuteilen, kehrte sie in die Spritzgussfertigung zurück. Steve setzte seine Messungen für die restlichen Prozessschritte fort.

Abends traf sich das Team zu einer Besprechung. Schon die ersten Ergebnisse waren aufschlussreich. Steve hatte entdeckt, dass nicht nur die durchschnittliche Bearbeitungsdauer der vier Schritte sehr unterschiedlich war, sondern dass es auch bei den einzelnen Schritten deutliche Abweichungen gab. Das führte dazu, dass die Arbeiter etwa die Hälfte ihrer Zeit mit Warten verbrachten.

Fiona erklärte, dass viele Maschinen in der Spritzgussfertigung eine

Auslastung von über 100 Prozent zu haben schienen. Dies lag aber daran, dass die Zykluszeiten eine Toleranz für Rüstzeiten und Stillstände enthielten. Die groben Schätzungen, die sie und Derek angestellt hatten, ergaben, dass die tatsächliche Auslastung eher bei etwa 70 Prozent lag. Dabei hatten sie den tatsächlichen Output an mängelfreien Teilen durch den theoretischen Output oder die Schichtdauer durch die Maschinenzykluszeit geteilt.

»Aber wenn wir realistische Vorgaben entwickeln wollen, müssen wir doch Toleranzen für Stillstände und Rüstzeiten einkalkulieren,« erklärte Christine.

»Damit ist aber ein Problem verbunden«, erwiderte Philip. »Wenn Sie die Maschineneffektivität auf diese Art und Weise messen, verschleiern Sie das eigentliche Potenzial.«

»Ich bin mir da nicht so sicher«, antwortete Derek. »Wenn wir diese Toleranzen nicht einplanen würden, hätten wir das reine Chaos.«

»Denken Sie einmal darüber nach, Derek«, fuhr Philip fort. »Warum rechnen wir die Stillstände überhaupt ein? Verrät die Sprache nicht schon unsere Einstellung? Es ist, als würden wir die Stillstände erwarten und sogar planen.«

»Wie könnten wir es anders machen?«, fragte Christine.

»Es ist wichtig, die Produktionsplanung von der Leistungsüberwachung zu trennen«, erklärte Philip. »Für die Zwecke der Planung müssen wir anerkennen, dass unsere Maschinen nicht absolut zuverlässig sind, und im Kundeninteresse eine gewisse Toleranz berücksichtigen. Aber wenn es um die Leistung geht, müssen wir das volle Potenzial aufdecken. Andernfalls setzen wir unseren Verbesserungsbemühungen von vornherein eine künstliche Grenze. Wenn man eine Auslastung von 100 Prozent sieht, glaubt man, dass alles in Ordnung sei. Aber wenn unsere Zahlen stimmen, verbirgt sich dahinter noch ein Optimierungspotenzial von 30 Prozent. Stellen Sie sich das nur einmal vor: Wir würden vielleicht hunderttausende Pfund in eine neue Maschine investieren, weil wir glauben, dass wir zu wenig Kapazitäten haben, während wir in Wahrheit sogar Kapazitäten übrig haben. Wir nutzen sie nur noch nicht.«

Philip sah, dass sein Team allmählich zu verstehen begann. Die Teammitglieder lernten, die Prozesse aus Kundensicht zu betrachten. Während sie gemeinsam über ihre Erkenntnisse und die Probleme sprachen, die sie schon innerhalb weniger Stunden aufgedeckt hatten, wuchsen ihre Energie und ihre Begeisterung.

Interpretation der Ergebnisse

Das Team wird anhand der Ergebnisse der Material- und Informationsflussanalyse festlegen, welche weiteren Analysen es noch durchführen muss, um die Bedeutung der Kundennachfrage besser zu verstehen. Die Ergebnisse helfen ihnen auch, das theoretische Potenzial verschiedener Optionen in Zahlen auszudrücken, etwa die Ausschaltung von Wartezeiten am Band oder die Reduzierung der Ausfallzeiten durch Maschinenstillstände in der Spritzgussfertigung.

Kundennachfrage

Die Bewertung des technischen Systems muss bei der Kundennachfrage ansetzen: Wie hoch ist sie, aus welchen Bestandteilen setzt sie sich zusammen, und inwiefern ist sie Schwankungen unterworfen? Viele *Arboria*-Produkte werden als Geschenke verkauft. Deshalb werden etwa 40 Prozent des Jahresumsatzes im Weihnachtsquartal erzielt. Da die Nachfrage in dieser Jahreszeit die Kapazitäten übersteigt, werden Produkte auf der Grundlage der Prognosen für das Weihnachtsgeschäft auf Vorrat produziert und gelagert.

Aber wenn man sich bei Prognosen auf eines verlassen kann, dann darauf, dass sie nicht eintreten. Die Frage lautet nur, wie weit man daneben liegt. Wenn *Arboria* die Nachfrage überschätzt, bleiben am Jahresende zu hohe Bestände in den Lagern liegen. Wenn die Waren sich dort nicht türmen sollen, werden sie von den Einzelhändlern zu Sonderpreisen abverkauft.

In der Vergangenheit investierte *Arboria* viel Geld in Computermodelle, mit denen die Genauigkeit der Prognosen verbessert werden sollte, aber sie hatten sich nicht bewährt. *Arboria* sollte stattdessen versuchen, die Kapazitäten der Werke zu erhöhen, damit sie nicht mehr auf Lager, sondern auf Bestellung produzieren. Auf diese Weise könnte *Arboria* den tatsächlichen Kundenbedarf erfüllen, anstatt nur auf Verdacht zu produzieren.

Aus dieser Vorgehensweise ergeben sich weitere Fragen, etwa die, wie man mit den überschüssigen Kapazitäten in den nachfrageschwächeren Zeiträumen umgeht, und ob die Arbeitszeiten flexibler gestaltet werden können. Dann würden die Mitarbeiter bei guter Auftragslage mehr arbeiten, bei schlechter weniger. Diese Fragen sind nicht einfach zu klären, da sie viele betriebliche Aspekte betreffen, vom Einkauf bis zum Verkauf, und vom Personalmanagement bis zur Produktion. Aus diesem Grund ist es auch so wichtig, dass das gesamte Management die Umstellung auf schlanke Prozesse und die damit verbundenen Ziele vorbehaltlos unterstützt.

Maschinenauslastung

Die operativen Daten, die das Diagnoseteam erhebt, müssen in einen möglichen finanziellen Nutzen übersetzt werden. Dabei kann es sich um potenzielle Ertragssteigerungen oder auch um Einsparungen handeln, wenn sich herausstellt, dass geplante Investitionen doch nicht notwendig sind. Bei *Arboria* war es nach der Einführung neuer Produkte und Farben zu Produktionsengpässen gekommen, vor allem in der Spritzgussfertigung. Das Management hatte überlegt, ob es bestimmte Aufträge an Fremdfirmen vergeben oder lieber in neue Kapazitäten investieren sollte. Das Diagnoseteam zeigte eine dritte Option auf: *Arboria* sollte die noch ungenutzten Kapazitäten der vorhandenen Maschinen ausschöpfen, wodurch geplante Investitionen hinfällig würden oder zumindest aufgeschoben werden könnten. Dies würde sich äußerst positiv auf die Rendite auf das eingesetzte Kapital (ROCE) auswirken. In kapitalintensiven Prozessen ist die Ausschöpfung ungenutzter Kapazitäten häufig der beste Weg zur Ergebnisverbesserung.

Eine konsequente Leistungsüberwachung schaltet jede Möglichkeit aus, Fälle von Verschwendung zu verschleiern. Wenn *Arboria* die derzeitige Methode zur Berechnung der Maschinenauslastung durch eine besser geeignete Kennzahl ersetzte, könnte es den tatsächlichen Leistungsstand genauer beurteilen und Verbesserungsziele vorgeben. Viele Unternehmen verwenden heute die so genannte OEE-Kennzahl (Overall Equipment Effectiveness) und ähnliche Kriterien, um die Effizienz und Verfügbarkeit ihrer Anlagen zu überwachen. Diese Kennzahlen berücksichtigen die sechs Hauptarten der Verschwendung: Produktionsstopps, Rüstvorgänge, ineffiziente Arbeitsprozesse, Wartezeiten, Qualitätsmängel und schlechte Arbeitsorganisation.

Eine Stahlgießerei mit einer seit Jahren gleichbleibenden Leistung verwendete die OEE-Daten als Grundlage dafür, eine Grenzanalyse durchzuführen. Das Team überlegte unter Anleitung eines Beraters, wie die einzelnen Arten der Verschwendung abgeschafft werden könnten und wann die Verbesserungen an ihre Grenzen stoßen würden. Wenn die Entladung und Beladung eines Behälters zehn Minuten dauerte, war es dann vorstellbar, diese Zeit auf vier Minuten zu senken, indem alle Handgriffe nach klaren Vorgaben ausgeführt wurden? Letztlich setzte das Team kein Verbesserungsziel von vier Minuten, weil dies unrealistisch gewesen wäre, aber es nahm sich vor, den Abstand zur theoretischen Grenze innerhalb von zwölf Monaten zu halbieren. Die Stahlgießerei konnte ihre Leistung tatsächlich um einen Sprung verbessern, den die Beschäftigten am Anfang für unmöglich gehalten hatten.

Arbeitsproduktivität

Die Beobachtungen von Philip und Steve sowie die von Steve erhobenen Daten zeigen, dass es viele Möglichkeiten gibt, die Arbeitsproduktivität an der Montagelinie zu steigern. Um diese Chancen zu nutzen, muss *Arboria* die Abläufe standardisieren, um die Variabilität zu senken, und dann die Arbeitsinhalte gleichmäßig unter den Arbeitern aufteilen (man spricht auch von der »Austaktung der Montagelinie«). Dazu muss *Arboria* aber auch wissen, auf welche Geschwindigkeit die Arbeit ausgetaktet werden muss.

Das Naheliegende wäre, die gesamte Arbeitsmenge am Kaffeemaschinenband gleichmäßig unter den vier Arbeitern aufzuteilen. Damit würde man sicherlich erreichen, dass das Produkt die einzelnen Arbeitsschritte reibungsloser durchläuft. Aber dann wäre der Arbeitsfluss wahrscheinlich zu schnell, weil die Kunden gar nicht so viele Produkte benötigten (Taktzeit).

Deshalb ist die richtige Vorgehensweise die, zuerst die Taktzeit für das Produkt festzulegen und dann den gesamten Arbeitsinhalt durch die Taktzeit zu teilen, um zu ermitteln, wie viele Arbeiter benötigt werden. Dadurch wird gewährleistet, dass nur so viele Arbeitskräfte für ein Produkt abgestellt werden, wie für die Erfüllung der Kundenbedürfnisse benötigt werden. Wenn sich die Nachfrage ändert, wie es im Weihnachtsquartal der Fall ist, muss sich auch die Zahl der Arbeiter ändern.

Die frühzeitige Festlegung einfacher visueller Standards für die einzelnen Abläufe hat den Vorteil, dass sie eine Grundlage dafür schaffen, die Arbeit zwischen den Arbeitern neu zu verteilen, wenn sich die Taktzeiten ändern. Solche Standards tragen auch dazu bei, die Qualität zu verbessern und die Variabilität der Zykluszeit zu reduzieren. Außerdem schaffen sie die Voraussetzungen für ständige Verbesserungen, während Fälle von Verschwendung eliminiert und die Standards entsprechend neu angepasst werden.

Perfekt im Takt

Im Werk Sindelfingen der DaimlerChrysler AG ist die Arbeit schon lange in der getakteten Fließfertigung organisiert: Die Mitarbeiter rotieren dabei mit einem Fahrzeug über mehrere Takte von Station zu Station. Dieses Modell konnte durch die Einführung von »Eintaktern« und einer optimierten Materiallogistik wesentlich produktiver gestaltet werden.

In Sindelfingen arbeitet man nicht bei der »Mercedes Car Group«_– man »schafft beim Daimler«. Die Mitarbeiter fühlen sich dem Unternehmen verbunden, sie sind stolz auf das, was sie »schaffen«. Und sie können es auch sein: Jedes Jahr verlassen das Werk fast 500 000 Fahrzeuge der C-Klasse, der E-Klasse, der S-Klasse und der CL-Klasse. 2002 startete zudem die Produktion von Limousinen der Marke Maybach in der »Manufaktur«.

Wie steigert man die Produktivität um zweistellige Prozentzahlen?

Der Output konnte sich also sehen lassen. Allerdings lagen 2003 die Fertigungskosten deutlich über denen der japanischen Wettbewerber. Die gewünschte Produktivität konnte nur erreicht werden, wenn es gelingen würde, die Fertigungszeit pro Fahrzeug um einen zweistelligen Prozentbetrag zu senken. Um dieses Ziel zu erreichen, wurde neben Maßnahmen zur fertigungsgerechten Produktgestaltung ein kontinuierlicher Verbesserungsprozess (KVP) gefahren: Alle Mitarbeiter sollten Vorschläge einbringen, wie sie ihre Arbeit effizienter und schneller machen könnten. Die Vorschläge waren nützlich, konnten aber naturgemäß nicht so erfolgreich sein wie eine gesamtheitliche Optimierung. Insgesamt lag die KVP-Rate bei 3 bis 4 Prozent im Jahr. Auf diese Weise konnte die Produktivität nicht wie geplant gesteigert werden.

Professor Dr. Eberhard Haller, Werksleiter Sindelfingen:»Der Kostendruck ist heute so hoch, dass wir nur noch mit einer gesamtheitlichen Lösung unser Ziel erreichen können.«

Zeit ist Geld – das Begehungskonzept zeigt den Weg

Der Verbesserungsprozess musste also selbst verbessert werden. Dies gelang mit erstaunlichem Erfolg, indem verschiedene Lean-Prinzipien konsequent umgesetzt wurden und ein spezieller Fokus auf die Themen »Managementinfrastruktur« und »Change Management« gelegt wurde. Doch der Reihe nach. Der Verbesserungsprozess wurde in einem ersten Schritt in der E-Klasse-Produktion durch ein so genanntes Begehungskonzept ergänzt. Eine Gruppe von Führungskräften bis zum Meister, Verbesserungsmanagern und McKinsey-Beratern hat sich zwei bis vier Mal pro Woche einen Bandabschnitt nach dem anderen vorgenommen und systematisch auf Verschwendungen untersucht. Dazu zählt alles, was etwas kostet, aber »nichts bringt« – z. B. lange Laufwege zum Material oder entlang des Bandes. Durch systematisches Vergleichen mit den Lean-Prinzipien wurde genau diese Verschwendung bei den Begehungen immer wieder aufgezeigt. Einer der Gründe war, dass jeder Mitarbeiter ein Fahrzeug über mehrere »Takte« bzw. Arbeitsschritte begleitet hat. Ein Mitarbeiter, der z. B. damit angefangen hat, einen Kabelbaum einzubauen, ist über vier Takte mit dem Fahrzeug »mitrotiert«, bis diese Arbeit abgeschlossen war. Warum auch nicht, wenn er schon einmal dabei ist? Ganz einfach: Weil jeder Mitarbeiter nach mehreren Takten »mit leeren Händen« wieder an seine Ausgangsposition zurückkehren musste – und das kostete nicht nur Zeit, sondern im Ergebnis auch richtig Geld. Zudem ergaben sich durch die »Mehrtakter« relativ lange Laufwege zu den benötigten Materialien und ein erhöhtes Risiko, die Autos auf den engen Wegen zu beschädigen.

Managen heißt machen

Diese Beobachtungen und viele andere mehr wurden in den Begehungen systematisch erfasst, ausgewertet und in ein gesamtheitliches

Konzept integriert. Nach drei Monaten war die gesamte E-Klasse-Produktion flächendeckend bearbeitet. Ergebnis war ein umfassender Umsetzungsplan, dessen Umsetzungsgrad wöchentlich in der Abteilungsleiterbesprechung diskutiert wurde. Professor Dr. Haller:»Durch diese Vorgehensweise hatten wir eine schnelle Umsetzung vor Ort.« Gesagt, getan – das war die Philosophie und gleichzeitig der Schlüssel zum Erfolg.

Eins greift ins andere – das Konzept der neuen Standardmontage

Die Verbesserungsideen der verschiedenen Funktionalbereiche wurden erstmals gesamthaft im Konzept der so genannten Standardmontage zusammengeführt und im Rahmen eines Pilotprojektes an einem Bandabschnitt in der Produktion der S-Klasse erfolgreich realisiert. Die gewonnenen Erkenntnisse aus dem Piloten erlaubten es dann, das neue System zügig auf weitere Produktionsbereiche auszurollen. Wer kann schon auf Produktivitätsvorteile verzichten?

Insgesamt gelang es, mehrere Erfolgsfaktoren in dem neuen System miteinander zu verzahnen:

- Zu komplexe Arbeitsinhalte wurden, wie beschrieben, auf »Eintakter« reduziert. Die Materiallogistik wurde entsprechend optimiert. Dadurch entfallen unnötige Laufwege und ungenutzte Zeiten. Mitarbeitern, die an einer bestimmten Station bleiben, gehen alle Arbeitsabläufe bestens und somit schnell von der Hand. Als Nebeneffekt wurden die Bestände am Band mehr als halbiert.
- Mitarbeiter werden jedoch nicht nur für eine einzige Aufgabe und Station qualifiziert, sondern für mehrere. Dies sorgt für Abwechslung. Und es sichert eine höhere Flexibilität im alltäglichen Geschäft.
- Das Qualitätsmanagement am Band konnte enorm verbessert werden; insbesondere die Prävention, die Schwachstellenanalyse und die Fehlerbeseitigung konnten optimiert und beschleunigt werden. Es gelang, die Zahl der Einzelfehler in der Produktion zu halbieren.
- Das Topmanagement hat sich von Anfang an intensiv an dem Verbesserungsprozess beteiligt. Bereichs- und Fertigungsleiter haben

sich die Situation vor Ort angesehen, mit Mitarbeitern gesprochen, Probleme mit ihnen diskutiert und sie über Ziele, Maßnahmen und Fortschritte regelmäßig informiert. So konnte das Management entscheidende Erkenntnisse gewinnen. Und die Mitarbeiter haben gesehen, dass die Führungsmannschaft an ihrer Arbeit und Meinung interessiert ist. Wert*schätzung* führt so zu Wert*schöpfung*.

- Weil die Manager die Mitarbeiter von Anfang an umfassend informiert haben, konnten diese auch sehen, »dass es brennt«. Die Mitarbeiter waren deshalb zu den Änderungen bereit. Aktuelle Informationen zu wesentlichen Kennzahlen wie Qualität oder Produktivität zeigen den Mitarbeitern, dass sich der Aufwand lohnt: Engagement braucht Offenheit und Transparenz.

Ein Fazit lässt sich noch nicht ziehen, eher ein Zwischenfazit. Denn der Verbesserungsprozess hält an. Doch bereits jetzt ist klar: Die geplante zweistellige Verringerung der Fertigungszeit pro Fahrzeug sowie eine deutliche Steigerung der Qualität werden im Zusammenspiel zwischen Entwicklung und Produktion erreicht werden, wobei die Produktion einen signifikanten Beitrag hierzu leistet. Und auch darauf können alle stolz sein, die »beim Daimler schaffen«.

Durchlaufzeit

Zu den aufschlussreichsten Ergebnissen einer Material- und Informationsflussanalyse gehören die Durchlaufzeit sowie die Wertschöpfungszeit, also der Anteil an der Durchlaufzeit, in der die eigentliche Wertschöpfung erbracht wird. Unter der Durchlaufzeit versteht man die Zeit, die ein Produkt benötigt, um vom Anfang bis zum Ende des Wertstroms alle Arbeitsschritte zu durchlaufen.

Ein Beispiel dafür ist eine Autowerkstatt, die 30 Minuten für einen Servicevorgang benötigt. Wenn zehn Autos vor der Werkstatt warten und weitere vier Autos in der Werkstatt sind, beträgt die gesamte Durchlaufzeit für den Kunden 7,5 Stunden: sieben Stunden Wartezeit (14 Autos multipliziert mit der Zykluszeit von 30 Minuten) sowie eine halbe Stunde für den eigentlichen Service. Nun lässt der Werkstattleiter den gesamten

Servicevorgang von einer Videokamera aufzeichnen. Bei der Analyse des Films stellt sich heraus, dass die Mechaniker insgesamt nur etwa fünf Minuten Zeit mit Arbeiten verbringen, die für den Kunden eine Wertschöpfung bedeuten – etwa mit dem Austausch alter Filter. Damit liegt die Wertschöpfungszeit (fünf Minuten geteilt durch 7,5 Stunden) bei nur etwa 1 Prozent der Gesamtzeit.

Bei *Arboria* ergab die Material- und Informationsflussanalyse sogar, dass die Wertschöpfungszeit nur den Bruchteil eines Prozents betrug. So erstaunlich dies klingt (und vom Management wahrscheinlich auch nicht geglaubt werden wird), ist es auch nicht so überraschend, wenn man bedenkt, wie negativ sich hohe Lagerbestände auswirken. Viele Unternehmen haben ständig sehr viele halbfertige Produkte auf Vorrat, um auf veränderte Kundenwünsche schnell reagieren zu können, aber in der Praxis erreichen sie damit genau das Gegenteil.

Man sollte sich das Lager als eine Schlange vorstellen, die sich langsam vorwärts bewegt, bis sie schließlich beim Kunden angelangt ist. Ein Unternehmen wird nur dann flexibler, wenn es das Lager auf ein Niveau herunterschraubt, bei dem der Prozessfluss gerade noch aufrechterhalten wird. Halbfertige Produkte sind wie Öl in einem Motor: Man benötigt etwas davon, um den Motor zu schmieren – aber nicht mehr.

Nehmen wir an, dass die oben erwähnte Autowerkstatt ihre Abläufe umgestaltet, um das Lager abzuschaffen (womit auch die Notwendigkeit der Terminvereinbarung entfällt) und jede Form der Verschwendung zu eliminieren (sodass der Servicevorgang nur 15 Minuten dauert). So entsteht ein neues Geschäftsmodell, mit dem insbesondere das Marktsegment der Autofahrer angesprochen wird, die ihre Werkstattbesuche nicht vorher planen wollen oder können. Gleichzeitig hat die Werkstatt ihre Kapazitäten verdoppelt, sodass auch eine Umsatzverdopplung denkbar wird. So simpel dieses Beispiel ist – die Abläufe von Unternehmen wie McDonald's und Dell basieren auf solchen und ähnlichen Grundsätzen. Da diese Modelle wenig Raum für Variabilität lassen, müssen unbedingt klare Standardverfahren festgelegt werden.

Auch *Arboria* muss diese Methode anwenden, um die Lagerbestände auf das Minimum zu reduzieren, mit dem die Aufträge noch ausgeführt werden können. Auf diese Weise wird *Arboria* nicht nur flexibler, sondern es kann auch das Umlaufvermögen senken und den Aufwand für die Abschreibung von Ladenhütern senken.

Lücken in der Diagnose

Bevor wir die weitere Entwicklung bei *Arboria* beschreiben, wenden wir uns der von Philip und seinem Team erstellten Diagnose zu. Sie haben die zentralen Aspekte des technischen Systems analysiert und wichtige Mängel in der Leistungsmessung festgestellt, etwa im Fall der Kennzahl für die Maschinenauslastung. Aber nimmt man die drei Dimensionen – technisches System, Managementinfrastruktur sowie Einstellungen und Verhalten – als Maßstab, gibt es eindeutig noch Lücken.

Obwohl Philip und sein Team einige Aspekte der Leistungsmessung und -kontrolle angesprochen haben, fehlt eine systematische Beurteilung des gesamten Zyklus. Sie haben nicht berücksichtigt, ob die persönlichen Ziele der Mitarbeiter mit den betrieblichen Zielen vereinbar sind. Außerdem haben sie nicht untersucht, inwieweit einzelne Arbeiter für mehrere Arbeitsvorgänge qualifiziert sind – eine wichtige Frage, wenn ein Produktionssystem optimiert werden soll. Philip hat auch keine formelle Prüfung der Organisationsstruktur durchgeführt, da er glaubt, dass dies nicht zu seinem Auftrag gehöre und ihm außerdem die Glaubwürdigkeit dafür fehle.

Wenn jedoch im Rahmen eines Lean-Projekts weder die Managementinfrastruktur noch die Einstellungen und Verhaltensweisen überprüft werden, besteht die Gefahr, dass das Projekt als rein technische Angelegenheit betrachtet wird, für die nur die unmittelbar Betroffenen zuständig sind. Da Philip aus einem Unternehmen kam, in dem die Lean-Grundsätze schon tief verankert waren, hatte er unterschätzt, wie unzureichend derzeit noch das Verständnis des Managements für die erforderlichen Veränderungen war.

Der Vorfall mit den Arbeiterinnen und Arbeitern am Kaffeemaschinenband beweist, dass sich die Beschäftigten bei *Arboria* daran gewöhnt haben, sich nicht verantwortlich zu fühlen und nur Anweisungen entgegenzunehmen. Die Diagnose stellt nun eine hervorragende Gelegenheit dar, um mit solchen Gewohnheiten zu brechen und dem Management die Realität in der Produktion wieder nahe zu bringen. Derzeit jedoch sieht es aus, als würde *Arboria* diese Gelegenheit nicht nutzen.

Heute findet der Workshop des Diagnoseteams mit dem Werksmanagement statt. John hat am Vormittag mit seinem Team, einschließlich Philip, die übliche monatliche Besprechung abgehalten. Nun ist auch das Diagnoseteam dazu gestoßen und bekommt Sandwiches gereicht. Einige Teammitglieder waren bisher noch nie im Vorstandszimmer und sind ein bisschen eingeschüchtert.

John gab das Zeichen zum Start: »So, Leute, wir sind spät dran. Wer noch einen Kaffee braucht, um wach zu bleiben, sollte ihn sich jetzt holen. Phil, ich gebe das Wort an Sie weiter.«

Philip fühlte sich überfahren. Er hatte John vorher gebeten, den Anwesenden zu Beginn der Besprechung grundsätzlich zu erklären, welchem Zweck die Diagnose diente, und John war einverstanden gewesen. Vielleicht hatte er es nun vergessen, oder er wollte die Formalitäten überspringen, um Zeit zu sparen.

»Danke, John«, sagte Philip und räusperte sich. »Wie Sie alle wissen, hat das Europa-Management beschlossen, die Abläufe bei *Arboria* umzugestalten. Bruno und Dietmar haben mich gebeten, hier im Werk eine Lagebeurteilung oder Diagnose vorzunehmen und in der kommenden Woche beim Europa-Meeting einen Bericht darüber vorzulegen. An dieser Aufgabe habe ich mit meinem Team in den vergangenen drei Wochen gearbeitet. Nun möchten wir Ihnen unsere Ergebnisse vorstellen und Ihre Meinung dazu hören. Ich hoffe, dass sich daraus eher eine Diskussion als eine Präsentation ergibt. Wenn es vorerst keine Fragen gibt, übergebe ich nun an Fiona.«

»Danke, Philip.«

Als Fiona zu dem riesigen MIFA-Diagramm hinüberging, das das Team an die Wand geheftet hatte, wirkte sie schüchtern. Immerhin hatte sie so etwas noch nie zuvor getan. Das Diagramm enthielt jeden Prozess und jeden Material- und Informationsfluss im Wertstrom der Kaffeemaschinen.

Fiona erklärte, was die MIFA-Analyse ergeben hatte. Das Management zeigte sich äußerst interessiert und stellte Fragen, die Fiona entweder selbst beantwortete oder an ihre Teamkollegen weitergab. Nach einer Weile beendete Philip die Diskussion und fasste sie zusammen.

»Wir wollten Ihnen vor allem verdeutlichen, dass wir derzeit viele Arbeiten auf zu komplizierte Weise durchführen, und dass es viele Schwachstellen im Wertstrom gibt. Dadurch kommt es zu Verschwendung oder auch Lecks, wenn Sie so wollen. Das klingt nun vielleicht wie eine Hiobsbotschaft. Andererseits bedeutet es auch, dass wir eine große Chance haben, diese Lecks zu stopfen und den Prozessfluss im Wertstrom effizienter zu gestalten.«

»Wie würden Sie dabei vorgehen?«, fragte Brian Johnson, der Finanzleiter.

»Nun, darauf wollte ich lieber erst später eingehen, weil wir Ihnen noch weitere Ergebnisse vorstellen wollen. Aber so viel kann ich Ihnen schon sagen: Grundsätzlich bedeutet es, dass wir das Produkt entsprechend den tatsächlichen Bestellungen herstellen, nicht auf der Grundlage von Prognosen, wie es heute der Fall ist,« erklärte Philip. »Aber ich möchte nicht vorausgreifen. Zunächst stellt Christine die Analyse der Kundennachfrage vor, die sie gemeinsam mit Lisa durchgeführt hat.«

Christine legte ein Diagramm auf den Overheadprojektor, aus dem die monatliche Nachfrage nach Kaffeemaschinen hervorging. Die Nachfrage war relativ gleichmäßig, stieg aber im vierten Quartal an.

»Wie Sie sehen, gibt es im letzten Quartal eine Nachfragespitze. Betrachtet man aber die wöchentliche Nachfrage, ergibt sich ein anderes Bild.« Christine zeigte ein weiteres Diagramm mit den wöchentlichen Umsätzen des Vorjahres. Die Linie hatte insgesamt denselben Verlauf, wies aber stärkere Ausschläge nach oben und unten auf.

»Zeigt dieses Diagramm, was wir produziert haben oder was wir tatsächlich versandt haben?«, fragte Dave.

»Nichts von beidem«, erklärte Lisa. »Es handelt sich um die Bestelldaten der Kunden für eine Produktfamilie, so wie sie im Vertriebsunterstützungssystem gespeichert wurden.«

»Warum haben Sie gerade diese Daten analysiert?«, wollte er wissen.

»Sie zeigen, was die Kunden wirklich möchten. Wir wollten diese Zahlen dann mit der tatsächlichen Produktion vergleichen.«

»Und was haben Sie herausgefunden?« Dave war neugierig.

»Einen Augenblick noch«, sagte Christine, die mit Dave schon seit Jahren zusammenarbeitete. »Bevor wir auf die Ergebnisse eingehen, möchte ich Ihnen noch ein Diagramm zeigen: Es stellt die wöchentliche Nachfrage dar, gegliedert nach dem Produktcode und nicht nach der gesamten Produktfamilie.«

Sie legte ein Diagramm vor, das zahlreiche Spitzen aufwies.

»Das sieht ja aus wie der Himalaya«, meinte John.

»Jetzt verstehe ich gar nichts mehr«, sagte Brian. »Was bedeutet das?«

Philip versuchte es zu erklären. »Wir wollen zeigen, wie stark die

Nachfrage nach bestimmten Produkten von einer Woche zur nächsten schwankt. Das Diagramm hat so viele Spitzen, weil es so detailliert ist: Es bildet nämlich die wöchentlichen Zahlen für jeden Produktcode ab. Es ist wie eine Vergrößerung unter einem Mikroskop. Aber genau diese Variabilität müssen wir im Betrieb bewältigen. Nur wenn wir uns die Daten so detailliert ansehen, finden wir heraus, wie viele fertige Produkte wir lagern müssen, um Schwankungen auffangen zu können.«

»Ich kann Ihnen immer noch nicht folgen«, sagte Brian stirnrunzelnd.

»Nein, ich auch nicht«, fügte John hinzu.

Nun griff Dave ein. »Wir benötigen genügend Bestände, um auch Nachfragespitzen abdecken zu können, andernfalls erwischt man uns mit heruntergelassenen Hosen!«

»Genau«, sagte Philip und versuchte, sich das Lachen zu verkneifen.

»Unser Problem besteht darin, dass wir zur Zeit sehr viel höhere Bestände lagern.«

»Stimmt das?«, fragte John an Bill gewandt.

»Natürlich. Das liegt daran, dass wir einige Varianten nur einmal im Monat herstellen.«

»Genau das ist der Punkt«, sagte Philip. »Wenn wir jedes Produkt in jeder Woche herstellen würden, könnten wir über die Hälfte unserer Bestände an Endprodukten abschaffen.«

»Nun, *darüber* lohnt es sich zu diskutieren«, sagte Brian und freute sich schon auf die Aussicht, das durch die Lagerhaltung gebundene Kapital zu reduzieren.

»Einen Augenblick!«, unterbrach ihn Bill. »Wir sind genau diesen Weg schon gegangen, aber mit katastrophalen Ergebnissen. Wir haben so gut wie keine Termine mehr eingehalten – die Kunden waren wütend. Sie können das nicht ernst meinen, dass wir jedes Produkt in jeder Woche herstellen. Wissen Sie, wie viele Umrüstungen dafür erforderlich wären?«

»Es ist richtig, dass wir die Rüstzeiten senken müssten, aber soweit wir gesehen haben, ist das durchaus möglich.«

Nun setzte Lisa die Präsentation fort und legte ein weiteres Diagramm auf den Overheadprojektor. »Wie Sie sehen, erzielen wir über 85 Prozent des Umsatzes mit Kaffeemaschinen mit nur sieben Produkten. Die anderen 20 Produkte werden nur selten verkauft, aber sie machen die Produktion sehr viel komplizierter und zwingen uns, dauernd zusätzliche Bestände vorzuhalten.«

Philip unterstützte sie: »Wenn wir uns von diesen 20 Produkten trennen würden, könnten wir die Bestände um fast 50 Prozent reduzieren, und wenn wir die Umrüstzeiten auf unter 30 Minuten senken würden, könnten wir jedes Produkt in jeder Woche herstellen.«

»Ich möchte auch einmal etwas sagen«, meldete sich Bill. »Mit ist es wichtig zu wissen, was auf mich zukommt. Es ist absolut unmöglich, jedes Produkt in jeder Woche herzustellen.«

»Gut, darauf kommen wir später noch einmal zurück. Jetzt gehen wir zum nächsten Punkt.«

Fiona und Derek stellten ihre Ergebnisse aus der Spritzgussfertigung vor. Als sie erläuterten, dass die tatsächliche Auslastung der Spritzgussmaschine zwischen 50 und 70 Prozent und nicht bei 100 Prozent lag, wie alle geglaubt hatten, ging ein Raunen durch die Anwesenden. John warf Bill einen Seitenblick zu.

Aber irgendwie ging nach der lebhaften Diskussion über die Nachfragedaten der rote Faden verloren. Als Steve schließlich die Daten erläuterte, die zeigten, dass die Montagearbeiter die Hälfte ihrer Zeit mit dem Warten auf Teile oder Informationen zubrachten, erntete er damit nur verhaltene Reaktionen.

Philip präsentierte dann die geschätzten Einsparungen, die möglich waren, wenn *Arboria* die festgestellten Verlustquellen beseitigte. Wenn die Ergebnisse aus der Kaffeemaschinenmontage auf den Rest des Werks übertragen werden konnten, schien eine Senkung der Kosten von 40 Millionen Pfund um 15 bis 20 Prozent denkbar. Diese Information riss die Anwesenden wieder aus ihrer Ruhe.

»Das ist ja unglaublich«, platzte John heraus. »Sie müssen mir später unbedingt noch die Details erklären, Philip. Wenn Bruno diese Zahlen sieht, übernimmt er sie sofort in das Budget des nächsten Jahres. Dann sind sie festgemeißelt.«

Damit erntete er Gelächter, aber John hatte es nicht nur im Spaß gesagt. Brunos Augen würden bei diesen Zahlen aufleuchten, denn damit könnte er der US-Muttergesellschaft die erwünschten Ertragssteigerungen vorlegen. Deshalb war es wichtig, bei Bruno und beim Europa-Management insgesamt nicht gleich allzu hohe Erwartungen zu wecken. Das bevorstehende Meeting auf europäischer Ebene am 16. Juni bot eine gute Gelegenheit, auf dieses Thema einzugehen.

Vermittlung der Ergebnisse

Zwar hielt Philip die Besprechung insgesamt für erfolgreich, aber er machte sich über manche Dinge auch Sorgen. Da er das Werksmanagement selbst nicht in die Analyse einbezogen hatte, wurde es nun mit einer Menge teilweise widersprüchlicher Informationen konfrontiert. Die Manager schienen zunächst überfordert zu sein. Vielleicht wäre es besser gewesen, wöchentliche Besprechungen abzuhalten, oder die Ergebnisse einzelnen Managern vorzulegen, bevor die Besprechung mit dem ganzen Team stattfand.

Tatsächlich hätte das Diagnoseteam einige Schwierigkeiten vermeiden können, denen es nun begegnete, als es vorschlug, die Produktpalette zu vereinfachen und jedes Produkt in jeder Woche herzustellen. Auf Bill, der nicht in die Analyse seines Verantwortungsbereichs einbezogen worden ist, wirken die Vorschläge wie ein rotes Tuch. Als Planungsleiter befürchtet er vielleicht, seine Autorität einzubüßen, wenn die Planung auf diese Weise vereinfacht wird. Auch wenn die Vorteile der neuen Methoden aus betrieblicher Sicht überzeugend sind, dürfte es schwer sein, Bills Unterstützung dafür zu gewinnen.

Obwohl die Werksmanager einige technische Aspekte der Analyse nicht gleich verstanden, waren ihnen die finanziellen Auswirkungen umso deutlicher. John erkannte, dass er sich mit Philip zusammensetzen musste, um die Logik hinter den Zahlen zu verstehen. Schließlich wollte er keine Entscheidungen treffen, die er nicht richtig verstand. John und Bill wollten sich noch einmal genauer mit der Analyse der Kundennachfrage beschäftigen, bevor die Präsentation vor dem Europa-Management stattfand. Verständlicherweise möchten sie nicht von einem neuen Mitarbeiter falsch dargestellt werden, zumal es zu seinen Aufgaben zu gehören scheint, die bisherige Leistung des Werks zu beurteilen.

Philip war klar, dass es schwierig sein würde, die bewährten Annahmen zu hinterfragen und Gewohnheiten zu ändern. Mit der Umgestaltung eines technischen Systems auf dem Papier hat man noch nichts erreicht. Wenn wirklich etwas geschehen soll, müssen die Menschen zusammenarbeiten. Philip hatte einmal einen Texaner zum Vorgesetzten gehabt, dessen Lieblingswitz er nie vergessen hatte.

»Fünf Vögel sitzen auf einem Telefondraht, und drei von ihnen beschließen, in den Süden zu fliegen. Wie viele bleiben übrig?«

»Zwei«, hatte Philip mit mäßigem Interesse geantwortet.

»Falsch!«, hatte sein Chef triumphierend gerufen. »Fünf! Die drei haben zwar beschlossen, nach Süden zu fliegen, aber sie haben noch nichts unternommen.«

Kapitel 8

Einbeziehung des Managements

Themen dieses Kapitels

➤ Das Führungsteam muss auf einen klar definierten Endzustand und messbare Ziele hinarbeiten, die eng mit den geschäftlichen Bedürfnissen verbunden sind.

➤ Die Manager müssen eine stimmige, überzeugende Vision haben, mit deren
Hilfe sie ihren Mitarbeitern den gewünschten Endzustand sowie den Weg
dorthin beschreiben.

➤ Die Umsetzung des Projekts muss sorgfältig geplant werden. Dazu gehören
auch eine Beurteilung der Führungskompetenzen und eine genaue Aufgabenverteilung.

Philip hat nun mit seinem Team die Abläufe in der Kaffeemaschinenproduktion im Werk in Bolton analysiert. Dabei hat sich herausgestellt, dass
es ein großes Verbesserungspotenzial gibt, sofern man bereit ist, grundlegende Veränderungen im technischen System vorzunehmen. Aber das
Werksmanagement in Bolton versteht die Verbesserungsvorschläge noch
nicht richtig. Das liegt zum Teil daran, dass es nicht direkt in die Durchführung der Diagnose einbezogen wurde.

Manager, die ein Unternehmen auf schlanke Prozesse umstellen wollen,
müssen den angestrebten Endzustand definieren, geeignete Pläne erstellen
und die Unterstützung sämtlicher Mitarbeiter für die Umsetzung gewinnen. Die Definition des Zielzustands beginnt mit dem technischen System
– also mit dem Material- und Informationsfluss sowie den damit zusammenhängenden menschlichen Prozessen. Die Definition wird erarbeitet,
indem allgemeine betriebliche Ziele, etwa eine bestimmte Rendite auf das
eingesetzte Kapital (ROCE), auf operative Leistungsziele heruntergebro-

chen werden. Ein solches operatives Ziel könnte etwa eine bestimmte Maschinenauslastung sein, die in Zukunft gewährleistet sein muss.

Die Entwicklung eines Konsens über den Zielzustand ist mindestens so wichtig wie die Lösung selbst. Sie spielt eine entscheidende Rolle bei der Einstimmung des Führungsteams auf seine Aufgabe. Die Manager sind nicht nur die Architekten des Veränderungsprojekts, sondern sie müssen auch dafür sorgen, dass die Aufgaben geschickt verteilt werden, und dass sich die Teammitglieder persönlich für ihren Beitrag zur Gesamtlösung verantwortlich fühlen.

Der nächste Meilenstein für *Arboria* ist das Europa-Meeting, bei dem Philip die Ergebnisse seiner Diagnose im Werk von Bolton vorstellen soll. Die Teilnehmer des Meetings bringen sehr unterschiedliche Erwartungen mit und sehen die Fragestellung, vor der *Arboria* steht, aus unterschiedlichen Perspektiven.

Philip hat schlecht geschlafen. Das war schon immer so, wenn er frühmorgens fliegen musste. Er hätte auch am Vorabend fliegen können, aber er möchte seine Familie nicht so häufig allein lassen. Deshalb macht er sich nun um 5 Uhr in der Frühe auf den Weg, ohne seine Familie zu wecken. Im Flugzeug nach Brüssel ist er eingenickt, da ihm etwas Schlaf wichtiger als ein trockenes Schinkenbrötchen schien. *Arboria* hat vor einigen Wochen die Richtlinien für Geschäftsreisen geändert und genehmigt nun für innereuropäische Flüge keine Business-Class-Tickets mehr. Zweifellos würde diese striktere Haltung an diesem Tag noch zur Sprache kommen.

Philip wurde erst bei der Landung wieder unsanft geweckt. Auf dem Weg zum Taxistand ließ er die vergangenen Wochen noch einmal Revue passieren. Nach der Besprechung mit der Werksleitung hatte er sich gemeinsam mit John, Bill und Brian mit den finanziellen Implikationen der Diagnose beschäftigt. John hatte ein viel besseres Gefühl, als er verstanden hatte, dass die von Philip genannte Zahl das maximale Verbesserungspotenzial darstellte. Auf welche Ziele sie sich letztlich einigen würden, hing davon ab, wie der Sollzustand tatsächlich aussehen sollte.

Nur Bill war noch unzufrieden – nicht deshalb, weil er Philips Ergebnisse anzweifelte, sondern weil er sah, in welche Richtung sich die ganze Sache entwickelte. Philip hatte ihm erklärt, dass die Produktion nicht mehr zentral, sondern durch die nachgelagerten Prozesse gesteuert werden sollte. Darauf hatte Bill eingewandt, dass diese Lösung schon längst angewandt worden wäre, wenn sie auch nur einigermaßen gangbar wäre. Bills Widerstand bereitete Philip einiges Kopfzerbrechen. Er hoffte sehr, dass es ihm erspart bliebe, die Produktionsprozesse ohne Bills Unterstützung umzugestalten.

Währenddessen war Bruno, der ebenfalls schlecht geschlafen hatte, auf dem Weg in sein Büro. Er stand derzeit unter scharfer Beobachtung des US-Mutterunternehmens, weil die Zahlen nicht stimmten. Die April-Ergebnisse waren schlechter als erwartet, und nun bestand die Gefahr, dass *Arboria* die Halbjahresergebnisse verfehlte. Hauptsächlich lag dies am schleppenden Verkauf einer neu eingeführten Reihe von Entsaftern und an den hohen Betriebskosten.

Bruno erinnerte sich an die Budgetplanung im vergangenen November. Er hatte den Leitern der drei Werke mangelnden Ehrgeiz vorgeworfen und darauf bestanden, dass sie ernsthafte Kostensenkungsmaßnahmen ergriffen. Sie hatten daraufhin angeboten, die Kosten Jahr für Jahr um einige Prozentpunkte zu senken. Aber mittlerweile zeichnete sich ab, dass sie dieses Versprechen nicht einhalten konnten. Damit würde er in der Muttergesellschaft kein gutes Bild abgeben. Er hatte bisher weitgehend freie Hand gehabt, wusste aber, dass sich das bestimmt ändern würde, wenn die Ergebnisse nicht bald besser wurden.

John hatte in einem Hotel im Zentrum Brüssels übernachtet, da er schon am Vortag hier Besprechungen geführt hatte. Er hatte sich dann mit Dietmar zum Abendessen getroffen, der ihm viele Fragen zum Lean-Projekt gestellt hatte.

Am nächsten Morgen musste John lächeln, als er an der Rezeption die Rechnung beglich. Wie typisch: So wie die Werke die Zentrale finanzierten, bezahlte er und nicht Dietmar die Restaurantrechnung des Vorabends.

Er ließ sich von einem Hotelangestellten noch ein Taxi heranwinken und fuhr dann ins Büro.

Unterschiedliche Perspektiven erkennen

Bruno, Dietmar, John und Philip sind zwar auf dem Weg zur selben Besprechung, bringen aber unterschiedliche Perspektiven mit. Das liegt zwar zu einem großen Teil an ihren unterschiedlichen Positionen, aber auch Unterschiede im Charakter, im Arbeitsstil und in der Erfahrung spielen eine wichtige Rolle.

Bruno ist für die Geschäftsergebnisse zuständig und hofft, dass die Transformation kurzfristige Einsparungen sowie langfristige Wettbewerbsvorteile bringen wird. Dietmar hat die funktionale Verantwortung für die Abwicklung und Logistik und möchte nicht nur die Ergebnisse der Diagnose verstehen, sondern auch wissen, wie sie zustande kamen, da die Transformation später auch in den Werken in Deutschland und Italien anstehen wird. John wiederum ist trotz zahlreicher Gespräche mit Philip noch sehr vorsichtig und möchte keine Verpflichtungen eingehen, deren Tragweite er nicht übersieht.

Philip ist nervös, weil er weiß, dass sich Bruno und Dietmar bei diesem Meeting auch ein Urteil darüber bilden werden, ob er seiner Aufgabe gewachsen ist. Außerdem macht er sich Sorgen wegen Bill. Wenn wichtige Mitarbeiter nicht bereit sind, ihre Arbeitsmethoden zu ändern, schwinden die Chancen, dass *Arboria* die gesteckten Ziele erreicht.

Die Manager müssen Gelegenheit haben, sich mit diesen unterschiedlichen Perspektiven auseinander zu setzen. Dazu ist ein gewisses Maß an Vertrauen nötig, das im Lauf der Zeit aufgebaut werden muss. John beispielsweise hat im Lauf der Jahre gelernt, dass er mit seinen Äußerungen in Gegenwart von Bruno vorsichtig sein muss, weil dieser schnell in die Luft geht. Wenn John jedoch mit seinen Meinungen hinter dem Berg hält, beschneidet er die Fähigkeit des Teams, ein effektives Veränderungsprogramm zu entwickeln und umzusetzen.

Wir begleiten nun das Team durch das Meeting.

Philip kam kurz vor 9 Uhr im Büro an und bezahlte den Taxifahrer. Er sah, dass Bruno gerade das Gebäude betrat und folgte ihm.

»Hallo Bruno. Wie geht es Ihnen?«

»Hallo Philip. Danke, es geht so.«

»Mehr nicht?«

»Sie haben doch sicherlich die April-Ergebnisse gesehen. Es wird Sie nicht wundern, dass unsere Freunde in Amerika wenig begeistert sind.« Er lächelte. »Aber ich verlasse mich darauf, dass wenigstens Sie gute Nachrichten mitbringen.«

»Bestimmt«, antwortete Philip, als sie den Aufzug betraten. »Unsere

Diagnose hat ergeben, dass in Bolton ein großes Verbesserungspotenzial steckt. Dazu sind allerdings auch einige Veränderungen erforderlich.«

»Natürlich. Das ist genau das, was wir brauchen. Was haben Sie herausgefunden?«

»Wenn wir die Produktionsplanung stärker an den Kundenbestellungen orientieren, könnten wir die Lagerbestände und Durchlaufzeiten um über 50 Prozent senken.«

»Das klingt hervorragend. Und das schaffen Sie durch das *Kanban*-System?«

»Ja.« Philip war erstaunt.

»Haben Sie ein solches Fachwissen bei mir nicht erwartet?« Bruno lächelte. »Denken Sie daran, dass Dietmar vor einigen Monaten einen Besuch des Europa-Managements im Werk von *ATC* organisiert hat.«

»Ja, ich erinnere mich. Sie haben mir bei unserem Treffen in Brüssel davon erzählt.«

»Ich habe nichts von dieser Besichtigung vergessen, es ist alles noch hier drin«, betonte Bruno und tippte an seine Stirn.

»Da ist es gut aufgehoben«, antwortete Philip. Der Aufzug hielt und sie stiegen aus.

»Ich muss vor unserem Gespräch um halb 10 noch einiges erledigen. Wissen Sie, wohin Sie müssen?«, fragte Bruno. »Den Flur hinunter und dann rechts.«

Philip fand den Konferenzraum und schloss seinen Laptop an einen Deckenprojektor an. Er probierte noch die Fernbedienung aus, als Dietmar hereinkam. Er begrüßte Philip freundlich und bot ihm Hilfe an.

»Warum passen diese Geräte nie zusammen?«, klagte Philip.

»Es ist genau wie in unseren Werken«, meinte Dietmar. »Da verschwenden wir auch so viel Zeit damit, die Maschinen immer wieder umzurüsten.«

»Wie wahr. Tatsächlich gehört das zu den Dingen, die wir in unserer Diagnose beurteilt haben.«

»Ich freue mich schon darauf, etwas darüber zu hören. John hat sich gestern Abend schon sehr positiv geäußert.«

Mittlerweile waren weitere Mitarbeiter dazugekommen, aber die meisten legten nur ihre Unterlagen auf den Tisch und verließen den Raum wieder. Philip hörte, wie nebenan in der Kaffeemaschine Bohnen gemahlen wurden.

Es wurde halb 10 und nichts deutete darauf hin, dass die Besprechung anfing. Philip nutzte die Gelegenheit und stellte sich denjenigen Anwesenden vor, die er noch nicht kennen gelernt hatte. Als er wieder zum Projektor ging, kam er an John vorbei, der sich an den langen Besprechungstisch gesetzt hatte. Er beugte sich zu ihm hinunter und fragte ihn, ob solche Verspätungen normal seien.

»Ich fürchte ja, Phil. Es ist immer so. Die Besprechung kann erst anfangen, wenn Bruno hier ist, und er kommt normalerweise als letzter.«

Schließlich ging ein verärgert wirkender Dietmar los, um die Nachkömmlinge zu suchen. Zehn Minuten später konnten sie endlich anfangen. Bruno hieß alle willkommen und übergab das Wort dann sofort an Philip.

Mittlerweile war Philip diese knappen Einleitungen gewohnt. Er kam ebenfalls sofort auf den Punkt und stellte die Ergebnisse der Diagnose vor. Er stützte sich dabei auf eine zusammengefasste Form des Materials, das er auch bei der Besprechung mit der Werksleitung verwendet hatte. Anstelle des MIFA-Diagramms verwendete er eine viel einfachere Version, um seine Präsentation zu strukturieren. Dabei skizzierte er die wichtigsten Ergebnisse und nannte die Hauptursachen der Verschwendung im Wertstrom.

Er hatte Lisa gebeten, mit seiner digitalen Videokamera eine Maschinenumrüstung zu filmen. Nun führte er den Film vor, um zu illustrieren, wo Verschwendungen im Prozess auftraten. Als er erklärte, dass die Umrüstungszeiten für die Spritzgussmaschine bei nur geringen Investitionen von einigen Stunden auf weniger als 30 Minuten reduziert werden könnte, war das Interesse seines Publikums greifbar. Gerade als er zum Ende kam, klingelte sein Handy mit der Melodie von *Mission Impossible*. Er entschuldigte sich und schaltete es verlegen aus.

Bruno kam ihm zu Hilfe. »Kein Problem, Philip. Es ist sowieso ein guter Zeitpunkt für eine Pause. Vielen Dank. Sie haben uns dabei geholfen, zu erkennen, dass wir eigentlich auf einer Goldmine sitzen. Nun liegt es an uns, das Gold auszugraben. Haben Sie schon etwas dazu erarbeitet, wie die nächsten Schritte aussehen könnten?«

»Ja. Ich habe mir einige Gedanken über das zukünftige technische System gemacht und würde gerne etwas darüber erzählen.«

»Sehr gut. Dann legen wir jetzt eine kurze Pause von zehn Minuten ein und machen dann weiter.«

Der Raum leerte sich, und Philip hörte seine Mailbox ab. Es war seine Frau.

»Hallo, ich bin's. Entschuldige, dass ich dich bei der Arbeit anrufe. Es geht um Robin, er hatte einen Unfall. Die Schule hat gerade angerufen. Er ist in der Pause von einer Mauer gestürzt und war bewusstlos. Jetzt ist er im Krankenhaus, und ich bin gerade auf dem Weg dorthin. Ich weiß, dass du heute ein wichtiges Meeting hast, aber ich möchte wirklich gerne, dass du nach Hause kommst. Bitte ruf mich so bald wie möglich an.«

Philip stellte sich schon das Schlimmste vor. Ein ermunterndes Schulterklopfen holte ihn wieder in den Vorstandraum zurück.

»Das haben Sie gut gemacht, Philip. Großartige Arbeit.« John bemerkte seine Miene. »Ist alles in Ordnung?«

»Nein, eigentlich nicht. Meine Frau hat angerufen. Mein Sohn hatte in der Schule einen Unfall und liegt jetzt im Krankenhaus.«

»Das ist ja furchtbar«, sagte John. »Dann gehen Sie besser nach Hause. Ich sage einer Sekretärin Bescheid, dass sie einen Flug für Sie buchen soll. Geben Sie mir Ihr Ticket.«

Nach Philips Abreise schlug die Stimmung um. Bruno sah, dass es den Anwesenden schwer fiel, sich zu konzentrieren, und schlug deshalb vor, eine frühe Mittagspause einzulegen und die Besprechung um 13 Uhr fortzusetzen.

Von der Analyse des Ist-Zustands zum Entwurf des Soll-Zustands

Philips plötzliche Abreise hat nicht nur die Stimmung verdorben, sondern stellt auch für die Manager ein Problem dar. Diese stehen nun mit den Ergebnissen der Diagnose da, ohne etwas über Philips Vorschläge für die Zukunft zu erfahren. John fehlt das nötige Wissen, um für ihn einzuspringen. Diese Wendung ist zwar unerwartet, könnte aber für die Manager langfristig sogar von Vorteil sein. Nun sind sie nämlich gezwungen, sich selbst Gedanken über den Soll-Zustand zu machen, ohne von Philip gleich mit den Einzelheiten versorgt zu werden.

Philip muss den Schwerpunkt seiner Rolle verlagern: Anstatt jedem genau zu sagen, was zu tun ist, muss er nun anfangen, die Manager stärker in die Problemlösung einzubeziehen. Dieser wichtige Schritt bei einer Transformation wird häufig übersehen. Gerade sehr überlastete Topmanager sind versucht, interne Spezialisten wie Philip oder externe Berater damit zu beauftragen, den zukünftigen Zustand zu entwerfen. Beides ist riskant. Ein interner Spezialist könnte versucht sein, den zukünftigen Zustand nur aus technischer Sicht zu definieren und anhand der Durchlaufzeiten, der Losgrößen, des Fertigungslayouts und anderer Größen zu bestimmen. Der Einsatz externer Berater wiederum kann das Management völlig vom richtigen Weg abbringen: Wenn die Manager keine aktive Rolle übernehmen, wie sollen sie dann in der Lage sein, die notwendigen harten Entscheidungen zu treffen oder zu erkennen, was sie an ihrer eigenen Arbeitsweise verändern müssen?

Menschen, die sich mit dem Gedanken eines Veränderungsprojekts vertraut machen, sollten drei Phasen durchlaufen: die Phase der *Sondierung,* in der sie die Notwendigkeit der Veränderung verstehen und sich Gedanken über mögliche Lösungen machen; die Phase des *Engagements,* in der sie gemeinsam eine Vision entwickeln und Aufgaben und Ziele vereinbaren; und schließlich die Phase der *Durchführung,* in der sie die Vision umsetzen und den Erfolg anhand vereinbarter Kriterien beurteilen.

Aus Zeitgründen überspringen Unternehmen die ersten beiden Stadien oft und geben den Mitarbeitern einfach nur die Anweisung: »Hier ist die Lösung, setzen Sie sie bitte um.« Da die Mitarbeiter aber die Lösung wahrscheinlich nicht verstehen und sich folglich auch nicht für ihre Umsetzung engagieren, ist dies häufig ein kontraproduktives Vorgehen.

Die Betriebsbesichtigung bei *ATC,* die bei Bruno einen so nachhaltigen Eindruck hinterlassen hatte, fiel in die Phase der Sondierung: Sie half den Managern zu erkennen, wo die Mängel in den Werken liegen könnten und was mit einem Lean-Projekt erreichbar war. In der Phase des Engagements geht es darum, die Mitarbeiter anzuregen, selbst Lösungen zu entwickeln, anstatt sie von oben zu diktieren oder einem Experten zu überlassen. Das wäre vielleicht bei der Besprechung geschehen, wäre Philip nicht weggerufen worden. Wenn Mitarbeiter die ersten beiden Stadien durchlaufen haben, steigt die Wahrscheinlichkeit deutlich, dass sie eine beschlossene Lösung auch durchführen. Das liegt daran, dass sie selbst an ihrer Erarbeitung beteiligt waren.

Wenn sich ein Führungsteam an der Definition des Soll-Zustands beteiligt, führt dies oft auch dazu, dass die eigenen Methoden der Zusammenarbeit ins Kreuzfeuer geraten. Beispielsweise hat sich bei *Arboria* ein Muster herausgebildet, wie Besprechungen durchgeführt werden. Wie die Besprechung im Werk beginnt auch das Europa-Meeting mit Verspätung und ohne klar definierte Ziele und Ergebnisse. Philip kommt aus einem disziplinierten Umfeld und erwartet, dass eine Besprechung eine klare Struktur hat. Dazu hätte für ihn auch gehört, dass Bruno erklärte, warum die Diagnose durchgeführt und später gemeinsam besprochen wurde. Aber er hatte es nicht getan, wie auch schon bei dem früheren Meeting mit John nicht. Das Verhalten der Topmanager findet im ganzen Unternehmen Widerhall. Da Bruno grundsätzlich zu spät zu Besprechungen erscheint, hat auch sonst niemand im Unternehmen den Eindruck, dass pünktliches Erscheinen wichtig wäre.

Selbst wenn Philip noch Gelegenheit gehabt hätte, seine Ideen für ein zukünftiges technisches System zu präsentieren, wäre dies nur ein Anfang gewesen, da ein Konsens mit dem gesamten Management erzielt werden muss. Die Manager müssen nicht nur die Produktionsprozesse umgestalten, um einen Prozessfluss zu schaffen und Verschwendung zu minimieren, sondern sie müssen auch die Auswirkungen auf die betroffenen Funktionen im technischen System berücksichtigen, etwa auf das Produktdesign, die Wartung und die Entwicklung. Außerdem müssen sie die Managementinfrastruktur und die Einstellungen und Verhaltensweisen definieren, die notwendig sind, damit die Veränderungen von Dauer sind.

Bruno hat sich mit seinen Managern bei der Besichtigung von *ATC* schon eine Vorstellung davon verschafft, wie die Zukunft aussehen könnte. John und den anderen Anwesenden dagegen fehlt diese Erfahrung. Aus diesem Grund besitzt das Team als Ganzes noch keinen gemeinsamen Bezugsrahmen.

Als sich John später auf dem Weg zum Flughafen befand, klingelte sein Handy. Es war Philip.

»Hallo, Phil. Wie geht es Ihrem Sohn?«

»Er hat eine Gehirnerschütterung und darf ein paar Tage nicht zur Schule, aber es geht ihm gut. Hoffentlich hat er etwas daraus gelernt.«

»Zum Glück ist es nichts Schlimmeres. In der Besprechung war die reinste Beerdigungsstimmung, als Sie weg waren.«

»Es tut mir wirklich sehr leid, dass ich so überstürzt abreisen musste.«

»Wir alle hätten dasselbe getan. Zumindest hat Ihr Sohn gewartet, bis Ihre Präsentation fertig war, bevor er von der Mauer fiel.«

Philip lachte. »Wie ging das Meeting zu Ende?«

»Um ehrlich zu sein, es dämmerte uns, dass wir eigentlich keine Ahnung haben, wohin uns dieses Lean-Projekt führen könnte. Wir haben versucht, uns eine grobe Vorstellung davon zu verschaffen, aber es ist uns tatsächlich nicht gelungen.«

»Wie ging es dann weiter?«

»Wir haben über einige Vorschläge gesprochen. Die Leute sind sogar richtig aus sich herausgegangen. Vielleicht hat der Unfall Ihres Sohnes auch ihre Perspektiven zurechtgerückt. Vielleicht dachten sie insgeheim: ›Was soll's, warum sage ich nicht einfach, was ich denke?‹«

»Das klingt gut. Und was kam dabei heraus?«

»Ich habe betont, dass wir viel zu viele Produkte herstellen und deshalb unsere Abläufe nicht mehr im Griff haben. Dann haben wir darüber gesprochen, wie die Produktionsplanung derzeit läuft, und dass die Nachfrageschwankungen durch die zentrale Auftragsbearbeitung weiter verstärkt werden. Wir kamen auch auf Personalfragen zu sprechen.«

»Was meinen Sie damit? Schulungen und solche Dinge?«

»Ja, aber auch die umfassenderen Themen: Organisationsstruktur, Einstellungs- und Vergütungssysteme, das Bewusstsein, in welcher Lage sich das Unternehmen befindet – so etwas. Ob Sie es glauben oder nicht, aber wir haben beschlossen, dass sich die Mitglieder des Europa-Managements öfter in den Werken sehen lassen müssen, wenn es ihnen mit der Transformation ernst ist.«

»Oh, ich bin sehr beeindruckt! Die Diskussion scheint sich ja gelohnt zu haben.«

»Es war wie eine Offenbarung. Normalerweise drücken wir uns um die heiklen Themen, teilweise aus Zeitmangel, aber auch wegen Bruno. Er ist ein strenger Lehrmeister. Unter ihm haben wir alle gelernt, manche Dinge besser für uns zu behalten. Aber heute haben wir auf jeden Fall einen Schritt in die richtige Richtung getan.«

»Gibt es noch etwas, das ich wissen sollte?«

»Es wurden keine wichtigen Entscheidungen getroffen. Dazu reichte die Zeit nicht mehr. Aber Bruno hat versprochen, gemeinsam mit dem Europa-Management die übergreifenden Geschäftsziele für das Projekt zu definieren. Die fehlen nämlich bisher noch. Außerdem wird er mit

Dietmar in einigen Wochen nach Bolton kommen, um mit uns den Soll-Zustand zu definieren. Er hat versprochen, bis dahin die übergreifenden Ziele festzulegen.«

»Fantastisch! Vielleicht war es doch gut, dass ich so früh gegangen bin.«

»Eine Sache noch. Bruno hat immer wieder von einer Fabrik erzählt, die er besucht hat. Wissen Sie etwas davon?«

»Ja. Vor einiger Zeit hat er mit ein paar Mitarbeitern aus Bolton einen Betrieb besichtigt, in dem die Lean-Konzepte schon umgesetzt wurden.«

»Was meinen Sie, könnten wir eine ähnliche Besichtigung organisieren? Dann würden wir vielleicht eine bessere Vorstellung davon bekommen, in welche Richtung unsere Reise überhaupt geht. Im Moment habe ich das Gefühl, dass wir noch sehr im Dunkeln tappen.«

»Aber sicher. Es müsste möglich sein, einen Besuch in meiner früheren Firma zu organisieren, es sei denn, Sie haben schon an etwas anderes gedacht.«

»Nein, das klingt hervorragend.«

Sofort nach diesem Telefongespräch rief Philip bei seinem früheren Chef an, um ihn zu fragen, ob ein Besuch möglich sei. Sie vereinbarten einen Termin für den folgenden Freitag.

Die Abstimmung innerhalb des Teams

Unabdingbare Voraussetzung für den Meinungsaustausch in einem Team ist das Vertrauen. Ohne Vertrauen äußern einzelne Mitarbeiter kaum offen ihre Meinung, sondern teilen sich höchstens einzelnen Kollegen unter vier Augen vorbehaltlos mit. In der Tat sind solche informellen Gespräche häufig die ehrlichsten.

Mitarbeiter halten mit ihrer Meinung mit einer höheren Wahrscheinlichkeit hinter dem Berg, wenn ihr Vorgesetzter sehr dominant ist. Manager wie Bruno sind so bestimmend, dass ihre Mitarbeiter glauben, ihre Meinung sei ohnehin nicht gefragt – oder vielleicht sogar beruflicher Selbstmord. Dadurch verhindert es Bruno unwillentlich, dass wichtige Themen an die Oberfläche gebracht werden. Hinzu kommen in dieser Situation weitere Hemmnisse, etwa der jeweilige Status der Mitarbeiter in der Unternehmenshierarchie und die Größe des Teams, dem beim Europa-Meeting immerhin zwölf Mitglieder angehören. Je größer der Kreis eines Meetings ist, desto mehr schwinden die Chancen, dass die Mitglieder jedem anderen in der Gruppe ihr Vertrauen schenken.

Aber wie auch immer vorgegangen wird, das Team muss auf das gemeinsame Ziel eingestimmt werden. Dazu könnte eine neutrale externe Partei mit jedem Teammitglied eingehende Gespräche führen und dann einen Workshop durchführen, um die Ergebnisse der Gespräche im Plenum zu diskutieren. Auf diese Weise würden alle Äußerungen vertraulich behandelt. Solche Gespräche haben weder eine feste Struktur noch strikt vorgegebene Themen. Der Interviewer gibt den Gesprächsablauf nicht vor, sondern findet heraus, was sein Gesprächspartner für wichtig hält. Solche Gespräche dauern oft zwei bis drei Stunden, lange genug, um eine Beziehung aufzubauen und durch die Oberfläche zu den tieferliegenden Themen vorzustoßen. Wiederholt angeschnittene Themen können dann mit dem gesamten Team im Rahmen des Workshops besprochen werden.

In einem großen Unternehmen beobachteten mehrere Manager des Führungsteams, dass ihre eigenen Teamentscheidungen selten ausgeführt wurden. Daraufhin fand ein Workshop statt, in dem die Manager gefragt wurden, ob sie der folgenden Aussage zustimmten: »Als Team tragen wir gemeinsam dazu bei, die Teamentscheidungen umzusetzen.« Die Auswertung der Antworten wurde auf einer Leinwand dargestellt und gemeinsam besprochen. Acht von vierzehn Mitgliedern stimmten der Aussage nicht zu. Es war ihnen viel leichter gefallen, ihre Ansichten anonym darzulegen. Derartige Workshops müssen jedoch sehr umsichtig geleitet werden, damit sie zu positiven und konstruktiven Ergebnissen führen. Es ist wichtig, dass ein externer Moderator die angesprochenen Themen aufgreift und dem Team hilft, sie gemeinsam zu besprechen und zu hinterfragen.

Das Führungsteam von *Arboria* hat nun begonnen, sich mit den wichtigsten Fragen zu beschäftigen, die vor der Umgestaltung der Abläufe noch geklärt werden müssen. Dazu zählt auch die Wahrnehmung, dass sich die Mitglieder des Europa-Managements zu selten in den Werken sehen lassen. Brunos und Dietmars Plan, nach Bolton zu kommen und dort gemeinsam mit dem Führungsteam eine Vision des Soll-Zustands zu entwickeln, zeigt, dass sie die Ansichten des Teams ernst nehmen und bereit sind, auch ihre eigenen Gewohnheiten zu ändern.

Der Besuch bei Philips ehemaliger Firma Autoplast öffnete dem Team die Augen. Einige hatten bis dahin noch nie ein Werk aus einer anderen Branche von innen gesehen. Nach dem Besuch besaßen sie jedenfalls eine viel genauere Vorstellung davon, in welche Richtung sie mit ihren Bemühungen zielten.

Die Nachricht vom geplanten Workshop mit Bruno und Dietmar, in dem der Soll-Zustand definiert werden sollte, breitete sich schnell aus. Für mehrere Manager im Werk würde dies die erste Begegnung mit Bruno sein. Bei seinen seltenen Besuchen hatte er sich normalerweise aus der Werkhalle ferngehalten, wenn er nicht gerade Kunden durch den Betrieb führte.

Zur Vorbereitung auf den Workshop bat John Philip darum, ihm etwas über seine Vorstellungen vom zukünftigen Soll-Zustand des technischen Systems zu erzählen. Sie waren sich einig, dass es beim bevorstehenden Workshop nicht darum gehen konnte, die Organisation der Produktionsabläufe im Detail zu regeln. Vielmehr wollten sie die Diskussion auf einer höheren Stufe führen und eine gemeinsame Vorstellung davon gewinnen, wie sich der Soll-Zustand auf die Geschäfte auswirken würde. Wenn für den Soll-Zustand etwa ein radikal neuer Ansatz für die Produktionsplanung und Wartung erforderlich war, musste das Team wissen, welche neuen Arbeitsmethoden überhaupt denkbar waren. Dann erst konnte es überlegen, wie sie in ihren Bereichen umgesetzt werden konnten.

John führte auch einige Gespräche mit Louise Bradley, der Personalleiterin in Bolton, und sprach mit ihr über die erforderlichen Veränderungen in der Organisationsstruktur sowie über einige andere Themen, die ihn beschäftigten. Sie diskutierten Vorschläge zur Verbesserung der Beziehungen zwischen Produktion und Wartung und zur Aufgabenverteilung. Sie überlegten, ob die beiden Funktionen weiterhin getrennt bleiben sollten. Es war schnell klar, dass die Leiter der Produktionsteams eine entscheidende Rolle bei der Leistungsverbesserung spielten. John und Louise waren sich darüber einig, dass diese Mitarbeiter zwar über gute fachliche Fähigkeiten verfügten, aber Mankos in der Teamführung aufwiesen.

Schließlich kam der Tag, an dem der Workshop stattfand. Nach einer kurzen Einführung erläuterte John die Tagesordnung und nannte die Ziele, die er sich von diesem Workshop versprach (siehe Abbildung 20).

Abbildung 20: Ziele

Ziele

Einen Konsens über den Soll-Zustand erreichen,
wobei Folgendes berücksichtigt werden muss:
– das technische System (Produktionsprozess
  und -planung),
– organisatorische Themen (Teamstruktur,
  Berichterstattung etc.),
– Menschen (Motivation, Schulungen etc.).

Den Geltungsbereich für das Pilotprojekt vereinbaren.

Die nächsten Schritte vereinbaren:
– gesamte Zeitplanung,
– Umsetzungsteam,
– Berichterstattungsstruktur.

arboria®

Bruno überflog die Liste. »Gut, damit bin ich einverstanden.«
»Gibt es noch Fragen dazu?«, erkundigte sich John.
»Ja. Was ist mit dem Pilotprojekt gemeint?«, fragte Bill.
Philip antwortete: »Ausgehend von der Diagnose ist es wahrscheinlich sinnvoll, wenn wir uns weiter auf die Kaffeemaschinen konzentrieren. Auf diese Weise können wir das neue System in einem überschaubaren Bereich des Werks einführen, ohne die restlichen Bereiche zu stören. Mit einem Pilotprojekt können wir den Soll-Zustand zunächst einmal testen und weiterentwickeln. Es wird uns aber auch zeigen, in welchen anderen Bereichen es noch hapert, bevor wir das Projekt im gesamten Werk einführen.«
»Ich verstehe. Danke.«
»Gut, dann machen wir weiter«, sagte John. »Bruno? Dietmar? Ich übergebe an Sie.«
Bruno berichtete nun über die geschäftliche Lage und die Bereiche, die sich nach der Transformation hoffentlich verbessern würden. Seine Zuhörer waren fasziniert, weil ihr Chef offen über die Probleme von *Arboria* sprach. Der Workshop begann sehr vielversprechend.

Abbildung 21: Ziele des Lean-Projekts, 2005

Ziele des Lean-Projekts 2005

	2. Quartal 2003	4. Quartal 2005
Rendite auf das eingesetzte Kapital (ROCE)	8,7 %	16 %
Umsatz pro Mitarbeiter und Jahr	87 040 €	122 000 €
Vorlaufzeit (Auftragserteilung bis Versand)	3–6 Wochen	5 Tage
Liefertreue	93,6 %	99 %
Rückgaben auf Garantie	4 000 Teile pro Million	< 300 Teile pro Million

arboria®

Dietmar präsentierte eine Analyse, die er gemeinsam mit Jenny, der Finanzleiterin, erstellt hatte. Er erläuterte anhand dieser Analyse die steigenden Kosten und sinkenden Margen von *Arboria*. Er verwendete dann den von Philip und dem Team entwickelten ROCE-Baum, um zu verdeutlichen, welche operativen Verbesserungen erforderlich sein würden, um eine Kapitalrendite von 16 Prozent zu erreichen. Dann zeigte er eine Zusammenfassung der Ziele, die das Europa-Management vorschlug (siehe Abbildung 21). Es trat erstauntes Schweigen ein, das erst gebrochen wurde, als John hörbar ausatmete.

»Wir wissen, dass das sehr ehrgeizige Ziele sind«, sagte Dietmar.

»Es ist wichtig, sich anspruchsvolle Ziele zu stecken«, erklärte Bruno. »Denn wenn wir die Messlatte nicht so hoch ansetzen, entsteht auch nicht der nötige Druck, um wirklich weitreichende Veränderungen durchzuführen.«

»Was meinen Sie dazu, Philip?«, erkundigte sich Dietmar.

»Nun, abgesehen vom ROCE-Ziel, das vermutlich aus den Vereinigten Staaten kommt, dürften die operativen Ziele meiner Erfahrung nach zwar hoch gesteckt, aber realisierbar sein. Nur beim Umsatzziel von 122 000 Euro bin ich mir nicht so sicher. Ich könnte mir eine Steigerung von 20 oder sogar 30 Prozent vorstellen, aber hier wären es ja fast 50 Prozent!«

»Richtig, aber hier wurden die Wachstumsprognosen schon einkalkuliert. Wir sind davon ausgegangen, dass das prognostizierte Wachstum von den Mitarbeitern bewältigt werden kann.«

»Ich verstehe. Dann ist dieses Ziel vielleicht doch vorstellbar. Aber wäre es nicht besser, die beiden Komponenten dieser Kennzahl zu trennen? Schließlich kann das Werk selbst ja nicht viel tun, um den Umsatz direkt zu beeinflussen.«

»Das ist ein guter Hinweis.«

John ging um den Tisch und erkundigte sich bei jedem Anwesenden nach seiner Meinung. Sie waren übereinstimmend der Ansicht, dass die Zielvorgaben sehr ehrgeizig – vielleicht zu ehrgeizig – seien.

»Welchen Sinn hat es, sich Ziele zu stecken, die hoffnungslos unrealistisch sind?«, fragte Bill. »Man sollte nicht von jemandem einen Marathonlauf erwarten, wenn er es noch nicht einmal bis zum Bus schafft.«

Dietmar, der sich gerade Notizen gemacht hatte, fing an, ein Diagramm zu zeichnen (siehe Abbildung 22).

Abbildung 22: Das Optimum erreichen

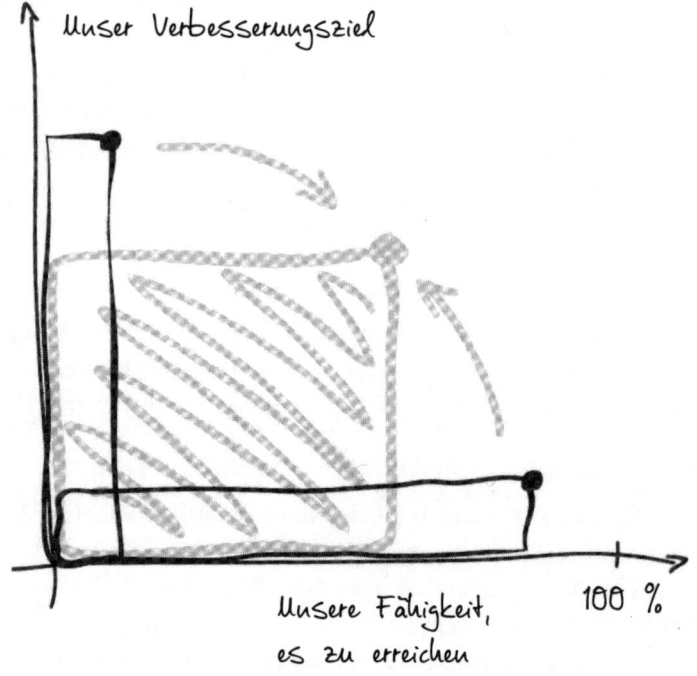

»Ich finde ebenfalls, dass wir uns nur solche Ziele stecken sollten, die wir im Idealfall und im Rahmen unserer Fähigkeiten erreichen können. Andererseits müssen wir auch Ehrgeiz entwickeln und uns etwas abverlangen. Die Skizze verdeutlicht, was ich meine: Wenn wir unsere Ziele zu hoch stecken und sie verfehlen, dann befinden wir uns im Bereich des hohen, schmalen Rechtecks. Aber wenn wir leicht erreichbare Ziele setzen, verdeutlicht durch das lange, flache Rechteck, bringt uns das auch nicht weiter. Stattdessen müssen wir versuchen, hier zu landen.«

Damit nahm Dietmar einen andersfarbigen Marker und zeichnete ein Rechteck, das größer als die anderen beiden war und einem Quadrat ähnelte. »Um optimale Ertragsverbesserungen zu erreichen, müssen wir ein Gleichgewicht zwischen unseren Zielen und unserer Fähigkeit finden, Veränderungen umzusetzen.«

»Das verstehe ich«, sagte Brian. »Aber wie genau sieht es mit dieser Fähigkeit aus?«

»Das finden wir gerade heraus.«, antwortete John.

Unternehmensbedürfnisse, Verbesserungspotenziale und die Fähigkeit zur Veränderung

Dietmar hat einen wichtigen Punkt angesprochen. Zu häufig wird in Transformationsprojekten der Fehler gemacht, dass das in der Diagnose festgestellte *theoretische* Verbesserungspotenzial unverändert als Ziel übernommen wird. Dies ist aus mindestens zwei Gründen falsch.

Erstens sucht man im Verlauf der Diagnose alle Ursachen der Verschwendung in der Wertschöpfungskette und definiert damit schließlich einen Idealzustand. So gesehen, ist das Verbesserungspotenzial dann grenzenlos. In der Praxis jedoch geht es nicht darum, dieses Potenzial in einer einmaligen Anstrengung auszuschöpfen, sondern es handelt sich um ein langfristiges Unterfangen. In einer Kultur der ständigen Verbesserung legen die Manager jedes Jahr erneut Verbesserungsziele fest, um allmählich die Lücke zum Idealzustand zu schließen.

Zweitens muss bei der Festlegung der Ziele auch berücksichtigt werden, inwieweit ein Unternehmen in der Lage ist, sich Veränderungen zu stellen. Diese Fähigkeit lässt sich zwar nicht quantitativ messen, aber sie

Abbildung 23: Die Fähigkeit, Veränderungen umzusetzen

Im Allgemeinen verfügen unsere Leute über die erforderlichen Fähigkeiten, um im Rahmen von Veränderungsprojekten neue Methoden anzuwenden. — 75 %

Auch das Management verinnerlicht die Ziele des Veränderungsprojekts. — 75 %

Die Mitarbeiter an der Front wissen, welche Rolle sie in einem Veränderungsprojekt spielen, und setzen sich dafür ein. — 71 %

Es ist allen Unternehmensangehörigen klar, warum das Veränderungsprojekt gerade jetzt so wichtig ist. — 63 %

In der Vergangenheit waren eher die mittleren Manager als ein Projektteam für die Projektumsetzung zuständig. — 57 %

Wir besitzen effektive Mechanismen, um umfangreiche Veränderungsprojekte durchzuführen. — 38 %

Die Topmanager sind gute Rollenvorbilder für den Rest des Unternehmens. — 38 %

In der Vergangenheit ist es uns im Allgemeinen gut gelungen, die mit den Veränderungsprojekten verfolgten Ziele zu erreichen. — 38 %

Ich bin optimistisch, dass es uns gelingen wird, die Leistungssteigerungen auch nach dem Abschluss des Projekts zu bewahren. — 38 %

Die Kommunikation im Rahmen des Veränderungsprojekts verläuft offen und konsistent. — 25 %

kann durchaus anhand qualitativer Kriterien beurteilt werden. Ein solches Kriterium könnte sein, ob und inwieweit bisherige Verbesserungsprojekte erfolgreich waren.

Ein Unternehmen verwendete einmal zehn einfache Aussagen, um seine Fähigkeit zu beurteilen, dauerhafte Veränderungen zu bewirken (siehe

Abbildung 23). 20 Mitarbeiter, die alle Unternehmensebenen vertraten, sollten den Grad ihrer Zustimmung zu den einzelnen Aussagen angeben. Wenig mehr als ein Drittel der Befragten fand, dass es effektive Mechanismen zur Durchführung von Veränderungsprojekten gab und die bisherigen Projekte erfolgreich gewesen seien. Bei den Topmanagern war das Meinungsbild sehr ähnlich. Es überraschte nicht, dass die meisten Befragten auch den aktuellen Veränderungsprojekten nur schlechte Erfolgschancen einräumten.

Es ist eine sehr nützliche Übung, den Topmanagern auf diese Weise einen Spiegel vorzuhalten. Vielleicht gefällt ihnen nicht, was sie sehen, aber sie müssen es zur Kenntnis nehmen. Wie düster das Bild auch aussehen mag – die Fähigkeit zur Umsetzung von Veränderungen kann jederzeit verbessert werden. Dazu allerdings ist das entschiedene Engagement des Topmanagements erforderlich.

Die Skizze von Dietmar (Abbildung 22) erinnert daran, dass jede Transformation zwei Elemente beinhaltet: das Verbesserungspotenzial und die Fähigkeit, dieses auszuschöpfen. Viele Manager konzentrieren sich nur darauf, die Systeme und Strukturen ihres Unternehmens zu ändern, aber damit bleiben sie auf halbem Weg stehen. Pläne sind so lange wertlos, bis sie umgesetzt werden. Die menschlichen Aspekte einer Transformation, etwa die Motivation und das Engagement der beteiligten Menschen, sind ebenso wichtig wie die technischen Details.

John hat bei seiner Besichtigung von *Autoplast* eine Begeisterung und ein Engagement gespürt, die seiner eigenen Belegschaft fehlten. Deshalb grübelt er nun darüber nach, wie er ihr Herz und ihren Kopf gewinnen kann. Diese Aufgabe wird ebenso wichtig sein wie die, ein neues Layout im Montagebereich zu entwickeln oder die Leistungsmessung und -kontrolle umzugestalten.

Das Managementteam beginnt nun mit Bruno und Dietmar einen Rundgang durch das Werk in Bolton.

Die Diskussion über die Fähigkeit des Unternehmens, Veränderungen durchzuführen, sensibilisierte die Manager für das Thema, und sie suchten nun gleich nach entsprechenden Signalen. Dave erklärte ihnen, dass sie zuerst den Produktionsbereich und das Planungsbüro besichtigten, um den gesamten Wertstrom in Augenschein zu nehmen.

Im Montagebereich fragte Bruno einen der Arbeiter, Mark Sherwell, welche Umstände ihn davon abhielten, seine Aufgaben optimal zu erledigen. Mark wies auf die Klebestation.

»Dieses alte Ding hier. Dauernd ist es kaputt. Es ist ein Albtraum.«

»Wie könnten wir das Ihrer Meinung nach ändern?«, fragte Bruno.

»Ich weiß auch nicht«, meinte Mark. »Vielleicht könnten wir eine neue Maschine kaufen, die zuverlässiger ist?«

Bruno war etwas alarmiert, und das nicht nur deshalb, weil *Arboria* es sich nicht leisten konnte, seine Probleme einfach durch Geld zu lösen. Mark schien weder in der Lage noch willens zu sein, sich um auftretende Schwierigkeiten zu kümmern. Darüber hinaus fragte sich Bruno besorgt, was es eigentlich über die Beziehung zwischen Produktion und Wartung aussagte, wenn eine Maschine »dauernd kaputt« war. Warum war ein ständig wiederkehrendes Problem nicht schon längst gelöst worden? Fehlten den Wartungstechnikern etwa die erforderlichen Ressourcen oder wichtiges Know-how?

Im Planungsbüro erläuterte Christine die Abläufe in der Produktionsplanung. Sie erhielt zusammengefasste Bestellungen aus der Vertriebsdatenbank und gab die Daten manuell in eine eigene Planungssoftware ein. Daraus wurde die wöchentliche Montageliste für alle Abteilungen erzeugt.

»Sie müssen wirklich alle Daten neu eingeben?« Bruno traute seinen Ohren nicht.

»Wir wissen natürlich, dass das nicht optimal ist«, räumte Bill ein. »Aber nächstes Jahr bekommen wir ja ein neues IT-System, und dann wird das Vertriebssystem direkt mit der Planungssoftware vernetzt.«

»Und was passiert bis dahin?«, fragte Bruno. »Es ist keine Lösung, auf das neue System zu warten. Wir überlegen derzeit ohnehin, ob wir diese Investition erst einmal aufschieben. Wir könnten uns dann voll auf das Lean-Projekt konzentrieren, vor allem vor dem Hintergrund, dass wir uns in der Produktion dann nicht völlig auf die IT verlassen müssten.«

Sie setzten ihre Besichtigung fort und gingen in die Spritzgussfertigung. Dietmar nahm den Wochenplan in die Hand, der auf einer Maschine lag. Er war mit Notizen übersät.

»Was ist das?«, fragte er Dave.

»Änderungen«, antwortete Dave lakonisch. »Wenn sich der Plan aus irgendeinem Grund ändert, kommt ein Kollege aus der Planung und trägt die Änderung ein.«

»Warum gibt es überhaupt so viele Änderungen?«

»Der Kunde«, warf Bill ein.

»Aber es kann doch nicht nur an den Kunden liegen, wenn die Aufträge im Voraus zusammengefasst und wöchentlich weitergegeben werden?«

»Doch, genau so ist es. Ich hätte es auch gern anders, aber so sieht es nun einmal aus.«

»Wenn Sie einverstanden sind, würde ich mir diese Änderungen gern genauer ansehen«, bat Bruno.

Dave holte Guy Lanbridge, den Schichtführer der Spritzgussfertigung. Er schien nervös zu sein und trat wie ein Schuljunge vor seinem Lehrer von einem Fuß auf den anderen. Dave erklärte ihm, dass sie sich gerade mit den häufigen Planungsänderungen beschäftigten, und bat ihn, sie an einem Beispiel zu erläutern. Er reichte Guy den Plan.

»Lassen Sie mich sehen . . . ja, hier ist ein gutes Beispiel«, sagte Guy. »Wir mussten den Produktionsdurchlauf mittendrin unterbrechen und auf Toasterformen umstellen, weil die Arbeiter an der Montagelinie sonst keine Formen mehr gehabt hätten, um weiterzuarbeiten.«

»Das lag dann aber an einem internen Mangel an Teilen und nicht an einer Änderung, die vom Kunden ausging?«, vergewisserte sich Dietmar.

»Das ist richtig.«

»Und wo waren die Formen gelagert?«, fragte Dietmar.

»Im Lager.«

»Dann lassen Sie uns ins Lager gehen.«

Guy zeigte ihnen die Stelle, an der die Formen hätten liegen sollen.

»Warum wussten wir nicht rechtzeitig, dass sie knapp wurden?«, fragte Dietmar.

Es herrschte betretenes Schweigen. Guy blickte zu Dave.

»Um ganz ehrlich zu sein«, erklärte Dave, »können wir uns nicht auf die Bestandsdaten verlassen. Wenn die Leute in Eile sind, buchen sie die Teile nicht immer korrekt aus. Deshalb müssen wir uns immer merken, was wir schon bekommen haben.«

»Aber wie machen Sie das? Bewahren Sie alle Teile für eine Produktfamilie an einer Stelle auf?«

»Das haben wir versucht«, sagte Dave. »Aber es klappte nicht. Es dauerte ein paar Wochen, und dann rissen wieder die alten Gewohnheiten ein . . .«

»Wir haben das auch in unsere Diagnose aufgenommen«, sagte Philip. »Vielleicht erinnern Sie sich an die Material- und Informationsflussanalyse? Wir haben darüber gesprochen, dass Produkte mit demselben Code an mehreren Orten gelagert werden.«

»Ja, ich erinnere mich«, sagte Bruno kopfschüttelnd. Über eine Sache zu diskutieren und sie dann in der Realität zu sehen, waren zwei verschiedene Dinge. Wäre es nicht so besorgniserregend gewesen, hätte man sich darüber amüsieren können.

Auf dem Weg zum Mittagessen überlegte Bruno, was zu tun war. Am liebsten hätte er seinen Managern gesagt, dass sie sich einen neuen Job suchen sollten, wenn ihnen keine besseren Lösungen einfielen. Aber er wusste gleichzeitig, dass dies unfair war. Schließlich kannten sie die meisten Probleme aus der Diagnose, wie Philip festgestellt hatte. Er erinnerte sich, wie nervös Guy war, weil er plötzlich dem Chef gegenüberstand, und Bruno wusste, was er zu tun hatte. Das Team hatte mit ihm offen über die Probleme gesprochen. Was für ein Signal hätte er ausgesandt, wenn er sie nun zum Dank dafür vor die Tür setzte?

Der Besuch verdeutlichte ihm, wie wichtig es war, mehr Zeit im Werk zu verbringen und sich ein eigenes Bild zu machen. In den Managementberichten wurden die Probleme doch ziemlich verwässert dargestellt, musste er feststellen. Er beschloss, in regelmäßigen Abständen wiederzukommen, um den Fortschritt des Pilotprojekts selbst zu beurteilen.

Die Nähe der Topmanager zur Basis

Bruno hat festgestellt, dass es Vorteile hat, sich einen Eindruck aus erster Hand zu verschaffen. Er kann nun besser einschätzen, wie schwierig es für *Arboria* sein wird, die operative Leistung zu steigern. Das kurze Gespräch mit Mark Sherwell hat ihm gezeigt, dass die Mitarbeiter die Probleme zwar kennen, sich aber nicht dafür verantwortlich fühlen. Wenn eine relativ simple Maschine notorisch unzuverlässig ist, muss es strukturelle Mängel geben: Entweder mangelt es an wichtigem Können, an Rechenschaftspflichten, an geeigneten Systemen, oder an allen drei Faktoren. Solche Mängel müssen aufgedeckt und beseitigt werden, bevor an eine dauerhafte Neuausrichtung zu denken ist. Bruno und Dietmar haben deshalb so sehr von diesem Besuch profitiert, weil sie Fragen stellten, um herauszufinden, was unter der Oberfläche vor sich ging. Bruno hätte die Begegnungen auch dazu nutzen können, um seine Erwartungen zu verdeutlichen. Als Mark den Vorschlag machte, eine neue Maschine zu kaufen, hinterließ Brunos vage Reaktion bei ihm vielleicht den Eindruck, dass dieser Vorschlag tatsächlich umgesetzt würde. Stattdessen hätte Bruno ihm die Frage stellen sollen: »Was können *wir* tun, um das Problem zu beheben?«

Der Besuch hatte den weiteren Vorteil, dass er Bruno dazu anregte, seine Wirkung auf andere zu überdenken. Durch eine Kritik an seinem Team hätte er nur erreicht, dass sie in Zukunft mit ihrer Meinung hinter dem Berg hielten und Probleme lieber unter den Teppich kehrten. Solche Verhaltensweisen können eine Neuausrichtung aber leicht in Gefahr bringen. Ein Lean-Projekt hat nur dann Erfolgschancen, wenn Probleme offen diskutiert und angegangen werden.

Ein Beispiel dafür sind häufige Änderungen in der Produktionsplanung. Eine verbreitete Reaktion darauf besteht darin, die Lagerbestände zu erhöhen, um die Produktion nicht so häufig unterbrechen zu müssen. Aber damit wird das Problem nicht gelöst, sondern nur kaschiert. In einem schlanken Prozess wird die umgekehrte Lösung verfolgt. Sie lautet: »Wir senken zunächst einmal die Lagerbestände und beobachten, wo zuerst ein Engpass auftritt. Dann wissen wir, wo wir mit der Lösung ansetzen müssen.«

Bruno widerstand der Versuchung, ein Ventil für seine Frustration zu suchen. Stattdessen bat er das Managementteam, einen Plan zu erstellen, wie die anstehenden Schwachstellen innerhalb von vier Monaten behoben werden sollten. Außerdem versprach er, das Werk alle vier Wochen zu besuchen, um sich über die Fortschritte zu informieren.

Nach der Werksbesichtigung wandte sich das Managementteam organisatorischen und personellen Fragen zu, etwa wie die Leistungsmessung und -kontrolle langfristig im Alltag verankert werden konnte, wie sich die operativen Veränderungen auf die Organisationsstruktur auswirken würden, welche Schulungen die Manager und Mitarbeiter im Pilotbereich besuchen mussten, und wie die Leistungsindikatoren und die Berichterstattung auf die neuen Arbeitsflüsse und Prozesse abgestimmt werden sollten. Die Spritzgussfertigung beispielsweise war derzeit noch vom Output in der Produktion abhängig, sollte aber voraussichtlich bald auch die Bestände für die nachgeschalteten Abläufe verwalten. Dazu war eine Anpassung der Leistungsindikatoren erforderlich.

Louise betonte, wie wichtig es sei, die Personalentwicklung mit dem Verbesserungsprojekt insgesamt zu verknüpfen. Sie versuchte schon seit längerer Zeit, bei den Managern ein Bewusstsein für die Bedeutung der persönlichen Beurteilungsgespräche zu schaffen, aber die meisten behandelten sie immer noch als lästiges Übel. Nun bot sich eine Gelegenheit, die meisten formellen Elemente des Beurteilungsprozesses abzuschaffen und sich stattdessen auf die tägliche teamorientierte Problemlösung und Leistungskontrolle zu stützen.

Nach dem Workshop bat John Philip darum, einen Plan zu entwerfen, wie der Soll-Zustand im Bereich der Kaffeemaschinenproduktion erreicht werden konnte. Einige Tage später legt Philip ihm seinen Vorschlag vor.

»Ich halte es für sinnvoll, unsere Arbeit in drei Hauptbereiche einzuteilen: vorgelagerte Stationen, Montage und Organisation«

»Gut, machen Sie weiter.«

»Im Bereich der vorgelagerten Stationen könnten wir uns zuerst die Spritzgussfertigung ansehen. Wir versuchen dort, die Maschinenverfügbarkeit zu erhöhen, um die Kapazität zu steigern. Dann versuchen wir, die Umrüstzeiten zu verkürzen, um flexibler zu werden. Im Bereich der Montage geht es darum, Standardverfahren zu entwickeln, das Band auf die Nachfrage auszutakten und das Layout zu ändern, um den Arbeitsfluss und die Produktivität zu optimieren. Alle anderen Aufgaben habe ich der Organisation zugeordnet: Leistungskontrolle, Überwachung und Lösung von Produktionsproblemen, Teamstruktur und ähnliche Dinge.«

»Wie sieht es mit der Planung aus? Ich dachte, auch in der Produktionsplanung stünden große Veränderungen an.«

»Absolut. In Zukunft werden die Kundenbestellungen zum Zeitpunkt der Montage in den Produktionsprozess eingehen. Deshalb habe ich sie auch in den Arbeitsstrom der Montage einbezogen. Ich habe überlegt, ob die Bestellungen nicht besser getrennt behandelt werden sollten, aber dann laufen wir Gefahr, dass wir keine integrierte Lösung bekommen.«

»Das klingt einleuchtend. Aber wie sieht es mit der Planung in der Spritzgussfertigung aus?«, fragte John.

»Letztlich werden die Produktionsanforderungen dort vom nachgelagerten Prozess bestimmt – also von der Montage. Eine Ausnahme wird es vielleicht geben, wenn für die Hochsaison vorausgefertigt wird, aber darüber können wir uns später noch den Kopf zerbrechen.«

»Ist das nicht ein wenig riskant? Haben Sie schon einen Plan?«

»In gewissem Ausmaß hängt es davon ab, was wir in der Spritzgussfertigung erreichen. Je mehr Kapazitäten wir gewinnen, indem wir Schwachstellen beseitigen, desto weniger müssen wir im Voraus produzieren.«

»Sie können sich vorstellen, was das für unser Geschäft bedeuten würde«, sagte John hoffnungsvoll. »Aber wie sieht es mit den Ressourcen aus? Wer wird diese Arbeit machen?«

»Ich finde, dass jedem Arbeitsstrom ein Manager zugeordnet werden sollte, um zu verdeutlichen, wie wichtig die Angelegenheit ist. Für den Arbeitsstrom in der Montage dachte ich an Dave. Für den Arbeitsstrom im vorgelagerten Bereich, wo es hauptsächlich um Maschinen geht, stelle ich mir Trevor Radcliffe als Wartungsleiter vor.«

»Und wer ist für den Bereich Organisation zuständig?«

»Wie wäre es denn mit Ihnen?«

»Ich bin mir nicht sicher«, zögerte John und drehte sich in seinem Schreibtischsessel zum Fenster. Er überlegte kurz und wandte sich dann wieder Philip zu.

»Ich könnte diese Aufgabe zwar übernehmen, aber wäre es auch etwas für Sie, Phil. Sie sind neu im Unternehmen, Sie bringen eine neue Perspektive mit, und Sie verfügen über Erfahrungen mit anderen Arbeitsmethoden. Wahrscheinlich werden die Mitarbeiter Ihnen gegenüber viel ehrlicher sein, wenn es darum geht, zu sagen, was geändert werden muss. Einem Chef sagt man solche Dinge meist nicht so bereitwillig!«

Der Vorschlag überraschte Philip, überzeugte ihn aber auch. Er betrachtete ihn als Zeichen des Vertrauens.

»Einverstanden. Dann übernehme ich diese Aufgabe. Aber ich glaube trotzdem, dass Sie eng involviert sein sollten.«

»Sie können sich auf mich verlassen.«

Als Philip schon im Begriff war, zu gehen, wandte sich John noch einmal an ihn.

»Phil, eine Sache macht mir noch Sorgen.«

»Ja?«

»Es geht um Bill. Wie ich sehe, ist für ihn keine Aufgabe in der Planung vorgesehen.«

»Das stimmt. Glauben Sie, wir sollten . . .?«

»Nein. Ich habe ihn in den vergangenen Wochen beobachtet. Um ehrlich zu sein, ich frage mich, ob er überhaupt in der Lage sein wird, sich so zu ändern, wie es nötig sein wird.«

»Haben Sie mit ihm gesprochen?«

»Noch nicht. Es ist mir unangenehm. Wir arbeiten immerhin schon sehr lange zusammen. Aber überlassen Sie mir das. Ich werde mit ihm reden.«

»Wenn es Ihnen ein Trost ist, John: Meiner Erfahrung nach gibt es in jedem Veränderungsprojekt Mitarbeiter, die ihre Arbeitsmethoden nicht ändern können oder wollen. Langfristig ist es dann für beide Seiten besser, wenn die Wege sich trennen. Vielleicht hat Bill ja selbst Zweifel und ist froh, wenn Sie ihn darauf ansprechen.«

»Vielleicht haben Sie Recht. Wir werden sehen. Vielen Dank, Phil. Übrigens haben Sie großartige Arbeit geleistet.«

Nachdem seine Pläne von John grundsätzlich abgesegnet worden waren, ging Philip zu Dave Smith und Trevor Radcliffe. Er informierte sie über ihre neuen Funktionen und erklärte, was das Pilotprojekt für ihre Arbeit bedeuten könnte. Er wies darauf hin, dass die Ziele der Implementierung eng mit ihren normalen Aufgaben verbunden seien, und dass die Erfahrungen, die sie sammeln würden, ihnen sicher in der Zukunft zugute kommen würden.

Philip legte dann den Plan für jeden Arbeitsstrom in Form eines Gantt-Diagramms dar. Darin waren die wichtigsten Maßnahmen in den nächsten vier Monaten, ihre Abfolge, ihre Ziele und die verantwortlichen Mitarbeiter aufgeführt. Eines der Ziele lautete, die Rüstzeiten in der Spritzgussfertigung am Ende der viermonatigen Pilotphase auf weniger als 30 Minuten zu senken.

Louise entwickelte gemeinsam mit Philip einen Kommunikationsplan, in dem sie festlegten, wie das Projekt eingeführt werden sollte und wie dann alle Beteiligten über den Fortschritt informiert werden sollten. Gemeinsam analysierten sie, welches die wichtigsten betroffenen Gruppen waren und wie man sie durch eine in Form und Inhalt angemessene Kommunikation ansprechen konnte. Louise schlug vor, dass Dave eine führende Rolle bei der Kommunikation mit den Arbeitern in der Fertigungshalle übernahm, weil er gut mit Menschen umgehen konnte und persönliche Glaubwürdigkeit besaß.

Das Projekt war nun in Gang gekommen. Als die Pläne für die Pilotphase fertig waren, wuchs die Spannung unter den Mitarbeitern im Werk.

Kommunikation im gesamten Unternehmen

Bei der Entwicklung des Kommunikationsplans führten Louise und Philip eine Analyse der beteiligten Personen durch. Sie identifizierten die Personen, die wichtige Aufgaben im Projekt wahrnahmen, und teilten sie nach ihren jeweiligen Interessen in Gruppen ein, um sich später über geeignete Kanäle – ob Newsletter, Videos oder persönliche Gespräche – an sie wenden zu können. Mit einer solchen Analyse kann man auch sinnvolle Aufgaben für die wichtigsten »Meinungsmacher« im Unternehmen definieren: Menschen, die kraft Funktion und Position über Macht verfügen, oder die durch Wissen und Beziehungen Einfluss gewonnen haben.

Eine solche Analyse bietet auch Gelegenheit, zu überlegen, wie man Mitarbeiter behandelt, die nicht fähig oder willens sind, Veränderungen zu akzeptieren. Bill hat bei mehreren Gelegenheiten gezeigt, dass er nicht hinter dem Projekt steht. Derzeit übt er eine gewisse Macht im Unternehmen aus. Vielleicht befürchtet er, durch mehr Transparenz in der Produktionsplanung an Einfluss zu verlieren, oder in seiner Funktion und Kompetenz infrage gestellt zu werden. Da er eine wichtige Rolle im Werk spielt, könnte er das Veränderungsprojekt gefährden, wenn sein Widerstand unbeachtet bleibt. In solchen Fällen gibt es oft keine andere Möglichkeit, als den entsprechenden Mitarbeiter aus dem Projekt zu nehmen.

Oft zögern Manager diese harten Entscheidungen zu lange hinaus. Aber es nützt niemandem, wenn sie den Kopf in den Sand stecken. Als ein internationaler Verpackungshersteller ein Lean-Projekt durchführte, übertrafen die Ergebnisse in Nordamerika diejenigen in Europa bei weitem. Das lag auch daran, dass der amerikanische CEO die Hälfte des Managementteams innerhalb eines Jahres austauschte, während der europäische Vorstand weit weniger drastisch vorging. Wenn Manager ersetzt werden, die Veränderungen nicht durchführen wollen oder können, wird ein wichtiges Signal an den Rest des Unternehmens ausgesandt.

Viele Topmanager verstehen unter Kommunikation, dass sie ihren Mitarbeitern ihre Ansichten mitteilen. Aber eine effektive Kommunikation verläuft nicht eingleisig, sondern zweigleisig. Sie wird in einer Sprache geführt, die auf die Beteiligten abgestimmt ist. Bruno mag sich durch einen ROCE von 16 Prozent motiviert fühlen, aber die Arbeiter an der Montagelinie möchten wissen, ob sie nun schneller arbeiten oder weiterhin mit unzuverlässigen Maschinen zurechtkommen müssen. Bei der

Kommunikation geht es darum, diese Fragen anzusprechen und die positiven Auswirkungen schlanker Prozesse zu vermitteln.

Die Schwierigkeiten in der Kommunikation rühren oft auch daher, dass die Mitarbeiter an der Front es gewohnt sind, am Anfang jedes neuen Projekts dieselben Reden zu hören. Sie betrachten sie nur noch als leere Versprechungen und sind entsprechend abgestumpft. Deshalb müssen sie durch neue und überzeugende Argumente aus ihrer Projektmüdigkeit geholt werden. Während die meisten Menschen alles, was nach Propaganda aussieht, überhören, lassen sie sich normalerweise durch eine gute Geschichte fesseln, die sie auf emotionaler Ebene so anspricht, dass es ihnen wichtig ist, was als Nächstes passiert.

Bei der Planung der Kommunikation in Veränderungsprojekten sollten die Manager fragen: Welche Geschichte können wir erzählen, mit der wir die Notwendigkeit der Veränderung verdeutlichen können? Warum sollte die Veränderung für unsere Mitarbeiter wichtig sein? Womit können sie sich identifizieren? Eine gute Geschichte beschreibt die Vergangenheit, Gegenwart und Zukunft auf eine Art und Weise, die das Publikum spannend findet und leicht versteht. Sie vermittelt, warum Veränderungen dringend notwendig sind, und illustriert, welche Folgen es hat, wenn das Projekt nicht durchgeführt wird. Für *Arboria UK* lautet das wichtigste Motiv des Veränderungsprojekts, den langfristigen Abwärtstrend umzukehren, um die Zukunft zu sichern.

Wenn die Geschichte illustriert hat, warum Veränderungen notwendig sind, muss sie ein überzeugendes Bild der Zukunft malen und zeigen, wie das Unternehmen seine Ziele erreichen kann. Dabei geht es auch darum, wie sich die Mitarbeiter unter den neuen Umständen verhalten. Um sie zu begeistern, muss die Geschichte von jedem im Unternehmen immer wieder persönlich erzählt werden können, auch wenn die Federführung beim Topmanagement liegt. Eine Geschichte des Unternehmenschefs ist nun einmal glaubwürdiger und authentischer. Daraus folgt, dass er oder zumindest ein anderer Topmanager diese Geschichte erzählen sollte.

Sobald eine Geschichte zum Leben erweckt wurde, kann sie auf verschiedene Weise verstärkt werden: durch Memos oder E-Mails des Unternehmenschefs an die Mitarbeiter, durch ein Video, durch eine Roadshow in allen Niederlassungen oder durch ein kleines Buch. Wichtig ist, dass ein Medium ausgewählt wird, das zum Publikum passt. Dieses sollte auch Gelegenheit haben, sich in Workshops, Gesprächen, offiziellen

Gruppendiskussionen und Einzelgesprächen zur Geschichte und ihrer Botschaft zu äußern.

Eine Veränderungsgeschichte, die wiederholt und bei Bedarf auch neu ausgelegt wird, bildet irgendwann einen roten Faden, der sich durch das gesamte Unternehmen zieht. Der Chef einer Handelskette könnte etwa eine Geschichte über eine Begegnung mit einem Kunden erzählen und sagen, was er daraus über die Notwendigkeit der Veränderungen gelernt hat. Geschichten nehmen ein Eigenleben an, wenn sie lebhaft und konkret sind und Anekdoten über einzelne Personen beinhalten. Allgemein gehaltene und unpersönliche Erzählungen dagegen finden keinen Widerhall.

Wie das alte Sprichwort sagt, wirkt die Tat mächtiger als das Wort. Um also wirklich überzeugend zu sein, muss eine Veränderungsgeschichte durch praktische und überzeugende Beweise aus der Praxis verstärkt werden, die verdeutlichen, dass die neuen Arbeitsweisen tatsächlich zum Erfolg führen.

Im nächsten Kapitel begleiten wir das Team bei *Arboria*, das nun beginnt, seine Pläne umzusetzen.

Kapitel 9

Die Veränderungen
bekommen ein Gesicht

Themen dieses Kapitels

➤ Das Pilotprojekt muss nicht nur die Vorteile des schlanken Managements verdeutlichen, sondern es muss auch zeigen, inwiefern die Mitarbeiter davon profitieren.

➤ Das Pilotprojekt deckt Fragen auf der Systemebene auf, um die sich die Manager kümmern müssen, wenn sie eine nachhaltige Neuausrichtung wünschen.

➤ Der erwünschte Soll-Zustand muss vom Linienmanager, nicht von einem Projektteam vorangetrieben werden.

In der nächsten Etappe der Reise von *Arboria* wird das Pilotprojekt umgesetzt. Wenn die Implementierung erfolgreich verläuft, werden zum einen die betrieblichen Ziele erreicht, zum anderen erkennen die Frontline-Mitarbeiter die Vorteile der neuen Arbeitsweise. Oft genug müssen sie erst davon überzeugt werden, dass sie tatsächlich Verbesserungen bewirken können. Das Pilotprojekt bietet auch eine Gelegenheit, die Organisation und ihre Managementinfrastruktur zu testen und Schwachstellen frühzeitig zu identifizieren.

Zwar wird ein kleines Team unter Philips Leitung das Pilotprojekt bei *Arboria* unterstützen, doch die Verantwortung für die Umsetzung liegt bei den Linienmanagern. Diese sollten sich an regelmäßigen Kontrollen, Verbesserungsmaßnahmen und Workshops beteiligen. Sie müssen engen Kontakt zu den Produktionsmitarbeitern halten, um ihre Anliegen zu verstehen und an der Problemlösung mitzuwirken. Durch ihren persönlichen Einsatz vor Ort demonstrieren die Manager ihr Engagement für das Projekt und verschaffen sich selbst einen Eindruck davon, ob und wie die Verbesserungen verankert werden.

Wir begleiten das *Arboria*-Team erneut, während es sämtlichen Mitarbeitern im Werk die Gründe für das Lean-Projekt erklärt.

Das Werksmanagement hatte darüber nachgedacht, wie es das Pilotprojekt am besten beginnen könnte. John hatte vorgeschlagen, alle Mitarbeiter an einem Freitagmorgen bei der Schichtübergabe zu versammeln, aber Dave glaubte, dass ein solcher »Urknall« nur Skepsis und Verunsicherung schaffen würde. Er sprach sich deshalb für ein Meeting in einem kleineren Rahmen aus, in dem nur die Abteilungsleiter über das Projekt informiert werden sollten. Diese sollten dann ihre direkten Untergebenen informieren, die wiederum die Frontline-Teams in das Thema einwiesen. Louise war damit einverstanden. Sie traute es den Linienmanagern zu, dass sie das Lean-Konzept mit eigenen Worten erklären und die Projektziele mit den Zielen ihrer jeweiligen Abteilung verknüpfen konnten, sodass das Projekt Gestalt für die Mitarbeiter annahm.

Auf der Grundlage der Maßnahmen, die Philip und sie nach dem Workshop mit dem Werksmanagement durchgeführt hatten, arbeitete Louise nun mit John an der Kommunikation. Dave war ihr »Testpublikum«. Er stellte bald die Frage nach Entlassungen.

»Alle stellen sich diese Frage. Schließlich hat noch jede andere Initiative dazu geführt, dass Mitarbeiter entlassen wurden.«

»Aber wir können nicht schon am Anfang über Entlassungen sprechen«, konterte John. »Dann sind die Mitarbeiter dagegen, noch bevor wir anfangen.«

»Aber wenn wir das Thema nicht ansprechen, glauben sie, dass wir etwas zu verbergen haben.«

»Was schlagen Sie also vor?«

»Wir sagen ihnen die Wahrheit.«

»Aber die Wahrheit lautet, dass ich nicht weiß, ob jemand entlassen werden muss oder nicht. Das hängt davon ab, ob wir den Umsatz schnell genug steigern können, um die Produktivitätsverbesserungen zu absorbieren.«

»Dann sagen Sie das so. Die Leute sind nicht dumm. Sie kennen die betrieblichen Notwendigkeiten und wissen Ehrlichkeit zu schätzen. Das ist weit besser, als gar nichts zu sagen. Wir können nicht die Manager und Teamleiter auffordern, mit ihren Leuten zu sprechen, ihnen dann aber die Antworten auf schwierige Fragen vorenthalten.«

»Da haben Sie wohl Recht. Gut, dann sprechen wir dieses Thema auch an.«
Also bereitete Louise mit Dave einige Antworten vor. Sie verbrachte auch einige Stunden damit, Manager darin zu schulen, wie sie das Projekt so präsentieren konnten, dass sich eine Diskussion mit den Mitarbeitern ergab. Die intensive Vorbereitung zahlte sich in der folgenden Woche aus. Johns persönliches Engagement kam in seiner Offenheit zum Ausdruck, und er vermochte seine Begeisterung auf die Abteilungsleiter zu übertragen, die ebenfalls gute Arbeit darin leisteten, ihre Teams einzuschwören.

Am Freitag, fast zwei Wochen nach dem Workshop mit Bruno, versammelte Philip sein Team, um die Pläne für die folgende Woche zu besprechen. Das ursprüngliche Diagnoseteam war um »Dumbo-Dave« und Trevor Radcliffe erweitert worden. Dave sollte mit Unterstützung der Teamleiterin Fiona Richardson und des Produktionsingenieurs Steve Edwards für den Arbeitsstrom in der Montage zuständig sein. Im Bereich der vorgeschalteten Prozesse wurde Trevor Radcliffe von Steves Kollegin Lisa Hallum und dem Wartungsingenieur Derek Hines unterstützt. Guy Lanbridge, der Schichtführer in der Spritzgussfertigung, war für die Umsetzung der Änderungen zuständig, und Christine McGuire sollte Unterstützung in allen Fragen der Produktionsplanung leisten.

Wie Philip erklärte, wollte er den größten Teil seiner Zeit dafür aufwenden, die Teams zu coachen, bis sie funktionierten. Er beabsichtigte auch, eng mit Louise und Brian zusammenzuarbeiten, um die richtige Organisationsstruktur und geeignete neue Systeme zur Leistungsmessung und -kontrolle zu entwickeln.

»Während wir auf das zukünftige technische System hinarbeiten, sollten wir vier Phasen berücksichtigen: Zunächst müssen wir den Prozess stabilisieren, dann müssen wir einen kontinuierlichen Fluss schaffen, wo auch immer es möglich ist. Das ist wesentlich im Montagebereich, gilt aber auch für die Schnittstellen zwischen der Spritzgussfertigung und Montage und zwischen der Montage und dem Lager für die fertigen Produkte. Sobald die Produktion fließt, müssen wir das Band austakten, damit wir die Kaffeemaschinen in der Geschwindigkeit herstellen können, in der die Kunden sie benötigen. Schließlich richten wir noch ein Holsystem ein, um die Produktion zu steuern.«

»Was verstehen Sie darunter, den Prozess zu stabilisieren?«, fragte Steve.

»Das ist vergleichbar damit, dass man ein Fundament legt, bevor man ein Haus baut. Im Zeitplan haben wir einige Wochen für Schritte vorgesehen wie etwa den, Standards zu entwickeln, Erfassung der gegenwärtigen Fähigkeiten durchzuführen oder Maschinenstillstände zu analysieren. Das ist nicht unbedingt spannend, aber es ist eine gute Methode, um den Prozess und die Menschen kennen zu lernen. Es ist eine Voraussetzung dafür, das neue technische System zu implementieren. Beispielsweise können wir unser Lager für die fertigen Produkte nicht abbauen, solange wir keinen zuverlässigen vorgelagerten Prozess haben. Sonst sitzen wir sofort in der Patsche, wenn eine Maschine ausfällt.«

»Und was verstehen Sie unter ›Einführung der Leistungsüberwachung‹?«, fragte Derek und wies auf den Plan an der Wand im Schulungsraum.

»Das ist ein wichtiger Schritt auf dem Weg zu stabilen Prozessen«, gab Philip Auskunft. »Wir müssen verfolgen, wie hoch der Produktionsausstoß von der ersten Woche an auf stündlicher und nicht auf wöchentlicher Basis ist. Mit dieser Information können wir die Leistung überwachen und mit den Schwankungen besser umgehen.«

»Und wie sieht es mit der ›Einführung der Problemlösung‹ aus?« fragte Derek weiter, als er den nächsten Punkt auf dem Plan las.

»In gewisser Weise ist das die Kehrseite der Leistungsüberwachung. Sie kennen doch den PDCA-Zyklus: ›Plan, Do, Check, Act‹ (Planen, Überprüfen, Ausführen, Verbessern)? Nun, die Leistungsüberwachung ermöglicht es uns, die Produktion mit dem Plan zu vergleichen, aber wir benötigen auch einen Mechanismus, um möglicherweise auftretende Probleme zu lösen.«

Er nahm einen Stift, um etwas auf das Whiteboard zu schreiben. »Das Problemlösungssystem ist im Grunde ein einfaches Stück Papier, das im Produktionsbereich aufgehängt wird. Es hat drei Spalten für die Bereiche ›Problem‹, ›Ursache‹ und ›Abhilfemaßnahme‹. Am Ende jeder Schicht tragen die Teamleiter alle Probleme ein, die im Lauf des Tages aufgetreten sind. Wenn sie können, füllen sie auch die Spalten für die Ursache und die Abhilfemaßnahmen aus. Möglicherweise brauchen sie dazu aber auch die Hilfe anderer Mitarbeiter.«

»Das klingt gut«, meinte Guy.

»Ja, aber es ist nicht so einfach, wie es klingt«, warnte Philip. »Solche Systeme sind nur nützlich, wenn man sie auch Tag für Tag benutzt und die notwendigen Ressourcen zur Verfügung stellt, um Probleme abzustellen, sonst kann man mit den Aufschrieben nur die Wände tapezieren.

Deshalb werden wir das System zunächst nur im Pilotbereich und nicht im gesamten Werk einführen. Wir sollten uns nur solche Dinge vornehmen, die wir auch wirklich durchführen können.« Er hielt inne. »Nichts bringt unsere Arbeit schneller in Misskredit als Versprechen, die wir nicht halten können.«

Eine stabile Plattform schaffen

Seit jeder Mitarbeiter Informationen über das Lean-Projekt hat, steigen auch die Erwartungen. Nun ist die Verlockung für das Team von *Arboria* groß, sich ganz darauf zu konzentrieren, schnelle Erfolge zu erzielen. Aber Philip erinnert sie daran, dass es in den ersten Wochen der Umsetzung nur darum geht, ein Fundament für die Zukunft zu legen. Der Weg zum schlanken Unternehmen wird im Marathon, nicht im Sprint zurückgelegt. Natürlich sollte man trotzdem die Gelegenheit nutzen, einen schnellen Etappensieg mitzunehmen – solange man dabei auf dem richtigen Kurs bleibt und den Plan einhält.

Stabilität ist eine wichtige Voraussetzung für den Erfolg eines Lean-Projekts. Das neue technische System kann nicht eingeführt werden, solange die Materialqualität, die Maschinenverfügbarkeit und die Fähigkeiten und Arbeitsmethoden noch instabil sind, da unter solchen Bedingungen kein zuverlässiger Produktfluss eingerichtet werden kann. Wenn die Zuverlässigkeit der Klebestation nicht verbessert wird, kann auch kein gleichmäßiger Teilefluss im Montagebereich entstehen – ganz zu schweigen davon, dass sich auch kein einziger Mitarbeiter vom individuellen Nutzen schlanker Prozesse überzeugen lassen wird.

Weiterhin müssen klare Verfahrensstandards entwickelt werden, um zu gewährleisten, dass Aufgaben konsistent und zuverlässig ausgeführt werden. Dazu gehört es auch, eine Standardzeit festzulegen, die für jeden Arbeitsschritt benötigt wird. Diese Information bildet die Grundlage dafür, die Arbeitsinhalte bei verschiedenen Taktzeiten korrekt zuzuordnen und Prozessverbesserungen vorzunehmen, um den gesamten Arbeitsinhalt zu reduzieren.

Die Stabilität im technischen System setzt eine gewisse Disziplin in den Einstellungen und Verhaltensweisen voraus. Wenn der Teamleiter nicht genug Disziplin besitzt, um sich am Ende jeder Schicht fünf Minuten Zeit dafür zu nehmen, Probleme aufzuzeichnen und die Wirkung der ergriffenen Abhilfemaßnahmen zu prüfen, kann sich auch die Stabilität nicht verbessern.

Während die Teams nun die Leistungsüberwachung an der Montagelinie und in der Spritzgussfertigung einführen, wird deutlich, dass auch eine scheinbar einfache Veränderung beträchtliche Anforderungen an die Teamleiter stellt.

Um acht Uhr am folgenden Montag wurden die Produktionsteams in ihre neuen Aufgaben eingewiesen, die Implementierungspläne wurden im Detail erklärt und die wichtigsten Aktivitäten für die bevorstehende Woche umrissen.

Lisa hatte ein Berichtsformular für die Arbeiter in der Spritzgussfertigung entwickelt. Darin sollten sie alle Verzögerungen aufzeichnen, die durch Stillstände, Umrüstungen, kürzere Unterbrechungen und fehlerhafte Teile verursacht wurden. Das Team sollte dann mithilfe dieser Angaben die Verfügbarkeit jeder Maschine (Overall Equipment Effectiveness) berechnen, um die Verbesserungsziele in einem realistischen Rahmen zu halten. Danach wollte Christine überlegen, wie die verfügbaren Kapazitäten optimal für die einzelnen Produkte genutzt werden könnten. Lisa hatte Guy darum gebeten, den Arbeitern in der Spritzgussfertigung den Sinn und Zweck des Berichtsformulars zu erklären, wenn er sie in ihre neuen Aufgaben einwies.

»Lisa hat ein Berichtsformular vorbereitet, das Sie ausfüllen sollten«, sagte Guy und händigte jedem ein Exemplar aus. »Ich denke, dass es sich von selbst erklärt. Haben Sie Fragen dazu?«

»Ja«, meldete sich Howard Ashworth, ein untersetzter, etwa 50 Jahre alter Mann, und wedelte das Blatt in der Luft. »Warum müssen wir noch ein Formular ausfüllen, wo wir doch schon das Schichtprotokoll haben? Können Sie die Informationen nicht daraus entnehmen?«

»Ja, er hat Recht«, fügte ein Kollege hinzu. »Wir müssten ja sonst dieselbe Arbeit zweimal machen. Ich dachte, bei diesem Projekt ginge es darum, effizienter zu arbeiten.«

»Das stimmt natürlich, aber die Schichtprotokolle liefern uns nicht die Informationen, die wir benötigen«, antwortete Lisa und hoffte, dass Guy sie unterstützen würde. Er tat es nicht.

»Welches von beiden sollen wir denn nun verwenden, Lisa?«, fragte Guy.

Sie zögerte.

»Wir müssen uns langsam an unsere Arbeit machen«, drängte Howard und sah auf seine Uhr. »Überlegen Sie es sich noch einmal, und dann sagen Sie uns, welches Formular wir ausfüllen sollen.« Er reichte Lisa das Berichtsformular und ging. Die Einweisung war vorbei.

So hatte sich Lisa diese Besprechung nicht vorgestellt. Sie fühlte sich von Guy im Stich gelassen. Als er zugestimmt hatte, seinem Team das neue Verfahren zu erklären, hatte sie sich etwas Unterstützung von ihm versprochen. Aber er hatte sie wie ein Greenhorn dastehen lassen. Sie beschloss, Trevor um Rat zu fragen.

In der Montagelinie war die Einweisung besser verlaufen. Fiona erläuterte gerade die von Steve entwickelte Leistungskontrolltafel. Es handelte sich um eine abwischbare Tafel mit einer Zeile für jede Stunde sowie Spalten für die Produktionsvorgaben, die tatsächlich erreichte Produktion sowie die Gesamtproduktion. Außerdem war eine Spalte dafür vorgesehen, dass aufgetretene Probleme eingetragen wurden und die Zeit geschätzt wurde, die dadurch verloren ging. Fiona bat den Arbeiter, der die Kaffeemaschinen verpackte, die Eintragungen stündlich vorzunehmen und darauf zu achten, dass sämtliche Probleme aufgeschrieben wurden, auch wenn sie banal erschienen.

Dave erklärte, dass sie die Informationen dazu verwenden würden, eine Liste der Probleme zu erstellen, die gelöst werden mussten, um die Produktivität in der Montage zu steigern. Er sagte den Arbeitern auch, dass Steve im Verlauf der Woche anfangen würde, visuelle Standards zu entwickeln.

»Aber wir machen unsere Arbeit doch schon seit Jahren. Warum müssen wir plötzlich alles aufschreiben?«, fragte Eileen Mayoh, eine der Arbeiterinnen.

»Wir wollen herausfinden, wie wir die Arbeit auf optimale Art und Weise erledigen können. Dazu müssen wir genau wissen, wie lange jeder Arbeitsschritt dauert. Dann wollen wir die Arbeit neu verteilen, um uns auf unterschiedliche Nachfrageniveaus einstellen zu können.«

»Aber Ihre Uhr holen Sie nicht mehr heraus, Steve?«, flachste sie.

»Ich fürchte doch«, antwortete er. »Während der Diagnose wollten wir ungefähr herausfinden, wie viel Arbeit an jeder Station anfiel. Jetzt möchten wir wissen, wie lange jeder Arbeitsschritt dauert, wenn es keine Probleme gibt.«

»Aber es gibt immer Probleme! Das scheinen Sie nicht zu verstehen. Natürlich könnten wir schneller arbeiten, wenn alles reibungslos liefe, aber so ist es nun einmal nicht.«

»Eileen hat irgendwie Recht«, pflichtete Fiona bei. »Wie wäre es, wenn Sie einen Tag lang am Band arbeiten, um sich eine Vorstellung von der Arbeit und den ständigen Pannen zu machen? Was meinen Sie, Steve? Dave?«

»Das ist eine hervorragende Idee«, meinte Dave. »Es wird Ihnen gut tun, zur Abwechslung einmal richtig zu arbeiten.«

»Ich bin dabei«, stimmte Steve zu.

»Großartig. Eileen, kümmern Sie sich um Steve und weisen ihn ein?«

»Keine Sorge, Fiona. Er ist bei uns in den besten Händen«, grinste Eileen.

Steve arbeitete den ganzen Tag am Band. Seine Kollegen waren natürlich eingearbeitet und erweckten den Eindruck, als sei die Arbeit ganz einfach. Er konnte mit ihrem Tempo gerade eben mithalten, bis irgendetwas wieder einmal nicht klappte und sein Teil wieder auseinander fiel. Die unzuverlässige Klebemaschine war besonders ärgerlich – kein Wunder, dass das Team sich dauernd darüber beschwerte.

»Wir melden unsere Probleme doch schon seit Jahren«, beschwerte sich einer der Montagearbeiter, Mark Sherwell. »Nehmen Sie die Klebemaschine: Man hat uns Stein und Bein geschworen, dass sie repariert wird, aber sie funktioniert einfach nicht richtig. Am besten nehmen wir einen Topf mit Klebstoff und einen Pinsel.«

Steves Tag an der Montagelinie eröffnete ihm aufschlussreiche Einblicke in die Anliegen der Arbeiter. Ihre größte Sorge war die Arbeitslosigkeit. Eileen war schon seit fast 20 Jahren bei *Arboria* und hatte viele Kollegen gehabt, die entlassen worden waren. Sie fürchtete, dass sie sich ihren Job wegrationalisierte, wenn sie die Prozesse verbesserte. Steve versuchte ihr zu erklären, dass betriebliche Verbesserungen letztlich zum Vorteil aller seien, aber er konnte sie nicht richtig überzeugen.

Der Tag an der Montagelinie verschaffte Steve auch eine gute Grundlage, um die Standards zu entwickeln. Fiona war hauptsächlich für das Timing zuständig, was eine Wiederholung des kritischen Vorfalls verhinderte, der in der Diagnosephase aufgetreten war.

Obwohl die Arbeiter klagten, dass die stündlichen Einträge in die Leistungskontrolltafel lästig seien, weil sie ihre Arbeit unterbrechen mussten, hielten sie sich an die Anweisungen. Philip und Dave achteten darauf, jedes Mal, wenn sie vorbeikamen, auf die Tafel zu sehen. Die Auswirkungen auf die Produktion waren unmittelbar: Das Team begann, jede Zielvorgabe zu erreichen oder zu übertreffen – eine klare Verbesserung gegenüber der bisherigen Leistung.

In der zweiten Woche der Projektumsetzung ließ Steve eine einfache Reparatur in der Montagelinie vornehmen, um eine knifflige Arbeit zu erleichtern, mit der er an seinem Tag am Band gekämpft hatte. Daraufhin maß er erneut die für diese Aufgabe benötigte Zeit und aktualisierte den Standard entsprechend. Da diese Station ein Engpass war, hob er auch die stündlichen Ziele auf der Leistungsüberwachungstafel an, um die Verbesserung zu berücksichtigen.

Am nächsten Tag geriet das Team in Verzug. Fiona bemerkte es, aber ein Blick auf die Tafel sagte ihr: keine Probleme. Als sie ihr Team darauf ansprach, warfen die Arbeiter ihr und den anderen vor, die Tafel dazu zu missbrauchen, sie unter Druck zu setzen. Fiona hatte das Gefühl, zwischen zwei Stühlen zu sitzen: Auf der einen Seite stand ihr Team und auf der anderen Seite Steve, der stichhaltige Gründe für die Erhöhung der Vorgabe hatte, wie sie wusste. Ihr war klar, dass sie mit ihrem Team über den Leistungsrückstand sprechen musste, wusste aber nicht, wie sie dabei vorgehen sollte, ohne eine Konfrontation heraufzubeschwören. Bisher hatte sie immer zu ihnen gehört. Nun befürchtete sie, dass ihr gutes Verhältnis Schaden nehmen würde, wenn sie sich als Vorgesetzte aufspielte.

Eine Kultur der Leistungsorientierung

Die Art und Weise, wie Fiona und Guy als Teamleiter die Veränderungen in ihren Bereichen bewältigen, ist sehr aufschlussreich.

Als Lisa dem Produktionsteam in der Spritzgussfertigung das neue Berichtsformular vorstellt, erhält sie kaum Unterstützung von Guy, dem Linienmanager. Howard stellt sogar indirekt Lisas Autorität infrage, indem er den Zweck des neuen Dokuments hinterfragt. Guy fühlt sich für das neue Verfahren nicht zuständig und überlässt es Lisa, es zu erklären. Die ist damit allerdings überfordert.

In den frühen Stadien der Projektumsetzung müssen die Teamleiter häufig Führungsaufgaben in ihren Teams wahrnehmen, manche vielleicht zum ersten Mal. Möglicherweise sind sie damit aber überfordert, oder sie sind grundsätzlich nicht bereit, eine solche Verantwortung zu übernehmen. Ein Lebensmittelhersteller, der ein Lean-Projekt durchführte, stellte fest, dass sich die meisten Teamleiter mehr für die Abfindungspläne interessierten, als dafür, sich in die neuen Aufgaben der Leistungsmessung und -kontrolle einzuarbeiten.

Es ist von entscheidender Bedeutung, dass die Mitarbeiter einbezogen werden, wenn Veränderungen anstehen. Es reicht nicht aus, ihnen nur zu sagen, was sie tun sollen. Howard hat sein ganzes Leben lang an Spritzgussmaschinen gearbeitet. Er wird kaum seine Arbeitsmethoden ändern, nur weil eine junge Produktionsingenieurin mit einem neuen Formular ankommt, das er für überflüssig hält. Lisa hätte Howard und seine Kollegen in die Entwicklung des Berichtsformulars einbeziehen und gemeinsam mit ihnen überlegen können, ob sie dafür an anderer Stelle Schreibarbeiten einsparen konnten.

Als Steve einen Prozess verbessert hatte und daraufhin das Produktionsziel erhöhte, empfand das Team dies als Vorwand, um sie zu härterer Arbeit zu zwingen. Obwohl es bei der Lean-Philosophie darum geht, intelligenter und nicht härter zu arbeiten, entsteht bei den Mitarbeitern häufig das Gefühl, nun härter arbeiten zu müssen. Das liegt daran, dass sie weniger Zeit mit Warten und anderen nicht wertschöpfenden Tätigkeiten verbringen, weil die Ursachen der Verschwendung abgeschafft wurden. Fiona befürchtet wie Lisa, dass ihr gutes Verhältnis zu den Teammitgliedern darunter leiden wird, dass sie die Veränderungen unterstützt. Aber ihr ist auch klar, dass solche Schwierigkeiten in Zukunft immer wieder auftreten werden. Folglich muss sie entscheiden, ob sie bereit ist, sich ihnen zu stellen und sich darum zu bemühen, das Team mitzunehmen. Dabei wäre es sehr hilfreich, wenn sie ihren Kollegen zeigen könnte, dass schlanke Prozesse zur Lösung mancher Alltagsprobleme beitragen.

Es überraschte niemanden, dass ein Problem immer wieder auf der Leistungskontrolltafel auftauchte: die Klebemaschine. Sie fiel in den ersten Tagen so häufig aus, das Jeff einfach nur »KLEBEMASCHINE

REPARIEREN« auf die Tafel schrieb und es dabei beließ. Es war auch der erste Punkt, den Fiona auf dem neuen Formular eintrug. Die Klebemaschine gewann schnell symbolisches Gewicht als Testfall, an dem sich ablesen ließ, wie ernst es dem Projektteam war, die Schwachstellen im System zu bekämpfen.

Nach einer kurzen Diskussion darüber, wer die Verantwortung für die Lösung dieses Problems übernehmen sollte, wurde Steves Name auf die Tafel geschrieben. Er erinnerte sich an eine Schulung, die er einige Monate zuvor besucht hatte. Dort hatte er erfahren, dass im ersten Schritt einer Problemlösung das Problem definiert wird. Im zweiten wird genau beobachtet, unter welchen Bedingungen es auftritt, und es werden Daten gesammelt. Die Problemdefinition war einfach: die pneumatisch betriebenen Zylinder blockierten häufig. Er hatte schon notiert, wie häufig die Maschine blockierte, und versuchte, mögliche Ursachen dafür herauszufinden, als er die Standards entwickelte.

Der dritte Schritt der Problemlösung bestand darin, mithilfe von Werkzeugen wie einem Ursache-Wirkung-Diagramm und den »Fünf Warum« eine Hypothese über die Ursachen zu erstellen. Der vierte Schritt lautete, entsprechende Abhilfemaßnahmen durchzuführen. Im fünften und sechsten Schritt schließlich wurden die Ergebnisse analysiert und der neu geschaffene Zustand zum Standard erklärt.

Um die Ursache für die ständigen Ausfälle der Klebemaschine herauszufinden, beraumte Steve ein Gespräch mit Eileen von der Montagelinie sowie einem Wartungstechniker an, der sich gut in Pneumatik auskannte. Auf den Vorschlag des Technikers hin bat er auch einen Ingenieur der Firma P. J. Tippins, die die Maschine geliefert hatte, an der Besprechung teilzunehmen. Wie sich herausstellte, war die Ursache bemerkenswert einfach. Der Techniker fand heraus, dass ein Schaft eingekerbt und leicht verbogen war – was wahrscheinlich auf die Einwirkung eines Hammers zurückzuführen war, mit dem sich einmal jemand beholfen hatte. Außerdem stellte der Ingenieur von Tippins fest, dass das Schmiermittel, das für die Maschine verwendet wurde, die Dichtungen angriff und den Druck beeinträchtigte. Diese beiden Faktoren, kombiniert mit dem Klebstoff, der großzügig über die Maschinenbestandteile verteilt worden war, führten zu den häufigen Ausfällen.

Steves anfängliche Verlegenheit darüber, dass das Problem eine so simple Ursache gehabt hatte, wich schnell. Um ein Wiederauftreten zu verhindern, bat er den Techniker von Tippins, einen einfachen Wartungs-standard zu erstellen, der für den täglichen Einsatz gelten sollte. Insgesamt demonstrierte dieser Vorgang hervorragend, welche praktischen Vorteile schlanke Prozesse für die Arbeiter am Band haben konnten.

Eileen sagte: »Jetzt beschweren wir uns schon so lange über diese Maschine. Ich wünschte mir, jemand hätte früher etwas unternommen, aber besser spät als nie!«

Dieser frühe Etappensieg wirkte sich auf die Produktionsleistung des Montageteams ebenso förderlich wie auf ihre Moral aus. Eine der wichtigsten Ursachen der Instabilität war nun ausgeschaltet worden. Nun konnten Steve und Fiona beginnen, den Materialfluss zu optimieren, indem sie die Arbeitsbelastung neu verteilten. Dazu schafften sie überflüssige Arbeitsschritte ab und ordneten das Layout der Montagelinie neu an.

In der Spritzgussfertigung ging es langsamer voran. Lisa hatte das ungute Gefühl, dass sie mit dem neuen Berichtsformular einen Schritt nach vorn und zwei zurück gemacht hatten. Aber die Arbeiter hatten versprochen, gemeinsam mit ihr eine Lösung zu finden.

»Wenn Sie jetzt nicht ihre Unterstützung gewinnen, dann bekommen Sie sie nie auf Ihre Seite«, prophezeite Dave. Er bot an, Lisa und Guy dabei zu unterstützen, gemeinsam mit dem Team eine Lösung zu finden, mit der alle einverstanden wären. Am nächsten Tag nahmen Lisa und Dave an einer kurzen Besprechung teil, die Guy nun zu Beginn jeder Schicht durchführte. Als Guy die Prioritäten für jede Maschine sowie die während der Schicht vorgesehenen Rüstvorgänge besprochen hatte, ergriff Dave das Wort.

»Ich weiß, dass das neue Berichtsformular, das Lisa entwickelt hat, für einigen Unmut gesorgt hat, und möchte dazu noch etwas sagen. Auf dem Papier laufen die Maschinen mit einer Ausnutzung von etwa 100 Prozent, manchmal auch mehr, aber wir alle wissen, dass das nicht der Realität entspricht: Es gibt Maschinenstopps, die Rüstvorgänge dauern Stunden, und die Teile entsprechen nicht immer den Anforderungen. Offensichtlich stimmt hier etwas nicht. Es kann nicht sein, dass wir zu 100 Prozent arbeiten und so viele Stillstände haben. Das passt nicht zusammen.«

»Wir müssen deshalb eine bessere Methode finden, um die tatsächliche Maschinenleistung zu messen. Nur so werden wir erfahren, wo die Probleme liegen und wie wir sie beheben können. Ich bin mir sicher, dass Sie alle die Probleme mit der Klebemaschine in der Montagelinie kennen.

Eine Spritzgussmaschine ist wahrscheinlich komplexer, aber die Schwierigkeiten müssen auf dieselbe Art und Weise bewältigt werden.«

»Dies alles läuft also darauf hinaus, dass kein Weg daran vorbeiführt, unsere Leistungskennzahlen zu ändern. Wir sollten nun gemeinsam überlegen, wie wir das tun. Ich habe Lisa gebeten, dass sie gemeinsam mit Ihnen ein Berichtsformular entwickelt, mit dem jeder zurechtkommt. Wenn es Probleme gibt, können Sie sich an mich und Guy wenden. Sind Sie damit alle einverstanden?«

Dave erwartete keine Antwort. Er wollte sich nach dieser Besprechung noch unter vier Augen mit Howard unterhalten. Er hatte nun verdeutlicht, dass das Team sich nicht aussuchen konnte, mit wem es zusammenarbeitete: Lisa würde das Berichtsformular in jedem Fall einführen.

Tief verwurzelte Probleme angehen

Die Reparatur der Klebemaschine war ein Meilenstein auf dem Weg von *Arboria* zu einem schlanken Unternehmen: Es handelte sich um die erste wichtige Verbesserung, die den Arbeitern unmittelbare Vorteile brachte. Im Folgenden wird analysiert, wie genau dieser altbekannte Schwachpunkt im Wertstrom beseitigt wurde.

Im ersten Schritt wurde das Problem für das Management sichtbar gemacht. Spätestens als Bruno davon erfahren hatte, konnte es nicht mehr unter den Teppich gekehrt werden. Das Management war nun mindestens ebenso sehr dafür verantwortlich wie die Mitarbeiter in der Fertigung. Im zweiten Schritt wurde ein Verantwortlicher – Steve – benannt. Im dritten Schritt wurde eine strukturierte Methode eingesetzt, um die Ursache zu finden und zu beheben. Dann wurde im vierten Schritt ein Team gebildet, dessen Mitglieder über die notwendigen Kenntnisse und Fähigkeiten verfügten, um das Problem zu lösen.

Die fehlenden Standards für die Wartung der Klebemaschine waren ein Zeichen dafür, dass man den Details zu wenig Aufmerksamkeit schenkte und die Zuständigkeit für die Wartung nicht geregelt war. Bei kleineren Schwierigkeiten stand daher nie fest, ob nun jemand aus der Wartung, aus der Technik oder aus der Produktion zuständig war. Dies weist zwar eindeutig auf ein Defizit im technischen System hin, aber die

Steigerung der Maschinenleistung setzt auch eine geeignete Managementinfrastruktur sowie die richtigen Einstellungen und Verhaltensweisen voraus.

Als das Team die Einführung des Pilotprojekts fortsetzte, beurteilte John dessen Fortschritte in wöchentlichen Lagebesprechungen.

Philip, Dave und Trevor hielten jeden Freitag um 15 Uhr eine einstündige Lagebesprechung mit John ab, um zu prüfen, ob sie die Vorgaben des Wochenplans erfüllt hatten.

Vor der Besprechung verfasste Philip einen Bericht mit Grafiken zu vier Leistungskennzahlen: Maschinenverfügbarkeit (OEE), durchschnittliche Umrüstzeiten an den Spritzgussmaschinen, Arbeitsproduktivität an der Montagelinie und gesamte Durchlaufzeit. In diesem Bericht, der nur eine Seite umfasste, informierte er über die Tätigkeiten der Woche, etwa »visuelle Standards an der Montagelinie entwickelt« oder »Maschinenstörungen analysiert, um Prioritäten festzulegen.« Außerdem wurden die Aufgaben für die kommende Woche festgelegt. Weiterhin mussten Fragen geklärt werden, die in Johns Entscheidungsbereich fielen, etwa die Genehmigung von Bestellungen der Mitarbeiter.

Dieser Bericht bildete die Grundlage für die Besprechung. Die Manager verfassten dazu aber nicht zusätzliche Unterlagen, sondern verwendeten die vorhandenen, etwa die visuellen Standards, die Steve mit Fiona und dem Team verfasst hatte. Auf diese Weise wollten sie alle Vorgänge und Entwicklungen im Pilotprojekt so unmittelbar wie möglich reflektieren. Sie führten die Besprechung auch nicht in Johns Büro, sondern im Schulungsraum durch und machten unmittelbar davor oder danach einen Gang durch das Werk, um sich die neuesten Veränderungen mit eigenen Augen anzusehen. John hielt sich durch diese Gespräche mit den Arbeitern auf dem Laufenden und vermittelte ihnen, dass er sich für den Erfolg des Projekts persönlich einsetzte.

In der dritten wöchentlichen Lagebesprechung sprach das Team über die erfolgreiche Lösung des Problems mit der Klebemaschine. John hatte sich die Maschine kurz vor der Besprechung angesehen. Philip nutzte die Gelegenheit, um die Art und Weise zu hinterfragen, wie die Aufgaben der Grundwartung gehandhabt wurden.

»Wir müssen uns ernsthaft fragen, warum es so lange dauerte, bis ein so hartnäckiges Problem behoben wurde. Meiner Ansicht nach muss man diese Frage in einem größeren Zusammenhang stellen: Es geht nämlich grundsätzlich darum, wie die Mitarbeiter in der Produktion und Wartung zusammenarbeiten.«

»Fahren Sie fort«, ermunterte ihn John.

»Nun, die Arbeiter in der Produktion haben das Problem immer wieder gemeldet, bis sie resignierten und die Dinge selbst in die Hände nahmen – was der Grund für den verbogenen Schaft sein könnte.«

»Wie kann so etwas geschehen, Trevor? Warum fällt ein solches Problem durch das Netz?«

»Es fällt eigentlich nicht durch das Netz, John, sondern das Netz ist schon übervoll. Wir müssen Prioritäten setzen, und da stehen die Spritzgussmaschinen natürlich an erster Stelle.«

»Was aus wirtschaftlicher Sicht durchaus richtig ist«, fügte Philip hinzu.

»... aber in der Montage für großen Ärger sorgt«, ergänzte John.

»Genau!«, bekräftigte Philip.

»Wie sieht es denn in der Spritzgussfertigung aus?«, fragte John. »Werden wenigstens dort die erforderlichen Wartungsarbeiten durchgeführt?«

Dave meldete sich zu Wort. »Nein, eigentlich nicht. Wie Trevor schon sagte: Wenn die Zeit knapp ist, muss man Kompromisse schließen. Trevor würde mir ganz bestimmt zustimmen, wenn ich sage, dass hier noch viel zu verbessern ist.«

»Das ist wohl wahr. Wir haben zwar ein Programm für die vorbeugende Wartung der Spritzgussmaschinen, aber wir sind immer so damit beschäftigt, die aktuellen Störungen zu beheben, dass wir gar nicht dazu kommen, vorbeugende Arbeiten durchzuführen. So geraten wir in einen Teufelskreis.«

»Was schlagen Sie vor, Phil?«, fragte John.

»Wir haben schon einige Ideen besprochen. Es ist zwar noch früh, aber grundsätzlich schlagen wir vor, dass die Wartungsabteilung aufgeteilt wird: Ein Bereich wäre dann dafür zuständig, die Produktion zu unterstützen. Er könnte den dortigen Meistern unterstellt werden, die wiederum Dave unterstellt sind. Der zweite Bereich würde sich auf die schwierigeren Aufgaben und die vorbeugende Wartung konzentrieren. Auf diese Weise könnten wir verhindern, dass die vorbeugende Wartung ständig vernachlässigt wird, weil aktuelle Störungen behoben werden müssen.

Außerdem hätte die Produktion eine eigene Ressource, die sie nach Maßgabe ihrer eigenen Prioritäten verwalten kann.«

»Das leuchtet ein. Was halten Sie davon, Trevor? Wären Ihre Leute einverstanden?«

»Es wird sicherlich nicht einfach sein. Ich kann mir angenehmere Gespräche vorstellen. Aber mir fällt auch keine andere Möglichkeit ein.«

»Also gut. Wir werden das Thema im Meeting mit dem Werksmanagement in der nächsten Woche besprechen. Könnten Sie bis dahin einen Vorschlag ausarbeiten?«

»Natürlich«, versprach Philip.

In der folgenden Woche führten Bruno und Dietmar den ersten ihrer versprochenen monatlichen Besuche durch. Philip hatte einen kurzen Statusbericht verfasst, der auf dem letzten Wochenbericht beruhte. Als er ihn vorstellte, erklärte er, dass es im ersten Monat hauptsächlich darum gegangen sei, eine stabile Plattform einzurichten. Dave und Trevor sprachen über die praktischen Einzelheiten, die bei der Einführung der Systeme zur Leistungskontrolle und Problemlösung zu beachten waren. Dies dauerte etwa eine halbe Stunde. Dann wurde das Meeting in die Fertigungshalle verlagert, damit sich Bruno und Dietmar ein Bild von den Fortschritten seit ihrem letzten Besuch machen konnten.

Die Besichtigung begann an der Montagelinie. Bevor Fiona ihnen die Standards für die einzelnen Arbeitsstationen zeigen konnte, bemerkte Bruno die Klebemaschine.

»Sie sieht viel besser aus!«, sagte er, ohne jemanden direkt anzusprechen.

Steve rief Eileen, damit sie erklärte, wie sie das Problem gelöst hatten. Ihre Begeisterung hätte von dem Missmut nicht weiter entfernt sein können, den Mark Sherwell noch vor einem Monat an den Tag gelegt hatte. Nun war auch Mark mit der Verbesserung sehr zufrieden. Bruno war sichtlich angetan, und Philip musste ihn richtiggehend loseisen, um den Gang in die Spritzgussfertigung fortsetzen zu können.

Lisa hatte gemeinsam mit Guy und Howard das Berichtsformular vereinfacht und ihnen geholfen, sich auf diesen Besuch vorzubereiten. Guy stellte die Besucher Howard vor, und dieser nahm ein Klemmbrett von seiner Maschine und zeigte ihnen das Blatt, das er seit Schichtbeginn ausfüllte.

»Das Berichtsformular ist mit dem Tachometer eines Pkws vergleichbar: Es gibt genau Auskunft darüber, was die Maschine während der Schicht geleistet hat. Wir schreiben auf, wie viele Teile wir herstellen, und notieren die Zykluszeit. Auf der Grundlage dieser Daten können wir festlegen, wie viele Teile wir in der Schicht hätten herstellen müssen. Hier notieren wir alle Stopps. Wenn es einen richtigen Stillstand gibt, notieren wir, wann die Maschine stillstand und wann wir sie wieder zum Laufen brachten. Wenn es nur eine kleine Störung ist – wenn etwa ein Teil in der Form stecken bleibt –, kreuzen wir eine dieser Kategorien hier an. Wir zeichnen auch Qualitätsmängel auf, sowohl diejenigen, die wir selbst feststellen, als auch diejenigen, die in der Montage festgestellt werden, und ziehen sie vom Gesamtergebnis ab.«

»Und wie sieht es mit den Umrüstungen aus?«, fragte Dietmar.

»Oh, ja. Wir waren uns lange uneinig darüber, wie wir sie aufzeichnen sollten«, sagte Howard mit einem Blick zu Lisa. »Aber Lisa setzte mir einfach die Pistole auf die Brust, und nun messen wir die Zeitspanne von der Fertigung des letzten einwandfreien, mit dem alten Werkzeug hergestellten Teils bis zur Fertigung des ersten einwandfreien, mit dem neuen Werkzeug hergestellten Teils.«

»Wenn wir das nicht getan hätten«, erklärte Lisa, »würden wir nur einen kleinen Ausschnitt aus den gesamten Abläufen verbessern. So wichtige Dinge wie etwa die Materialumstellung oder die Vorbereitung des neuen Werkzeugs würden uns aber entgehen.«

»Das klingt, als hätten Sie großartige Arbeit geleistet«, lobte Dietmar. »Können Sie mir ein Exemplar des Berichtsformulars geben?«

Die Topmanager müssen einbezogen bleiben

Im Verlauf der Projektumsetzung ist es Aufgabe der Topmanager, die Fortschritte zu kontrollieren, und zu gewährleisten, dass das Pilotprojekt die Vorteile des Soll-Zustands schon unter Beweis stellt. Aber sie müssen sich auch selbst unmittelbar an der Umsetzung beteiligen, damit das zweite wichtige Ziel des Pilotprojekts erreicht wird: die Aufdeckung von Problemen auf Systemebene, die geklärt werden müssen, wenn die Veränderungen langfristig Bestand haben sollen.

Während John an den wöchentlichen Lagebesprechungen teilnimmt, halten Bruno und Dietmar den Kontakt durch ihre monatlichen Besuche. Sie alle möchten sich einen Eindruck aus erster Hand verschaffen, anstatt sich auf offizielle Berichte oder Zusammenfassungen zu verlassen. Diese persönlichen Erfahrungen spielen eine entscheidende Rolle, wenn sie später das Pilotprojekt auswerten und entscheiden, wie die Lean-Konzepte im gesamten Unternehmen umgesetzt werden sollen.

Bruno verhält sich in seinem etwa einstündigen Besuch in der Fertigungshalle deutlich anders als bei seinem vorherigen Besuch. Er scheint sich dort wohler zu fühlen, wahrscheinlich deshalb, weil er nun weiß, worauf er achten muss, und schon Kontakte geknüpft hat. An der Montagelinie prüft er den Zustand der Klebemaschine: Eine seltene Gelegenheit, um die offizielle Berichterstattungsstruktur zu umgehen und sich mit eigenen Augen davon zu überzeugen, wie sich die neuen schlanken Prozesse auswirken.

Manager werden in der Regel reichlich mit Statistiken und Balanced Scorecards gefüttert. Dabei lieben sie Anekdoten aus dem Alltag und verwenden sie gern, um Begeisterung für ihre Ziele zu entfachen. Bruno bildet da keine Ausnahme. Er freut sich schon darauf, dem Europa-Management und den anderen Werksleitern von seinen Erfahrungen zu berichten, die er bisher mit dem Lean-Projekt sammeln konnte.

Das Pilotteam hat nun die Grundlagen für die erforderliche Stabilität geschaffen, damit der Materialfluss im Wertstrom verbessert werden kann, ohne dass dies auf Kosten des Kundenservice geht. Aber die restlichen Bereiche des Werks leiden noch immer unter Instabilität und wechselnden Prioritäten.

John legte den Telefonhörer auf und ging zum Fenster, um frische Luft hereinzulassen. Plötzlich war ihm heiß geworden. Er hatte einen Anruf von Homestar, einem der drei besten Kunden von *Arboria* erhalten, der auf eine versprochene Lieferung wartete. Es war der Einkaufsleiter höchstpersönlich gewesen, und er klang aufgebracht, weil dies schon der zweite nicht eingehaltene Liefertermin in diesem Monat war. Homestar war ein großer europaweit agierender Einzelhändler, und John konnte es sich nicht leisten, diesen Kunden zu verprellen. Er hatte versprochen, sich selbst um die Angelegenheit zu kümmern und am Nachmittag zurückzurufen. Er nahm den Hörer und wählte Daves Nummer.

In den vergangenen Wochen hatte Philip eher eine beobachtende Rolle eingenommen und das Team angeleitet, während es das Pilotprojekt umsetzte. Er dachte schon über die Ausweitung des Lean-Projekts auf das gesamte Werk nach. Er hatte den Morgen damit verbracht, verschiedene Ideen zum zeitlichen Ablauf und zu den Ressourcen zu ordnen. Nach der Mittagspause beschloss er, einen Gang durch das Werk zu unternehmen.

An der Montagelinie sah er zu seiner Überraschung, dass die Leistungskontrolltafel am Vormittag nicht ausgefüllt worden war und die Arbeiter schon aufräumten, obwohl die Schicht noch 20 Minuten dauerte. Er sprach Mark an.

»Hallo, Mark. Ist Fiona in der Nähe?«

»Nein. Ich habe sie schon eine ganze Weile nicht gesehen. Zuletzt war sie auf dem Weg zur Spritzgussfertigung, um Formen zu besorgen.«

»Sie sind doch nicht etwa ausgegangen?«

»Leider ja, in den vergangenen Stunden. Wir konnten bis etwa Mittag arbeiten, aber dann gab es ein Problem, ich glaube, mit dem Vormaterial.«

»Vormaterial? Das ist merkwürdig. Ich werde mal nachsehen.« Bevor er ging, fragte Philip mit einem Blick auf die leere Leistungskontrolltafel: »Warum sind heute keine Einträge gemacht worden?«

»Tut mir Leid, Philip, es war einfach zu viel los. Eins kam zum anderen, wie das eben so geht. Aber morgen haben wir mit Sicherheit wieder alles im Griff.«

»Von den Formen abgesehen, war also alles in Ordnung?«

»Ja.« Mark hielt inne. »War sonst etwas Besonderes, Eileen?«

»Nur Kleinigkeiten.«

»Was für Kleinigkeiten?«, hakte Philip nach.

»Ach, die Klebemaschine macht wieder Zicken. Nicht so schlimm wie sonst, aber aus irgendeinem Grund hat sie sich ein paar Mal ausgeschaltet.«

»Was haben Sie dann getan?«, fragte Philip.

»Wir haben Sie einfach wieder angestellt.«

»Und war das Problem damit gelöst?«

»Eigentlich nicht richtig, aber wir konnten zumindest weiterarbeiten.« Eileen hob die Schultern. »Ich weiß, was Sie jetzt sagen werden. Wir hätten die Wurzel des Problems herausfinden und beheben müssen, aber heute ist einfach ein schlechter Tag.«

»Ich weiß, Eileen, aber Tage wie heute wird es immer wieder geben.

Wenn wir nichts daraus lernen, werden sie sich häufen, bis wir wieder da sind, wo wir angefangen haben. Wenn wir die Leistungskontrolltafel nicht ausfüllen und alle Probleme notieren, wird sich auch niemand darum kümmern. Denken Sie an die Klebemaschine: Die Schlacht war schon halb gewonnen, als sie erst einmal auf der Tagesordnung stand.«

»Sie haben ja Recht«, seufzte Mark, »aber man verzettelt sich so leicht.«

»Ja, aber es ist Ihre Aufgabe im Team, uns stets zu informieren. Es ist von entscheidender Bedeutung, dass Sie eine gewisse Disziplin einhalten. Wenn Sie sich mit Ihren Problemen nicht melden, glauben die Leute, auf deren Unterstützung Sie angewiesen sind – Manager, Wartungstechniker, wer auch immer –, dass alles in Ordnung ist, und beschäftigen sich mit anderen Dingen.«

Da die Schicht gleich zu Ende war und Philip alles gesagt hatte, was er sagen wollte, ließ er die Arbeiter gehen. An der Klebemaschine öffnete er den Wartungsordner, den Steve angelegt hatte. Wenn die Aufzeichnungsblätter der Wahrheit entsprachen, waren die täglichen Checks in den vergangenen Tagen nicht durchgeführt worden. Auch die erste monatliche vorbeugende Wartung war nicht eingetragen. Sein Verdacht bestätigte sich, dass es an der notwendigen Disziplin fehlte.

Anstatt in die Spritzgussfertigung weiterzugehen und sich um das Problem mit dem Vormaterial zu kümmern, beschloss Philip, Dave zurate zu ziehen. Er piepste ihn vom nächsten Telefon aus an. Wenige Sekunden später rief er zurück.

»Hallo Dave, hier ist Philip. Danke für Ihren schnellen Rückruf. Wir müssten uns mal kurz unterhalten. Wo sind Sie?«

»Ich bin gerade im Lager und sehr beschäftigt.«

»Was ist los?«

»John regt sich furchtbar auf, weil wir eine weitere Bestellung von Homestar nicht rechtzeitig ausgeliefert haben, und die Hälfte der Arbeiter aus der Spritzgussfertigung dreht Däumchen, weil das Vormaterial zu schlecht ist.«

»Was stimmt damit nicht?«

»Irgendein Besserwisser in Brüssel hat alle unsere Verträge zentralisiert, um Kosten zu sparen, und deshalb wurden die Lieferanten gewechselt. Die Spezifikationen sollten natürlich gleich bleiben, aber die blöden Maschinen scheinen das nicht zu wissen.«

»Es scheint kein guter Zeitpunkt für ein Gespräch zu sein. Machen Sie weiter, und wir sprechen uns dann morgen.«

Am nächsten Tag äußerte Philip gegenüber John seine Bedenken, was die Projektumsetzung anging. Er erzählte ihm, was er in der Montagelinie gesehen und gehört hatte, und schlug vor, eine Sitzung des Werksmanagements anzusetzen, um die Lage zu besprechen.

»Ich verstehe Ihre Bedenken, Phil, aber im Moment haben wir wirklich keine Zeit.«

»Wir dürfen den Dingen aber nicht einfach ihren Lauf lassen. Sonst wird uns auch in Zukunft jede kleine Schwierigkeit aus dem Konzept bringen. Wenn wir es mit den schlanken Prozessen ernst meinen, müssen wir uns auch dafür einsetzen.«

»Wie wäre es, wenn wir die Angelegenheit bei der nächsten Lagebesprechung am Freitag zur Sprache bringen?«

»Wir brauchen dafür aber mehr Zeit, John. Wir können das Thema nicht in fünf Minuten abhaken.«

»Also gut, dann machen wir es im Anschluss an die Lagebesprechung.« John warf einen Blick in seinen Terminkalender. »Oh nein, am Freitag bin ich ja in Brüssel. Dietmar rief mich heute Morgen an und bat mich zu kommen. Es geht um die Einführung neuer Produkte. Dann muss die Besprechung eben ohne mich stattfinden.«

»Damit bin ich nicht einverstanden, John«, sagte Philip. »Entweder wir führen das Projekt richtig oder gar nicht durch.«

Daraufhin herrschte erst einmal Stille.

»Also gut«, lenkte John schließlich ein. »Ich werde gleich Dietmar anrufen und abklären, ob wir das Thema nicht telefonisch besprechen können. Wenn nicht, müssen wir eben nächste Woche einen Termin finden, an dem alle Zeit haben.«

Es gelang John, sein Meeting mit Dietmar auf die folgende Woche zu verlegen, sodass das Werksmanagement am Freitagnachmittag nach der Lagebesprechung zusammenkam, um die anstehenden Probleme zu diskutieren. Philip äußerte seine Befürchtung, dass das Werksmanagement sich zu wenig engagiere und die Umsetzung nun allein dem Pilotteam überlasse.

Dave gab zu, dass er sich weniger als gewünscht um das Pilotprojekt gekümmert hatte. Das Desaster mit dem Vormaterial hatte ihm einen Strich durch die Rechnung gemacht. Trevor versprach, die Frage zu klären, warum die vorbeugende Wartung nicht durchgeführt worden war. Er wies aber gleichzeitig darauf hin, dass gerade Personalmangel herrschte, weil einer seiner besten Techniker abgeworben worden war.

In diesem Augenblick klingelte Johns Handy und er verließ den Raum. Prompt nutzte Bill die Gelegenheit um kundzutun, dass er noch nie an die neue Methode geglaubt habe. Als John nach einer Viertelstunde wiederkam, stritten sie sich immer noch.

»Nun, haben Sie alles geklärt?«, fragte er.

Es herrschte betretenes Schweigen, bis Philip das Wort ergriff. »Wir müssen uns fragen, ob diese Schwierigkeiten nur ein Hindernis sind, das wir bald überwunden haben, oder ob es sich um etwas Ernsteres handelt.«

John schlug vor, dass jeder Anwesende sagen sollte, was ihn seiner Meinung nach von der vollen Unterstützung des Pilotprojekts abhielt. Auf Nachfragen räumte Trevor ein, dass er zusätzliches Personal gebrauchen könnte. Er schlug vor, einen Lehrling für einige Wochen aus der Werkzeugmacherei abzuziehen, um den Rückstand bei den Wartungsarbeiten aufzuholen. Dave sagte, dass er etwas Unterstützung von John gebrauchen könnte, um sich um das Problem mit dem Vormaterial zu kümmern. Der Versuch, eine in Brüssel angesiedelte Angelegenheit vor Ort zu lösen, kostete ihn viel Zeit.

Am Ende des Meetings hatten alle Anwesenden eingesehen, dass sie anders als bisher vorgehen mussten, wenn das Projekt weiterhin auf Erfolgskurs bleiben sollte. Beim Hinausgehen wandte sich Philip an John.

»Sie haben geholfen, die eigentlichen Schwierigkeiten ans Tageslicht zu bringen. Vielen Dank!«

»Gern geschehen. Und Sie hatten Recht damit, uns den Spiegel vorzuhalten und an unsere Pflichten zu erinnern.«

Rückschläge verarbeiten

Obwohl das Pilotprojekt einen guten Start hatte, war es unvermeidlich, dass die Alltagsprobleme irgendwann wieder die Überhand gewinnen würden. Paradoxerweise ist diese Gefahr dann am größten, wenn das Projekt zunächst wunschgemäß abläuft, weil die Manager glauben, sich nun wieder verstärkt um andere, dringendere Angelegenheiten kümmern zu können.

Als Philip die verschiedenen Signale dafür erkennt, dass die Situation aus dem Ruder zu laufen droht, sieht er darin Symptome eines tieferliegenden Problems: Die Mitarbeiter haben noch nicht akzeptiert, dass einige Anforderungen nicht zur Diskussion stehen, sondern unbedingt einzuhalten sind. Es war zu erwarten, dass ein Manager wie Dave vom Pilotprojekt abgelenkt wurde, weil er sich um eine akute Krise kümmern musste. Entscheidend ist jedoch die Art und Weise, wie ein Team auf solche Rückschläge reagiert. Daran entscheidet sich, ob es gelingt, den Soll-Zustand tatsächlich zu erreichen. Aus diesem Grund besteht Philip so hartnäckig darauf, dass John ein Meeting mit dem gesamten Werksmanagement durchführt, um das Thema zu besprechen.

In der Besprechung zögern die Mitarbeiter dann, offen über ihre Probleme zu sprechen. Das ist häufig dann der Fall, wenn sie es nicht gewohnt sind, selbstständig zu arbeiten, oder wenn das Vertrauen nicht stark genug ist, um auch heikle Themen zur Sprache zu bringen. Diese Schwierigkeit wird jedoch überwunden, als John das Thema anschneidet, auch wenn er die Anwesenden eigens dazu auffordern muss, um Unterstützung zu bitten.

Manchmal reichen die Gründe für Rückschläge auch tiefer: Vielleicht spiegeln sie ein mangelndes Vertrauen in den Firmenchef oder eine fehlende Abstimmung zwischen individuellen Zielen und Unternehmenszielen wider. In solchen Fällen kann eine Moderation durch einen neutralen externen Experten angebracht sein, der die Schwierigkeiten aufgreift und der Gruppe hilft, sie anzusprechen.

Unterstützt durch das neuerliche Engagement des Werksmanagements verbrachte das Pilotteam die nächsten beiden Monate damit, die Bausteine des zukünftigen technischen Systems vorzubereiten. In der Montagelinie passten Steve und Fiona die Arbeitsmenge an die Taktzeit an. Der verbesserte Prozess erforderte nun drei und nicht mehr vier Arbeiter. Mit Johns Genehmigung blieb die vierte Arbeiterin, Eileen, jedoch bis zum Ende des Pilotprojekts im Team, damit dieses zusätzliche Kapazitäten hatte, um die Verbesserungen in der Montagelinie weiterzuentwickeln und zu dokumentieren. Später sollte sie die Leitung eines Teams in einer anderen Fertigungslinie übernehmen.

Eileen verwendete eine Fähigkeitenmatrix, um Kompetenzlücken festzustellen, und entwickelte gemeinsam mit Fiona On-the-Job-Schulungen für das Montageteam. Fiona definierte außerdem mit Louise und Philip die Aufgaben und Zuständigkeiten der Teamleiter neu, um diejenigen Aspekte der Leistungsmessung und -kontrolle, der Problemlösung und der Prozessverbesserungen zu stärken, die sich im Lauf der Pilotphase als schwach erwiesen hatten.

In der Spritzgussfertigung konnte mithilfe der Daten aus den Berichtsformularen festgestellt werden, wo es Schwachstellen gab. Derek hatte für jede Maschine ein »Protokollbuch« angelegt. Darin wurden die Standardeinstellungen für jedes Teil sowie alle Störungen und vorbeugenden Wartungsarbeiten eingetragen. An manchen Maschinen kam es nur zu kürzeren Unterbrechungen, die leicht abgestellt werden konnten, während an anderen komplexere Probleme auftraten, die nur mithilfe der Werkselektriker behoben werden konnten.

Drei Monate nach Beginn des Pilotprojekts waren die Rüstzeiten an den drei Spritzgussmaschinen für Kaffeemaschinen auf unter 40 Minuten gesenkt worden. Nun war es Zeit, auf ein Holsystem zur Produktionssteuerung überzugehen. Die zusätzlichen Kapazitäten sollten zunächst dafür genutzt werden, einen Sicherheitsbestand aufzubauen. Dies sollte gewährleisten, dass die Lieferungen in der Übergangszeit nicht gefährdet wurden – eine lebenswichtige Vorsichtsmaßnahme in Anbetracht der jüngsten Probleme mit Homestar.

In der Zwischenzeit hatte Christine gemeinsam mit Dave und Trevor und unterstützt von Philip daran gearbeitet, die Höhe des Bestands zu errechnen, der an den beiden Stationen vor und nach der Montage benötigt würde, an denen der Produktionsfluss unterbrochen wurde. Sie führten Simulationen mithilfe von Tabellenkalkulationen durch und ermittelten dann die Höhe der benötigten Vorräte. Schließlich führte das Team ein Gespräch mit Bill, um Übereinstimmung darüber zu erzielen, wie das Holsystem funktionieren könnte.

»Im Idealfall würden wir den Sicherheitsbestand direkt hinter den Spritzgussmaschinen lagern. Aber dazu müssten wir das gesamte Layout verändern. Deshalb werden wir die Bestände am Anfang noch ins Lager stellen. Christine und Lisa haben den Bereich schon markiert.«

Philip erklärte, dass die vom Kunden nachgefragte Menge an Kaffeemaschinen täglich in eine Plantafel eingetragen würde, wobei *Kanban-*

Karten benutzt werden sollten. Die Nachfrage sollte zunächst mit einem Fünftel der Wochennachfrage angesetzt werden.

»Die Plantafel ist in Spalten und Reihen eingeteilt. Jede Spalte stellt eine Stunde und jede Reihe eine Produktvariante dar. Gaz Morgan holt stündlich im Lager die *Kanban*-Karten für die nächste Stunde und stellt diese Produkte dann im Versandbereich für die nächste Lieferung bereit.«

»Selbst dann, wenn gar keine Lieferung fällig ist?«, fragte Bill.

»Ja, genau. Die Plantafel gibt den Rhythmus vor, in dem im gesamten Werk gearbeitet wird. Deshalb ist es wichtig, dass die Karten stündlich abgeholt werden. Langfristig hilft uns das, die nötige Disziplin zu entwickeln, um flexibler zu werden.«

»Klingt bescheuert«, murmelte Bill. Philip hörte es und war sicher, dass auch die anderen ihn gehört hatten. Sein Benehmen war allmählich nicht mehr hinnehmbar.

»Für jede Palette gibt es eine andere *Kanban*-Karte, die Mark anbringt, wenn er die Palette zur Montagelinie bringt. Wenn Gaz die Palette wegnimmt, muss er diese *Kanban*-Karte herausnehmen und in eine Sammelbox legen, damit sie wieder zurück an die Montagelinie gebracht werden kann. Dort signalisiert sie, dass weitere Mengen eines bestimmten Produkts hergestellt werden sollen.«

»Es handelt sich also um eine Art Schleife«, sagte Fiona.

»Genau. Das ist ein guter Vergleich. Dieses Holsystem besteht im Wesentlichen aus mehreren Schleifen, die verschiedene Phasen des Wertstroms verbinden. Das fängt an der Stelle an, die am nächsten beim Kunden liegt, und setzt sich den ganzen Weg zurück bis in die Spritzgussfertigung fort, und letztlich auch bis zu unseren Lieferanten.«

»Was geschieht nun, wenn die *Kanban*-Karten wieder an die Montagelinie zurückkommen? Rüsten wir dann sofort um?«

»Im Idealfall ja, aber nicht am Anfang. Das würde Chaos verursachen, weil wir die Umrüstungen noch nicht so gut beherrschen. Am Anfang sammeln wir die *Kanban*-Karten noch, bis wir beispielsweise vier Sammelboxen derselben Variante haben – das ist die halbe Leistung einer Schicht –, und dann rüsten wir um. Wenn wir den Prozess im Lauf der Zeit optimieren, können wir diese Zahl – und damit auch den Vorrat an Endprodukten – reduzieren.«

»Aber was ist mit unserer Losgrößenoptimierung?«, fragte Bill. »Wir haben bisher immer große Losgrößen gefertigt, weil das billiger ist, denn bei der Optimierung der Losgrößen haben wir auch die Kosten der Umrüstung berücksichtigt.«

»Das ist richtig«, sagte Philip. »Aber in dieser Berechnung sind die Kosten für die Lagerhaltung und -verwaltung, das Risiko veralteter Produkte, die verlängerte Durchlaufzeit und ähnliche Dinge wahrscheinlich nicht berücksichtigt. Und wenn wir die Rüstzeiten verkürzen, wie wir das in der Spritzgussfertigung schon getan haben, sinken auch die Kosten.«

Bill schwieg.

Die Gruppe besprach dann den Prozess, den Philip beschrieben hatte, und einigte sich darauf, wo die Plantafel und die Sammelboxen stehen sollten. Philip betonte, wie wichtig es sei, diesen neuen Ablauf in den ersten Wochen konsequent und diszipliniert zu verankern.

»Es wird ein paar lästige Probleme geben, das ist immer so. Irgend jemand wird vergessen, die *Kanban*-Karte von der Palette zu nehmen, und sie landen versehentlich beim Kunden, oder Ähnliches. Wenn wir diese Nachlässigkeiten aber hinnehmen, besteht die große Gefahr, dass viele Mitarbeiter sehr bald sagen, das Holsystem funktioniere nicht, bevor es überhaupt eine Chance hatte. Es ist unsere Aufgabe, für die nötige Disziplin zu sorgen, damit alle Mitarbeiter auf die *Kanban*-Karten warten. Wenn sie sehen, dass die Vorräte schwinden, ist die Versuchung groß, dass sie die Maschine schon umrüsten, bevor die Karte eintrifft. Wir müssen dafür sorgen, dass sie die Nerven behalten und auf das Signal warten.«

Nach der Besprechung ging Philip direkt in Johns Büro. Zornig erzählte er ihm, wie Bill die neuen Methoden vor den versammelten Mitarbeitern kritisiert hatte. »Glauben Sie mir, John, wir haben versucht, ihn an jeder wichtigen Stelle einzubeziehen, aber es hatte absolut keine Wirkung.«

»Ich weiß. Mir ist das auch aufgefallen«, bestätigte John etwas niedergeschlagen. »Ich glaube, nach all den Jahren, in denen er seine gewohnten Arbeitsmethoden hatte, ist er jetzt einfach überfordert.«

»Werden Sie mit ihm sprechen?«

»Ja, natürlich.« John sah ihn an. »Ich verspreche es.«

Auf dem Nachhauseweg überlegte John, wie er das Thema bei Bill anschneiden könnte und verwarf eine Idee nach der anderen. Was sollte er nur tun?

Die Einführung eines Holsystems

Nachdem das Team eine stabile Plattform eingerichtet und die notwendige Flexibilität gewonnen hat, ist es bereit, alle Elemente in einem Holsystem zusammenzuführen. Während dieser Schritt in Philips Augen die letzte Phase beim Aufbau des neuen Systems darstellt, sieht Bill darin den endgültigen Abschied von einer bewährten Arbeitsmethode, die ihm sein ganzes Leben lang dienlich war. Es überrascht kaum, dass die beiden Männer so unterschiedliche Ansichten haben, da die beiden Steuerungsmethoden über Hol- oder Bringsysteme – Pull oder Push – völlig gegensätzlich sind.

Einfach ausgedrückt, dient ein Holsystem dazu, die Abläufe auf die tatsächliche Kundennachfrage abzustimmen. Deshalb wird nur so viel Material für den nächsten Arbeitsschritt freigegeben, wie zur Erfüllung der Nachfrage benötigt wird. Durch das Herunterbrechen der wöchentlichen Bestellungen auf die stündliche Nachfrage nach jeder Produktvariante hat das Team von *Arboria* die »Unstetigkeit« der Kundennachfrage reduziert. Anstatt in jeder Woche oder alle zwei Wochen ein Produkt in größeren Mengen herzustellen, fertigt die Produktion nun jedes Produkt im Abstand von einigen Tagen und vielleicht letztlich sogar täglich. Obwohl diese stündliche Nachfrage in gewissem Sinn künstlich ist, gibt sie den Rhythmus für den gesamten Wertstrom vor und stellt einen Mechanismus dar, mit dem das technische System an geänderte Kundenanforderungen angepasst werden kann.

Im Prinzip funktioniert ein Holsystem wie ein unsichtbarer Faden, der sich durch den Produktionsprozess zieht. Wenn ein Kunde eine Kaffeemaschine von *Arboria* kauft, wird der Faden straffer und zieht ein einziges Produkt durch die Wertkette. In der Praxis jedoch müssen die Produkte immer noch in Serien hergestellt werden, weil die Flexibilität des Prozesses letztlich begrenzt ist.

Ein Bringsystem dagegen kann die Flexibilität und Reaktionsfähigkeit eines Holsystems nie erreichen, weil es von einer Reihe von Annahmen über den Prozess abhängig ist (etwa Fehlerquoten und Bestände), die nicht immer zutreffend sind, weil die Kundennachfrage und der Prozess selbst Schwankungen unterworfen sind. Ein konventionelles, zentral geführtes System kann nur vor dem Zusammenbruch bewahrt werden, indem die Daten manuell und so häufig wie möglich abgeglichen werden.

Durch diesen zusätzlichen Aufwand, etwa bei der Bestandsermittlung und bei anderen Tätigkeiten, werden wertvolle Ressourcen gebunden. Der Vorteil beim Holprinzip besteht darin, dass Feedbackschleifen direkt in das Produktionssystem eingebaut werden, die es ermöglichen, unmittelbar auf Veränderungen zu reagieren.

Ein weiterer wichtiger Unterschied ist der, dass die Produktionsarbeiter in einem Holsystem sehr viel mehr Verantwortung tragen. Wenn Gaz vergisst, die *Kanban*-Karten von der Palette zu nehmen und zurückzuschicken, werden die Teile, deren Herstellung mit dieser *Kanban*-Karte ausgelöst werden soll, nicht hergestellt. Da geringfügig scheinende Vorgänge oder Fehler enorme Konsequenzen haben können, muss das neue technische System durch neue Einstellungen und Verhaltensweisen unterstützt werden.

Die Nachhaltigkeit eines Holsystems hängt ebenso sehr davon ab, dass die Mitarbeiter den Sinn des Systems und ihre eigene Rolle darin verstehen, wie davon, dass die Losgrößen, der Lagerbestand oder die Signalpunkte richtig berechnet werden. Die Mitarbeiter im Pilotprojekt – etwa Guy und Fiona – entwickeln ein solches Verständnis mit einer höheren Wahrscheinlichkeit als andere, die noch keine solchen Erfahrungen gesammelt haben.

Der Weg in die Welt führt über Durach

Der Markt wartet auf niemanden. Diese Erfahrung hat auch die Siemens-Tochter SRI gemacht. Als sich Preis- und Nachfragesituation geändert hatten, hieß es für die Mobilfunkprofis: Auf zu neuen Ufern. Und da sind sie auch gut angekommen.

Nur wenige reden über Durach, eine Gemeinde im Allgäu, 100 Kilometer südlich von München. Mithilfe der Lösungen, die hier entwickelt werden, kommuniziert jedoch die ganze Welt. Denn in Durach hat die SRI Radio Systems GmbH ihren Sitz. SRI gehört zum Geschäftsbereich Siemens ICM der Siemens AG und konzipiert und produziert Hightech-Produkte für den Mobilfunk – von der elektronischen Flachbaugruppe über die Fertigung von Modulen bis zur fertigen Basisstation. Diese Stationen verbinden Mobilfunkantennen mit dem Festnetz.

Die Veränderungen bekommen ein Gesicht

2001 mussten sich die Mobilfunkprofis einer außerordentlichen Herausforderung stellen: Die Preise für ihre Anlagen sind um 15 Prozent eingebrochen – gleichzeitig verzeichnete die Sales-Abteilung einen Anstieg der Nachfrage um 16 Prozent. Auf den Punkt gebracht: SRI musste eine deutlich höhere Produktivität und Performance als bisher an den Tag legen.

Im Kern ging es darum, sich von Unnötigem zu trennen, sich auf das Wesentliche zu konzentrieren und hier so gut wie möglich zu werden. Dazu wurde ein ständiges »Continuous Improvement Office« (CI-Office) eingerichtet. Es bestand aus vier Mitarbeitern von SRI, die sich ausschließlich um den anstehenden Verbesserungsprozess gekümmert haben, aus wechselnden Mitgliedern und aus externen Beratern. Dieses Team hat zuerst eine Bestandsaufnahme durchgeführt und sämtliche Material- und Informationsflüsse mit einer detaillierten Wertstromanalyse ermittelt und transparent abgebildet.

Die besondere Situation: Die Fertigung von SRI war auf zwei Werke verteilt. In der »Fabrik« wurden die Komponenten der Basisstationen gefertigt. Dazu gehört die Bestückung von Leiterplatten, die Montage der Bauelemente für die Stromversorgung der Stationen und die Fertigung so genannter Carrier Units, die in den Basisstationen die Vermittlung aufbauen. Dieses Werk war Zulieferer des »Regional Logistic Center«. Hier fand die Endmontage angelieferter und zugekaufter Komponenten statt. Die Entfernung zwischen beiden Werken: 3 Kilometer.

Gestörte Verbindungen

Das waren 3 Kilometer zuviel. Die Wertstromanalyse hat ergeben, dass Material und Informationen alles andere als im Fluss waren: Lange Wege sorgten für Zeitverlust. Jedes der Werke nutzte eine Planungsanwendung, beide haben jedoch nicht miteinander kommuniziert. Bedarfe und Bestände beider Werke waren wenig abgeglichen. Der planerische Aufwand war entsprechend hoch, das System insgesamt wenig wirtschaftlich.

Auf Basis der ermittelten Daten wurde eine Vision für den Standort entwickelt. Sie sah vor, alle Abläufe räumlich zusammenzuführen. Leiterplatten bestücken, weiter bearbeiten, in die Basisstationen einbauen: Prozesse wie diese sollten in *einem* Werksbereich stattfinden – ohne Reibungsverluste. Die Wahl fiel auf die »Fabrik«, zusätzlich sollte auf deren Gelände ein Lagergebäude errichtet werden. Insgesamt sollten alle Prozesse umfassend optimiert werden. Dieser Zukunftsentwurf stieß zunächst auf wenig Vertrauen. Denn Vertrauen braucht Beweise. Die konnte das Projektteam jedoch eindrucksvoll liefern.

Pull!

Die Lean Transformation startete mit Pilotprojekten. Ein Pilot wurde in der »Power-Stage-Linie« durchgeführt. Eines der wesentlichen Probleme war die Planung des Materialflusses. Planer, die einen Auftrag durchfahren wollten, hatten dazu stets das jeweils benötigte Material im Lager geordert, dort wurde es kommissioniert und in der Montage bereitgestellt. Allerdings: Die Planer wussten nie genau, wann die benötigten Anlagen frei sein würden, und wie die Montage die Aufträge abarbeiten könnte. Die Materialien haben sich in der Montage angestaut. Die Lösung bestand darin, den Materialfluss *verbrauchsorientiert* zu gestalten und dem »Zieh-Prinzip« zu folgen. Dazu wurden alle Materialien mit *Kanban*-Karten versehen, um die Produkte zu identifizieren. In der Linie ist jetzt immer ein gewisser Bestand verfügbar, wenn er aufgebraucht ist, stecken die Mitarbeiter ihre *Kanban*-Karten in einen »Briefkasten« in ihrer Nähe. Ein Lagerarbeiter checkt diese Kästen alle zwei Stunden, liest die Daten der Karten mit einem Scanner ein und leitet die erfassten Daten sofort an das Lager weiter. Wenn der Mitarbeiter von seiner Runde zurück ist, steht der fertig gepackte Wagen zur Auslieferung bereit.

Nach der Zusammenführung beider Werke wurde dieses »Zieh-Prinzip« konsequent über die gesamte Wertschöpfungskette ausgedehnt. Die Endmontage zieht die benötigten Komponenten aus ihrem Puffer und gibt eine *Kanban*-Karte an die ihr vorgelagerte Produktionsstufe weiter. Diese verfährt nach dem gleichen Prinzip. Der *Kanban-*

Fluss reicht bis zur Bestellung von Rohmaterial. Werksleiter Martin Kampmann: »Durch die Einführung des Zieh-Prinzips wurde die Materialsteuerung sehr vereinfacht. Die Bestandshöhe wird durch die Anzahl der ausgegebenen Karten beschränkt. Insgesamt konnten wir die Produktivität drastisch steigern.«

Weniger ist viel mehr

Der zweite Pilot hatte das Ziel, die Performance der Bestückautomaten zu steigern. Dazu wurde ein »OEE Workshop« durchgeführt. OEE steht für Overall Equipment Effectiveness, hier geht es um die Themen Verfügbarkeit, Leistung und Qualität. Ein wesentlicher Hebel bestand darin, die Rüstzeiten der Anlagen zu senken. Dies ist bestens gelungen: Sie betragen jetzt nicht mehr 30 Minuten, sondern deutlich weniger: nur noch 15 Minuten, die glatte Hälfte. Dieser Zeitvorteil kann genutzt werden, um mehr zu produzieren, oder schnell und flexibel kleinere Lose zu fertigen. Martin Kampmann: »Ich hätte nie gedacht, dass wir unser Gesamtsystem so optimieren können, dass wir bei einigen Produkten das Volumen sogar verdreifachen würden.«

Ziele haben – und erreichen

Die Produktion war auf einem guten Weg. Unterstützt wurden die Fortschritte durch ein schlüssiges Zielvereinbarungssystem. Wesentliche Kennzahlen wurden mit klaren und ehrgeizigen Vorgaben hinterlegt. Dazu gehörten Stunden-, Qualitäts- und Overheadkosten, Bestände an den Anlagen und alle relevanten Leistungswerte. Die Ziele wurden von der Werksebene bis auf die Ebene einzelner Bereiche heruntergebrochen. Alles wurde in Zielvereinbarungsblättern festgehalten. Sie werden laufend um die aktuell erreichten Werte ergänzt. Diese Blätter können von allen Mitarbeitern über das Intranet eingesehen werden. Jeder weiß, wo sein Bereich und das Werk aktuell stehen. Zudem stimmen sich die Führungskräfte in wöchentlichen Meetings ab, was es weiter zu tun gibt.

Wichtig war jedoch nicht nur, dass die Mitarbeiter ihre Ziele kennen. Genauso entscheidend war auch, dass sie in die Lage versetzt wurden, sie sicher zu erreichen. Michael Klebsch, Leiter des CI-Office: »Es ist wichtig, die Leute zu schulen, bevor man Prozesse umstellt. Sie müssen wissen, wo die gemeinsame Reise hingeht – und wie man vorankommt.«

Weltweit lean

Nach den erfolgreichen Piloten und der gelungenen Zusammenführung beider Werke hat der Standort seine Zielvorgaben erreicht. Dies gelang so überzeugend, dass die SRI GmbH in Durach in Sachen Lean Transformation eine Führungsrolle im Siemens ICM-Verbund übernommen hat. Ihr wurde mit einem erweiterten »Global CI Office« die Aufgabe übertragen, Standorte in Italien, Brasilien und China in die Lage zu versetzen, eigene Pilotprojekte durchzuführen. SRI liefert jetzt weltweit nicht nur Mobilfunklösungen, sondern auch das Wissen, wie sie schlank realisiert werden.

Als die 16. und letzte Woche des Pilotprojekts näher rückte, fragte sich Philip, wie Brunos letzter Besuch am besten gestaltet werden könnte. Das Team konnte beeindruckende Erfolge vorweisen. Es hatte alle wichtigen Ziele erreicht und im Fall der Arbeitsproduktivität sogar übertroffen. Die meisten beteiligten Mitarbeiter des Werks hatten ihr anfängliches Misstrauen gegenüber den neuen Methoden aufgegeben, und einige unterstützten es mit großer Überzeugung.

Aber natürlich war nicht alles so rosig. Einige Mitarbeiter behaupteten immer noch, dass alles wieder wie vorher werde, wenn sich die Topmanager wieder anderen Dingen zuwandten. Dave hatte Philip über die vergangenen Projekte erzählt, die auf diese Weise tatsächlich wieder eingeschlafen waren. Philip fragte sich insgeheim, ob der Grund vielleicht darin lag, dass *Arboria* es versäumt hatte, den Beitrag der Produktionsteams und der mittleren Manager anzuerkennen. Er wusste aus Erfahrung, wie wichtig dies für den Erfolg von Veränderungsprojekten war.

Philip ist sich der Gefahr bewusst, dass bei *Arboria* wieder die alten Zustände einkehren könnten. Das Leistungsvermögen der Arbeiter scheint dehnbar wie ein Gummiband zu sein: Durch besondere Anstrengungen kann es durchaus enorm gesteigert werden, um dann aber wieder auf das alte Niveau zurückzufallen. Es ist eine Sache, kurzfristige Spitzenleistungen zu erzielen, aber eine andere, ein ganzes Unternehmen dauerhaft zu verwandeln.

Gewohnheiten sind schwierig zu verändern, denn die Menschen greifen allzu gern auf Bewährtes zurück. Schlechte Erinnerungen an Projekte der Vergangenheit können in einem Unternehmen ein Klima des Widerstands schaffen. Eine erfolgreich verlaufene Transformation dagegen stärkt seine Fähigkeit, auch in Zukunft angemessen auf Veränderungen zu reagieren.

Auch bei *Arboria* erfordert die Neuausrichtung der Abläufe noch Veränderungen in der Unternehmenskultur.

Kapitel 10

Den Wandel verankern

Themen dieses Kapitels

➤ Das Pilotprojekt kann nicht ohne weitere Vorkehrungen auf das gesamte Unternehmen übertragen werden.
➤ Es gibt vier Bedingungen für eine dauerhafte Verhaltensänderung, die von den Managern geschaffen und aufrechterhalten werden müssen: Verständnis und Engagement, Rollenmodelle, Entwicklung neuer Kompetenzen und aufeinander abgestimmte Systeme und Strukturen (siehe Abbildung 26)
➤ Um eine Kultur der ständigen Verbesserung zu entwickeln, ist es besonders wichtig, den positiven Einfluss von Produktivitätssteigerungen auf die Kultur geschickt zu nutzen.

Viele Unternehmen sind durchaus in der Lage, ein Pilotprojekt erfolgreich durchzuführen. Die eigentliche Herausforderung erwartet sie aber dann, wenn sie versuchen, diesen Anfangserfolg auf die Gesamtheit ihrer Abläufe zu übertragen. Obwohl *Arboria* gute Arbeit dabei geleistet hat, das Pilotprojekt im britischen Werk umzusetzen, hat die Reise gerade erst begonnen. Der schwierigste Teil steht noch bevor: Die Veränderungen müssen nun so tief verankert werden, dass die schlanke Produktion nicht nur als weiteres Projekt betrachtet wird, sondern zum Bestandteil der Kultur wird.

Die Sprache ist verräterisch. Mit dem »Rollout« eines groß angelegten Veränderungsprojekts wird suggeriert, dass die eigentliche Arbeit mit dem Abschluss der Pilotphase schon getan sei, und die Siegesformel nun lediglich noch auf andere Bereiche übertragen werden müsse. Wenn das zuträfe, wäre es ein Kinderspiel in jedem Unternehmen, neue Systeme und Konzepte einzuführen.

In der Realität jedoch gehören zu einer Transformation viele Veränderungen, die zu grundlegend sind, um einfach von einem Pilotbereich auf das gesamte Unternehmen übertragen zu werden. Spitzenleistungen erfordern, dass das technische System, die Managementinfrastruktur und die Einstellungen und Verhaltensweisen gleichzeitig verändert werden. Da weder Menschen noch Arbeitsgruppen gleich reagieren, stehen jede Abteilung, jede Fabrik und jede Niederlassung vor ihren eigenen Herausforderungen.

Die gute Nachricht lautet nun, dass strukturelle und technische Veränderungen (oder Prozessveränderungen) normalerweise relativ einfach übertragen werden können, etwa durch eine gute Dokumentation oder Schulungen. Eine ganz andere Sache ist es, die Einstellungen und das Verhalten zu ändern. Für gewöhnlich bedeutet dies, dass die betroffenen Mitarbeiter selbst herausfinden, wie sie den neuen Anforderungen genügen. Es ist von entscheidender Bedeutung für die Verankerung der Lean-Philosophie im Unternehmen, dass die Mitarbeiter zum einen die Notwendigkeit der neuen Methoden verstehen und sich zum anderen überzeugt für ihre Umsetzung engagieren.

Eine integrale Rolle spielt dabei das Vertrauen zwischen der Basis und der Geschäftsleitung. Leider herrscht in den meisten Unternehmen ein Klima des Misstrauens zwischen Managern und Belegschaft, und *Arboria* bildet da keine Ausnahme. Die Einstellungen der Mitarbeiter werden durch ihre Erfahrungen mit der Diskrepanz zwischen Versprechen und Wirklichkeit geprägt. Wenn das Ziel, schlanke Abläufe einzuführen, mehr sein soll als nur ein begrenztes Projekt, muss zunächst dieses Misstrauen ausgeräumt werden. Das ist genauso schwierig, wie es klingt.

Bruno verfolgt mit der Transformation von *Arboria* das Ziel, einen Leistungssprung zu erreichen und die Voraussetzungen für eine Kultur der ständigen Verbesserung zu schaffen. Dave versteht zwar den Grund für diese Strategie, erkennt jedoch auch ihre konkreten Folgen: Er und seine Kollegen müssen immer härter arbeiten, um die Leistung kontinuierlich zu verbessern, bis schließlich ihre eigene Stelle überflüssig wird. Eine solche Wahrnehmung entsteht fast immer, wenn Manager versuchen, ihre Mitarbeiter vom Nutzen einer Produktionssteigerung zu überzeugen.

Sobald die ersten Verbesserungen erreicht werden, geraten die Manager in eine Zwangslage. Sollen sie Entlassungen vornehmen, auf die Gefahr hin, die Unterstützung für den Veränderungsprozess zu verlieren? Oder sollten sie sich auf eine Steigerung des Geschäftswachstums konzentrieren, um die freigewordenen Mitarbeiter weiterbeschäftigen zu können, was zunächst einen Verzicht auf Gewinnsteigerungen bedeutet? Auch hier bietet Toyota wieder aufschlussreiche Antworten. Bei Toyota sind die Mitarbeiter keine Nummern, die unter dem Diktat der Nachfrage eingestellt und wieder entlassen werden. Vielmehr sind sie ein wichtiger Bestandteil der Geschäftsstrategie. Die Kernbelegschaft, so heißt es bei Toyota, sichert dem Konzern einen Wettbewerbsvorteil. Entsprechend wurden die Abläufe und Systeme ausgelegt. Ein solches Ethos ist weit vom Prinzip der Massenproduktion entfernt, das die Abhängigkeit des Kapitals von den Arbeitskräften beseitigen will. Die Geschichte der Beziehungen zwischen Arbeitgebern und Arbeitnehmern zeigt, dass dies kein leichter Weg war.

Bei Toyota wird großes Gewicht auf Investitionen in die Mitarbeiter gelegt. Sie sollen ihre Kompetenzen weiterentwickeln und Verantwortung übernehmen. Entlassungen werden nur ausgesprochen, wenn alle anderen Möglichkeiten ausgeschöpft wurden. Die meisten Unternehmen, die sich eine Neuausrichtung vorgenommen haben, vernachlässigen diesen Aspekt jedoch sträflich. Sie müssen die Kosten senken, und zu diesem Zweck scheinen ihnen schlanke Prozesse gut geeignet. Kaum haben sie die Produktivität gesteigert, entlassen sie die überflüssig gewordenen Arbeitskräfte, ohne einen Gedanken an eine grundsätzliche Zukunftsstrategie zu verschwenden.

Bruno steht also vor einer schwierigen Aufgabe, wenn er die Grundsätze und Erfolge des Lean-Pilotprojekts nun fest in der Unternehmenskultur von *Arboria* verankern will. Beim Übergang vom alten auf das neue Geschäftsmodell muss er entscheiden, was mit den Mitarbeitern geschehen soll, die durch die Produktivitätszuwächse freigesetzt werden: Soll er ihnen einen Auflösungsvertrag anbieten, die älteren zum Vorruhestand ermuntern oder sie in den Wachstumsbereichen des Unternehmens unterbringen? Erst wenn er diese Entscheidung getroffen hat, kann er zwischen dem Management und der Belegschaft von *Arboria* eine Partnerschaft aufbauen, die auf Vertrauen und gemeinsamen Interessen beruht.

Um den Erfolg des Pilotprojekts zu feiern, hat John für den Abend des vierten und letzten Besuchs von Bruno und Dietmar den Besuch eines

Hunderennens organisiert. Nach langem Hin und Her über den Kreis der Teilnehmer einigten sie sich darauf, dass diejenigen Mitarbeiter belohnt werden sollten, welche die eigentliche Arbeit geleistet hatten: Die Teams in der Spritzgussfertigung und Montagelinie, das Projektteam und das Werksmanagement. Natürlich blieben Witzeleien darüber nicht aus, dass *Arboria* nun vor die Hunde gehe.

Die meisten Mitarbeiter hatten bisher noch nie live bei einem Greyhound-Rennen zugesehen und amüsierten sich bestens. Die Stimmung erreichte ihren Höhepunkt, als der Hund, auf den Bruno gesetzt hatte, im letzten Rennen den Sieg davontrug. Als daraufhin sofort über ein »abgekartetes Spiel« gefrotzelt wurde, gab Bruno eine Runde Drinks aus. Dann kletterte er auf einen Stuhl in der Bar und hielt eine sehr gefühlsbetonte Rede.

»Sie werden es mir nicht glauben, aber ich weiß wirklich nicht, warum ich ausgerechnet auf diesen Hund gesetzt habe. Ich verstehe gar nichts vom Hunderennen. Warum laufen sie überhaupt hinter einem Plastikkaninchen her? Aber im Ernst: Der Sieg in diesem Rennen ist für mich ein Symbol dessen, was wir mit unserem Lean-Projekt erreicht haben. Ich habe das Gefühl, dass wir – oder vielmehr Sie – eine lange Reise zurückgelegt haben, und ich bin sehr stolz darauf. Aber das ist nur der Anfang.«

»Mal sehen, was jetzt kommt«, flüsterte John Dave zu.

»So wie dieser Hund haben auch wir ein Rennen gewonnen. Aber nun geht es darum, den gesamten Betrieb in die Lage zu versetzen, weitere Siege davonzutragen. Es liegt an Ihnen, dazu hier in Bolton beizutragen. Dietmar, die anderen Mitglieder des Europa-Managements und ich werden uns dafür einsetzen, den Erfolg in die anderen Werke zu tragen. Sie können sicher sein, dass diese Aufgabe für mich nun Priorität hat. Ich verspreche Ihnen auch, dass ich Sie weiterhin unterstützen werden. Aber denken Sie daran, dies ist nur der Anfang.«

Im nächsten Meeting des Europa-Managements einige Wochen später fasste Dietmar die wichtigsten Lektionen des Pilotprojekts zusammen (siehe Abbildung 24).

»Das Pilotprojekt hat uns gezeigt, wie wichtig es ist, dass die richtigen Leute an der richtigen Stelle sind. Wir hatten ein ausschließlich für dieses Projekt abgestelltes Team, das die Linienmanager im Veränderungsprozess unterstützte. Wir haben gesehen, das die Umstellung auf schlanke Prozesse ein ernsthaftes Engagement der Linienmanager voraussetzt, die

Abbildung 24: Wichtige Erfolgsfaktoren des Pilotprojekts

Wichtige Erfolgsfaktoren des Pilotprojekts

- Führungsrolle der Linienmanager, einschließlich einer aktiven Beteiligung des Europa-Managements;
- Kenntnis der Lean-Grundsätze (Werkzeuge und Techniken sowie praktische Erfahrungen);
- Pilotteam, das während der Umsetzung ausschließlich für das Projekt zuständig ist;
- sorgfältige Planung und effektive Kontrollen des Projektfortschritts;
- schnelle Etappensiege, um die Teams in der Fertigung zu motivieren;
- Bereitschaft, Heilige Kühe zu opfern (z.B. die Produktionsplanung).

arboria®

mit gutem Beispiel vorangehen müssen. Auch die Topmanager müssen ihr Engagement unter Beweis stellen. Ich hoffe, dass Bruno und ich zum Erfolg des Pilotprojekts beitragen konnten, indem wir einmal im Monat nach Bolton gefahren sind. Wichtig war nicht nur, was wir dort getan haben, sondern wir haben dort unglaublich viel gelernt. Und natürlich hat Philip in seiner Rolle als Teamleiter eine entscheidende Rolle gespielt. Ohne seine Erfahrung und sein Wissen hätten wir es nicht geschafft.«

»Ist das nicht auch ein Problem?«, fragte Arnaud Lefèvre, Vertriebs- und Marketingleiter. »Haben wir in den anderen Werken auch einen Philip?«

»Das ist eine gute Frage«, antwortete Bruno. »Ich habe viel darüber nachgedacht. Es stimmt, dass wir niemanden wie Philip haben. Deshalb müssen wir überlegen, ob wir für jedes Werk einen geeigneten Mitarbeiter einstellen, oder ob wir Philip bitten, auch in den anderen Werken in Europa tätig zu werden.«

»Gibt es keine dritte Möglichkeit?«, fragte Jenny Plant, die Finanzleiterin. »Vielleicht könnte Philip genau dokumentieren, was er und sein

Team getan haben, und dann unsere besten Leute in den anderen Werken entsprechend schulen?«

»Nach unseren Erfahrungen aus dem Pilotprojekt würde das vermutlich nicht funktionieren«, meinte Dietmar.

»Aber genauso haben wir doch auch die neuen Bilanzierungsmethoden nach unserer Übernahme eingeführt. Wir bekamen Kopien der Handbücher, und ein Experte aus den Vereinigten Staaten schulte alle Buchhalter. Das hat gut funktioniert.«

»Das Problem besteht aber darin, dass schlanke Prozesse nicht so schablonenhaft wie Buchführungsrichtlinien sind«, antwortete Dietmar. »Das Pilotprojekt hat uns gezeigt, dass manche Veränderungen den Beschäftigten zunächst überhaupt nicht einleuchten wollen, und dass sie allem widersprechen, was sie bisher gewohnt waren. Nein, ich glaube nicht, dass wir schlanke Prozesse auf dieselbe Weise einführen können.«

»Aber wenn wir in jedem Werk neue Mitarbeiter einstellen, gehen wir zurück auf ›Los‹, und so viel Zeit haben wir einfach nicht. Abgesehen von der Zeit sollten Sie einmal an die Ressourcen denken. Es handelt sich hier auch um eine Investition, die sich irgendwann einmal auszahlen sollte.«

Bruno ergriff das Wort. »Sie haben in gewisser Weise Recht, Jenny, und vor sechs Monaten hätte ich Ihnen wahrscheinlich noch zugestimmt. Aber das Pilotprojekt hat mir gezeigt, dass es bei der Einführung schlanker Konzepte um mehr als um Prozessveränderungen geht. Es geht darum, völlig anders zu arbeiten als bisher. Eine solche Transformation kann Erstaunliches bewirken, aber die Gefahr eines Fehlschlags ist oft sehr groß. Eine zweite Chance gibt es nicht. Wir müssen also bereit sein, im Zweifelsfall mehr zu investieren.«

»Soll das bedeuten, dass wir nun immer wieder Pilotprojekte durchführen?«, beharrte Jenny.

»Nein, sicherlich nicht. Ich stelle mir einen Mittelweg vor zwischen der Methode, mit der die neuen Bilanzierungsregeln eingeführt wurden, und dem Pilotprojekt, das wir gerade abgeschlossen haben. Ich weiß nur noch nicht richtig, wie er aussehen wird.« Bruno hielt inne. »Wenn ich überlege, was mich in den vergangenen Monaten am meisten beeindruckt hat, dann waren es die konkreten Erfahrungen, die ich mit den schlanken Prozessen gemacht habe. Es begann mit unseren Besuch bei *ATC*, erinnern Sie sich?«

Die Anwesenden nickten.

»Ich wusste nicht, was mich erwartete, bemerkte aber, dass hier eine völlig andere Arbeitsweise herrschte. Ich erinnere mich daran, dass ich mich mit einigen Arbeitern im Werk unterhielt. Erinnern Sie sich an Jerome? Er kannte seine Aufgaben genau und konnte erklären, wie alles zusammenpasste. Das hätten nicht einmal unsere Werksleiter gekonnt. Und dabei war er nur Teamleiter. Ich gebe zu: Damals jagte mir der Gedanke Angst ein, dass uns die Konkurrenz so weit voraus war. Aber ich fand es auch spannend. Heute hat eines unserer Werke diesen Vorsprung aufgeholt. Nichts kann den Wert eigener Erfahrungen ersetzen. Deshalb müssen wir Methoden finden, um diese Erfahrungen zu wiederholen.«

Das Pilotprojekt als Auftakt für den Rollout – ein Mythos

Mit seiner Erinnerung an den Besuch bei *ATC* spricht Bruno aus, was dieses Erlebnis für ihn persönlich bedeutete. Vielleicht hat Jenny auch deshalb eine andere Sicht der Dinge, weil sie damals an dem Besuch nicht teilnehmen konnte. Sie hält es für ausreichend, wenn die Manager klare Anweisungen geben, geeignete Schulungen anbieten und dann für eine planmäßige Umsetzung sorgen.

Dietmar weist auf einen grundsätzlichen Unterschied zwischen der Einführung der neuen Bilanzierungsregeln und der Umsetzung eines Lean-Projekts hin.

Bei der Umstellung auf schlanke Prozesse werden grundsätzliche Einstellungen der Beschäftigten zu ihrer Arbeit infrage gestellt. Die Anwendung des Lean-Konzepts auf ein ganzes Unternehmen bedeutet, einen Kreislauf zu wiederholen: Schwachstellen und Probleme werden den Beschäftigten bewusst gemacht, sie werden in die Entwicklung besserer Abläufe einbezogen, sie lernen ihre Vorteile kennen, und schließlich werden die Bedingungen für eine dauerhafte Verankerung der Veränderungen geschaffen. In gewisser Weise müssen die Manager also kein einzelnes Projekt durchführen, sondern sie koordinieren eine Reihe kleiner Transformationen.

Dies kann nur funktionieren, wenn sich die Menschen engagiert für die Neugestaltung der Prozesse einsetzen. Diejenigen Mitarbeiter, die von den Veränderungen direkt betroffen sind, müssen auch die Verantwortung für das Ergebnis übernehmen. Die Erfolgschancen von Lean-Projekten sind viel höher, wenn die Veränderungen nicht »von oben« diktiert, sondern gemeinsam erarbeitet werden. Sobald es »unser« Projekt und nicht »ihr« Projekt heißt, werden neue Kräfte frei, und bislang brachliegende Fähigkeiten kommen zum Einsatz. Die Menschen ergreifen die Gelegenheit, die Qualität ihres Arbeitslebens zu verbessern und Ärgernisse, die schon viel zu lange gestört haben, endlich abzuschaffen.

Führung von oben

Es ist sehr wichtig, dass das Topmanagement – bei *Arboria* das Europa-Management – in der Umsetzungsphase die Führung übernimmt. Diese Aufgabe darf nicht an ein Projektteam oder einen externen Berater delegiert werden. Dafür gibt es zwei Gründe. Zum einen orientieren Mitarbeiter den Grad ihres Engagements meist an dem ihrer Vorgesetzten. Was ein Vorgesetzte sagt – und, noch wichtiger, was er tut –, prägt das Verhalten all seiner Mitarbeiter.

Der COO einer nationalen Bank informierte einmal alle Beschäftigten per E-Mail über ein neues Projekt zur Ablaufoptimierung in den Filialen. Als er dann aber den größten Teil seiner Zeit der Einführung eines neuen IT-Systems widmete, zogen die Mitarbeiter entsprechende Schlussfolgerungen über die relative Bedeutung der beiden Projekte.

Der zweite Grund dafür, warum die Topmanager die Führung übernehmen sollten, liegt darin, dass nur sie in den frühen Projektstadien die wichtigen Fragen auf Systemebene ansprechen können. Wenn sie, so wie Bruno und Dietmar, diese Probleme sogar am eigenen Leib erfahren haben, verfügen sie über das notwendige Verständnis und die Motivation, um für eine Lösung im Rahmen des Projekts zu sorgen. Außerdem haben nur sie die erforderlichen Entscheidungskompetenzen.

Die Rolle des Linienmanagers

Veränderungen müssen letztlich von den Linienmanagern und nicht den Projektteams umgesetzt werden. Sie kennen die Belegschaft sowie die Anlagen und Ausrüstung am besten, und sie haben Einfluss auf die Arbeiter in der Fertigung. Linienmanager sind es außerdem gewohnt, Entscheidungen umzusetzen, die an anderer Stelle getroffen wurden. Das kommt ihnen zugute, wenn sie die Umstellung auf ein neues technisches System vornehmen, das in der Pilotphase teilweise schon definiert wurde.

Bei *Arboria* fühlen sich Linienmanager wie John und Dave durch die Anforderungen des Projekts überlastet. Dies ist ein häufiges Problem: Wer am meisten weiß, hat am wenigsten Zeit, sein Wissen weiterzugeben. Deshalb sollte man einen schlüssigen und effizienten Umsetzungsprozess entwickeln, in den die Erkenntnisse aus der Pilotphase einfließen. Auf diese Weise vermeidet man, dass die Linienmanager das Rad immer wieder neu erfinden. So könnte Philip ein kleines Team bilden, das Schulungsmaterial entwickelt, in dem die Funktionsweise eines Holsystems und seine Einführung in der Kaffeemaschinenproduktion erklärt werden. Nach einer solchen Schulung dürfte es den Managern leichter fallen, das System auf andere Bereiche zu übertragen. Wenn man Linienmanagern aus verwandten Bereichen Gelegenheiten gibt, ihre ersten Erfahrungen mit schlanken Prozessen auszutauschen, trägt dies außerdem dazu bei, Vertrauen aufzubauen. Im Idealfall entsteht ein neuer Kanal zur Verbreitung von Wissen und neuen Ideen.

Ein Öl-Multi setzte in seinen Schulungen einmal ein Spiel ein, das zu Beginn jedes Lean-Projekts gespielt wurde. Zu dem Spiel gehörten kleine Metallteile, die einen Wartungsvorgang symbolisierten, bei dem eine wichtige Komponente gegen eine Komponente einer anderen Größe ausgetauscht werden muss. Die Topmanager arbeiteten im Team mit Produktions- und Wartungstechnikern und versuchten herauszufinden, wie sie den Austausch verkürzen könnten, ohne dass dies auf Kosten der Sicherheit ging. Im Lauf des Spiels machten die Mitspieler die Erfahrung, dass sie enorme und am Anfang nicht für möglich gehaltene Verbesserungen erreichen konnten, ohne viel investieren zu müssen. Außerdem lernten sie, dass sich die Abschaffung überflüssiger Tätigkeiten positiv auf die Sicherheit auswirkte. Die Teilnehmer stellten später in der Praxis fest, dass das Spiel wie ein Katalysator half, die bisherige Überzeugung zu verändern, dass Produktivitätssteigerungen nur durch Investitionen möglich seien.

Eine wichtige Aufgabe der Linienmanager vor und während der Umsetzung lautet im Bereich der Managementinfrastruktur, neue Leistungsziele zu setzen, welche die Veränderungen im technischen System spiegeln.

Im Pilotprojekt werden die zentralen Leistungstreiber identifiziert. Im Fall von *Arboria* waren dies etwa die OEE-Kennzahl der Spritzgussmaschinen. Mit einem Wertbaum oder Kostenmodell können Manager in anderen Bereichen die operativen Ziele ausarbeiten, die sie erfüllen müssen, um die strategischen Unternehmensziele zu erreichen.

Diese Methode funktioniert am besten, wenn die Manager einen Teil der Datenanalysen selbst durchführen und auf diese Weise die damit verbundenen Grundsätze und Schwierigkeiten kennen lernen. Vielleicht will der Leiter des deutschen *Arboria*-Werks nicht an eine Produktivitätssteigerung von 30 bis 40 Prozent glauben, nur weil das ohnehin leistungsschwache Werk in Großbritannien dies schaffte. Er wird sich mit einer größeren Wahrscheinlichkeit überzeugen lassen, wenn er die Daten selbst sammelt und auswertet.

Die Frontline-Mitarbeiter motivieren

Manager müssen überlegen, wie sie ihre Mitarbeiter motivieren können, damit sie den Übergang zum schlanken Unternehmen mittragen. Sie könnten etwa eine anonyme Umfrage unter den Fertigungsteams durchführen und dann gemeinsam mit ihnen über die Ergebnisse sprechen. Auf diese Weise entspinnt sich zwischen Management und Belegschaft ein Dialog über die Lean-Grundsätze, in dessen Verlauf die wichtigen Themen auf den Tisch gebracht werden. Allerdings müssen die Manager sehr darauf achten, dass sie dann auch entsprechend handeln und die Gespräche nicht nur als Pflichtübung betrachten.

Eine Einzelhandelskette bat einmal ihre Regionalleiter im Rahmen eines operativen Verbesserungsprojekts darum, die Veränderungsbereitschaft der Filialen in ihrer jeweiligen Region zu beurteilen. Die Manager stützten sich auf Daten aus einer jährlichen Mitarbeiterumfrage sowie ihr eigenes Wissen und teilten die Filialen in vier Gruppen ein (siehe Abbildung 25) Auf dieser Grundlage entschieden sie dann, welche Filialen während der Umsetzung besondere Unterstützung benötigten und wie diese Unterstützung am besten geleistet wurde: durch Coaching-Maßnahmen in Filialen, die grundsätzlich veränderungsbereit waren, oder durch um-

Abbildung 25: Die Veränderungsbereitschaft an der Basis

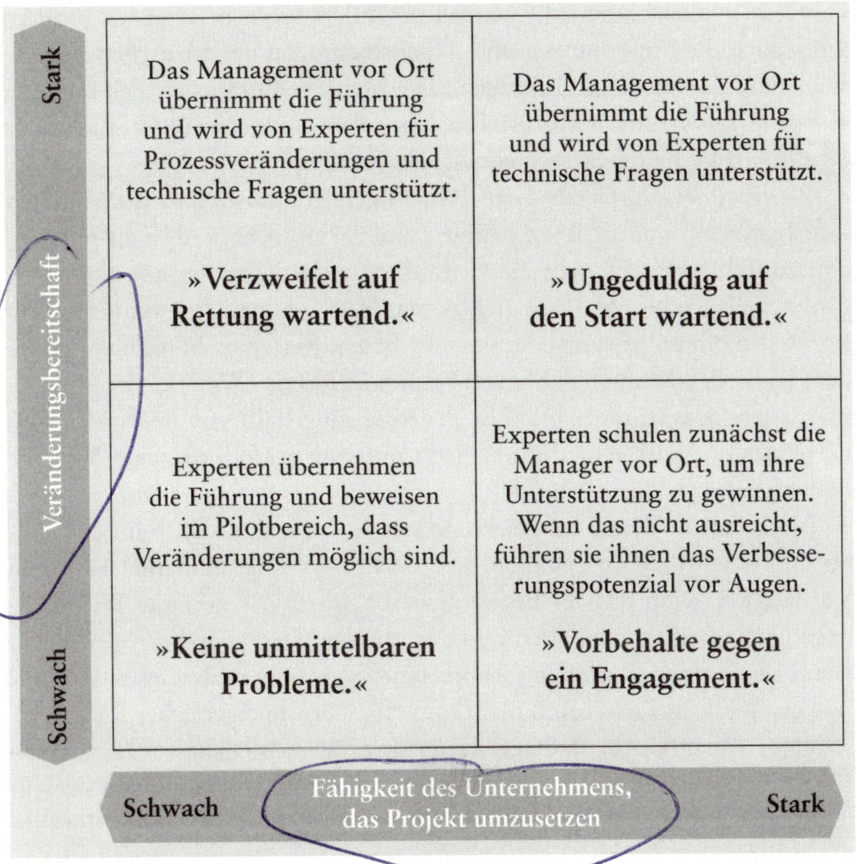

	Schwach ——— Fähigkeit des Unternehmens, das Projekt umzusetzen ——— Stark
Stark	Das Management vor Ort übernimmt die Führung und wird von Experten für Prozessveränderungen und technische Fragen unterstützt. **»Verzweifelt auf Rettung wartend.«**	Das Management vor Ort übernimmt die Führung und wird von Experten für technische Fragen unterstützt. **»Ungeduldig auf den Start wartend.«**
Schwach	Experten übernehmen die Führung und beweisen im Pilotbereich, dass Veränderungen möglich sind. **»Keine unmittelbaren Probleme.«**	Experten schulen zunächst die Manager vor Ort, um ihre Unterstützung zu gewinnen. Wenn das nicht ausreicht, führen sie ihnen das Verbesserungspotenzial vor Augen. **»Vorbehalte gegen ein Engagement.«**

(Linke Achse: **Veränderungsbereitschaft** – Stark/Schwach)

fassendere Maßnahmen in Geschäften, in denen noch große Skepsis herrschte.

Die Regionalleiter wurden auf diese Weise gezwungen, unter die Oberfläche der Prozessveränderungen zu blicken. Dabei erkannten sie auch, welche Rolle sie selbst dabei spielten, Veränderungen dauerhaft zu verankern.

Manager konzentrieren sich häufig zu sehr darauf, eine Initiative so schnell wie möglich zum Abschluss zu bringen, da die Geschwindigkeit der Umsetzung die Rendite steigert. Auch Jenny plädierte für eine schnellere Einführung und wurde von Bruno auf die damit verbundenen Risiken hingewiesen. Eine zu schnelle Umsetzung birgt die Gefahr, dass die Menschen auf der Strecke bleiben. Bei der Umsetzung darf man sich nicht allein auf die Prozesse konzentrieren (die schnell verändert werden können), sondern muss auch die Einstellungen und Arbeitsmethoden der Menschen berücksichtigen (die mehr Zeit benötigen.) Die Menschen brauchen Zeit, um sich auf neue Erwartungen einzustellen, vor allem dann, wenn sie auch neue Denk- und Verhaltensweisen entwickeln müssen.

Zu einem erfolgreichen Lean-Projekt gehört es also, dass die Manager ihre Teams mit auf die Reise nehmen und darauf achten, dass sie niemanden zurücklassen. Es mag die Geduld mancher Manager auf eine harte Probe stellen, aber dennoch richtet man nur Schaden an, wenn man ein Projekt so schnell vorantreibt, dass die Beschäftigten nicht mithalten können. Diese Erfahrung macht auch Bruno. Er hat das Werk in Großbritannien aufgefordert, die schlanken Prozesse innerhalb von neun Monaten im gesamten Werk einzuführen. Jetzt muss er prüfen, ob diese Vorgabe realistisch ist.

Nach ihrem Abend auf der Hunderennbahn trafen sich John und Philip, um einen Plan zu erstellen, wie sie Brunos Frist einhalten könnten. Sie wussten zwar, dass es besser gewesen wäre, das gesamte Werksmanagement einzubeziehen, befürchteten aber wochenlange Verzögerungen, wenn sie in einer so großen Gruppe einen Konsens finden mussten.

Das Werk in Großbritannien hatte fünf Produktbereiche: Kaffeemaschinen, Wasserkessel, Toaster, Mixer und »Verschiedenes«. Der Bereich »Verschiedenes« umfasste eine Vielzahl von Artikeln, die selten bestellt wurden. Bei manchen handelte es sich um neue Produkte in der Einführungsphase, bei anderen um ältere Produkte. Die Wahrscheinlichkeit war hoch, dass einige dieser Artikel demnächst aus dem Sortiment genommen würden, wenn Dietmar seine Prüfung der Produktpalette abgeschlossen hatte. John hatte schon einen Plan.

»Warum nehmen wir uns nicht die Mixer vor? Sie sind ein Albtraum – schon deshalb können wir dort wahrscheinlich am meisten erreichen.«

»Ja, aber wir müssen uns warm anziehen, wenn wir den Termin auch nur annähernd einhalten wollen, den uns Bruno vorgegeben hat.«

»Wir müssen das mit Dave besprechen. Es wäre gut, wenn wir das Gröbste schon vor Weihnachten erledigt hätten.«

Philip fand Dave im Lager, wo dieser gerade eine Zigarette rauchte und mit Gaz plauderte, der einen LKW mit Paletten von Kaffeemaschinen belud. »Hallo, ist alles in Ordnung?«, begrüßte er die beiden.

»Ja«, antwortete Gaz, »zumindest bei den Kaffeemaschinen. Das neue System funktioniert wunderbar. Ich wünschte, das könnte ich auch vom Rest behaupten.«

»Absolut«, fügte Dave hinzu. »Das Holsystem funktioniert bestens, aber es zeigt uns auch umso deutlicher, in welchem Zustand sich der Rest des Betriebs befindet. Bisher hatten wir ja keine Vergleichsmöglichkeit. Aber jetzt wissen wir, wie chaotisch es bei uns zugeht.«

»Genau deshalb wollte ich mit Ihnen sprechen, Dave. Haben Sie etwas Zeit?«

»Natürlich.«

»Ich komme gerade aus einer Besprechung mit John. Wir haben beschlossen, uns als Nächstes die Mixerproduktion vorzunehmen. Wir müssen uns sputen, wenn wir den Termin für den Abschluss des Lean-Projekts bis nächsten Juni einhalten wollen. Deshalb habe ich überlegt, ob ...«

»Im nächsten Juni!« Dave war sichtlich schockiert.

»Ja, haben Sie das nicht gewusst? Bruno möchte, dass das gesamte Werk dann auf dem Stand ist, auf dem sich die Kaffeemaschinenproduktion heute befindet.«

»Grundgütiger Himmel! Glaubt er etwa, dass *wir* jetzt die Rennhunde sind?«

»Ich weiß, das ist sehr knapp, aber wir haben keine große Wahl.«

»Aber warum? Neulich in der Bar hat Bruno uns doch versprochen, uns jede erdenkliche Unterstützung zu geben.«

»Das stimmt, aber ... so ist es eben, wenn man eine Rede hält.«

»Also läuft alles wie immer.«

»Ich weiß auch, dass das nicht ideal ist. Aber wir müssen einen Weg finden, um es zu schaffen.«

»Falls es einen gibt«, zweifelte Dave.

Dave grübelte noch Stunden später über den Termin nach und ging dann noch einmal zu Philip, um seine Bedenken äußern. Er befürchtete, dass sie die Mitarbeiter überfordern würden, wenn sie die Umsetzung nun überstürzten. Philip hörte ihm zu, und dann begannen sie, einen Aktionsplan zu entwickeln.

In der folgenden Woche führten Philip, Lisa und Steve eine Besprechung mit den Teamleitern aus der Mixerproduktion durch. Dave war wegen eines dringenden Problems mit einer Materiallieferung weggerufen worden und kehrte gerade rechtzeitig zum Ende des Meetings zurück.

»Wie ist es gelaufen?«, fragte er.

»Ich glaube, ganz gut.« Philip klang nachdenklich. »Sie haben nicht viel gesagt, aber sie schienen einverstanden.«

Philip und das Team begannen dann, das Kick-off-Meeting für die Mitarbeiter der Mixerproduktion am folgenden Montag vorzubereiten.

Am Montag jedoch geriet das Team in der Mixerproduktion unter so großen Zeitdruck, dass das Meeting auf eine halbe Stunde während der Schichtübergabe in der Kantine gekürzt wurde. Nachdem er seine Präsentation zügig abgeschlossen hatte, bat Philip um Fragen. Es gab keine. Er wusste zwar, dass das ein schlechtes Zeichen war, aber die Arbeiter drängten schon wieder an die Maschinen, und er erklärte die Besprechung für beendet.

Dave kam zu ihm. »Alles in Ordnung?«, fragte er.

»Ich weiß nicht«, sagte Philip. »Ich habe ein ungutes Gefühl. Was meinen Sie?«

»Sie äußern sich gar nicht. Das sieht ihnen gar nicht ähnlich. Aber morgen um diese Zeit werden wir mehr wissen.«

Dave sollte Recht behalten. Am nächsten Tag erfuhren sie tatsächlich, was die Arbeiter im Mixerteam dachten. Es war, als wäre eine Bombe gezündet worden, und die Zündschnur war die Leistungskontrolltafel. Steve diskutierte gerade mit Malcolm Jones, dem Teamleiter in der Mixerfertigung. Die Diskussion wurde hitziger, weitere Mitarbeiter äußerten sich dazu, und ein Arbeiter beschwerte sich, dass er es satt habe, immer wie ein Leierkastenäffchen behandelt zu werden, dass nach der Pfeife des Managements zu tanzen hatte.

Als Philip eintraf, versammelte sich das Team um ihn, und alle redeten durcheinander. Es kam nicht oft vor, dass er nicht wusste, was er tun sollte, aber jetzt war es der Fall. Dave bekam den Aufruhr in der Kaffeemaschinenfertigung mit und kam herüber.

»Gibt es ein Problem?«, fragte er freundlich und erntete aufgeregte Kommentare von allen Seiten. »Halt! Wenn alle durcheinander rufen, kommt niemand zu Gehör. Warum gehen Sie nicht zurück an die Arbeit, und ich rede in Ruhe mit Malcolm und Philip? Wir kommen dann gleich zu Ihnen, aber zuerst möchte ich das hier klären. Ist das in Ordnung?«

Als die Arbeiter wieder an ihr Band gingen, fragte Dave, was geschehen sei.

Malcolm raufte sich die Haare. »Ich verstehe das nicht. Warum will man ständig etwas Neues von uns? Zuerst die neuen Zielvorgaben, dann das Meeting von gestern, dann diese neue Kontrolltafel – und alles aus heiterem Himmel, ohne dass uns jemand gefragt oder vorgewarnt hätte.«

»Was sollten wir Ihrer Meinung nach tun?«, fragte Philip.

Dave ließ sich mit der Antwort Zeit. »Es bleibt uns nichts anderes übrig, als abzuwarten, bis sie sich alle wieder ein bisschen beruhigt haben. Dann aber sollten wir ihnen Gelegenheit geben, ihre Meinung zu äußern. Wir werden ihnen sagen, dass wir eine Stunde im Schulungsraum reservieren, um die Luft zu reinigen, vorausgesetzt, sie schaffen die Tagesproduktion bis 19 Uhr.«

Malcolm nickte.

»Ich bin auch einverstanden«, stimmte Philip zu.

Malcolm kehrte an das Band zurück und sprach mit jedem einzelnen Arbeiter. Schließlich kam er mit der Nachricht zurück, dass das Team mit dem Meeting einverstanden sei. Dave schlug vor, dass sie alle drei zusammen mit Steve die weitere Vorgehensweise besprechen sollten.

Im Besprechungsraum ergriff Dave erneut die Initiative.

»Was möchten wir am Mixerband erreichen? Vielleicht können wir eine Liste erstellen. Beispielsweise sollten die Maschinen zuverlässiger sein«, erklärte er und notierte dies auf einer Flipchart.

»Geeignete Werkzeuge«, fügte Malcolm mit einem Seufzer hinzu.

»Kürzere Rüstzeiten?«, warf Philip fragend ein.

Dave zögerte und blieb mit dem Stift über dem Papier. »Das wollen *wir*, aber wie übersetzen wir das in die Sprache der Arbeiter?«

»Kleinere Losgrößen?«, schlug Steve vor.

»Kleinere Losgrößeren bedeuten aber häufigere Umrüstungen«, entgegnete Malcolm. »Ich dachte, wir wollten die Gemüter wieder beruhigen!«

»Wie wäre es mit weniger überflüssigen Umrüstungen und einer besseren Planung?«, meinte Dave.

»Perfekt«, stimmte Malcolm zu.

Sie notierten ihre Ideen weiter, bis die Seite voll war.

»Ich habe einen Vorschlag«, sagte Dave. »Wir drehen dieses Blatt um und stellen den Leuten dann dieselbe Frage, die wir gerade beantwortet haben, wenn sie um 19 Uhr kommen.«

»Sie meinen, dass wir sie auffordern sollen, die Ziele der Transformation festzulegen?«, fragte Philip skeptisch.

»Mehr oder weniger, aber wir drücken es anders aus, um auf ihre Verärgerung Rücksicht zu nehmen. Vielleicht geht die Frage eher in die Richtung: Welche Probleme möchten Sie gelöst haben?«

»Sie meinen, dass sie durch die schlanken Prozesse gelöst werden?«, fragte Steve.

»Das meine ich zwar, aber wir müssen den Begriff ›schlank‹ ja nicht unbedingt verwenden. Wenn wir nicht davon ausgehen würden, dass die schlanken Prozesse ihre Probleme lösen, wären wir ohnehin auf dem Holzweg, oder nicht?« Niemand wandte etwas ein. »Je nachdem, wie das Meeting verläuft, können wir dann am Ende die Seite wieder zurückschlagen und ihnen beweisen, dass wir im Grunde alle dasselbe wollen.«

Es dauerte einen Moment, bis alle über Daves Vorschlag nachgedacht hatten. Steve äußerte sich als erster.

»Besteht nicht die Gefahr, dass Sie dann als Besserwisser dastehen? So nach der Art: Das wussten wir schon vorher?«

»Nicht unbedingt: Es hängt davon ab, wie wir vorgehen«, meinte Malcolm und warf Dave einen Blick zu. »Es wird funktionieren, wenn Dave die Besprechung leitet.«

Um 19 Uhr trudelte das Team im Schulungsraum ein. Dave führte das Meeting so durch, wie er es vorgeschlagen hatte. Er bat die Anwesenden darum, zu sagen, wo sie der Schuh drückte. Er sprach mit ihnen über die einzelnen Themen und notierte sie auf dem Flipchart.

Als sich alle geäußert hatten, fasste Dave zusammen: »Ich verstehe Ihren Ärger und kann ihn in den meisten Fällen gut nachvollziehen. Es müssen sehr viele Probleme behoben werden, um dieses Werk auf einen neuen Weg zu bringen. Aber zum Glück sind wir uns über die Probleme einig. Falls Sie mir das nicht glauben, möchte ich Ihnen etwas zeigen. Vor dem Meeting haben wir selbst aufgeschrieben, was wir uns von diesem Lean-Projekt erhoffen. Hier ist unsere Liste.« Dave schlug die Seite um. Es herrschte Schweigen, als die Anwesenden die einzelnen Punkte lasen. »Das müsste Ihnen bekannt vorkommen.«

»Ja, das tut es«, bestätigte eine der Arbeiterinnen. »Aber es ist doch schade, dass sich bisher niemand die Mühe gemacht hat, mit uns darüber zu sprechen.«

»Sie haben Recht. Wir hätten vieles besser machen können«, räumte Dave ein. »Aber das soll nun der Vergangenheit angehören. Ich hoffe, dass Sie sich in den kommenden Wochen an dieses Meeting erinnern, weil es unsere Gemeinsamkeiten gezeigt hat. Was uns angeht, so nehmen wir uns vor, in Zukunft mehr auf Sie zu hören. Von Ihnen wünsche ich mir, dass Sie dem neuen Projekt eine Chance geben. Wir alle wissen, dass wir besser werden müssen, um im Wettbewerb bestehen zu können. Niemand von uns möchte, dass alles so bleibt, wie es ist. Ich will es jedenfalls nicht.«

»Vielen Dank, Dave.« Philip erhob sich. »Dave hat schon alles Wichtige gesagt, aber ich möchte mich bei Ihnen noch entschuldigen, weil die Kommunikation bisher so schlecht gelaufen ist. Manchmal erkennt man erst, was man tun sollte, wenn es zu spät ist. Das ist mir auf jeden Fall heute passiert.«

Die Beschäftigten von *Arboria* hörten nicht jeden Tag eine Entschuldigung von einem Manager. Auch für Philip war es eine neue Erfahrung.

Nachdem das Team den Raum verlassen hatte, klopfte Philip Dave anerkennend auf die Schultern. »Vielen Dank, Dave. Hervorragende Arbeit. Ich habe heute viel von Ihnen gelernt. Ich weiß jetzt, dass Sie versucht haben, mich vor genau dieser Situation zu warnen, aber ich habe es nicht verstanden. Wenn so etwas wieder passiert, dann sorgen Sie dafür, dass ich Ihnen zuhöre!«

»Kein Problem«, sagte Dave verlegen. »Die Arbeiter sind ganz in Ordnung, sie müssen nur richtig behandelt werden. Sie werden uns schon unterstützen. Es ist ja noch nicht zu spät.«

Voraussetzungen für dauerhafte Veränderungen schaffen

Bruno hat dem britischen Team eine sehr ehrgeizige Frist für die Ausweitung des Pilotprojekts auf das gesamte Werk gesetzt. Es ist tatsächlich kaum glaublich, dass die Prozesse und das Layout im Werk in nur neun Monaten neu ausgerichtet werden sollen – von den Änderungen der Einstellungen und Verhaltensweisen der Mitarbeiter ganz abgesehen. Während Bruno und das Europa-Management schon überlegen, wie sie die Lean-Konzepte auf die anderen *Arboria*-Werke übertragen können, versuchen John und Philip, den Weg abzukürzen. Sie stellen aber fest, dass damit auch Gefahren verbunden sind.

Um dauerhafte Verhaltensänderungen zu erreichen, müssen die Ma-

»Ich werde mein Verhalten ändern, wenn ...«

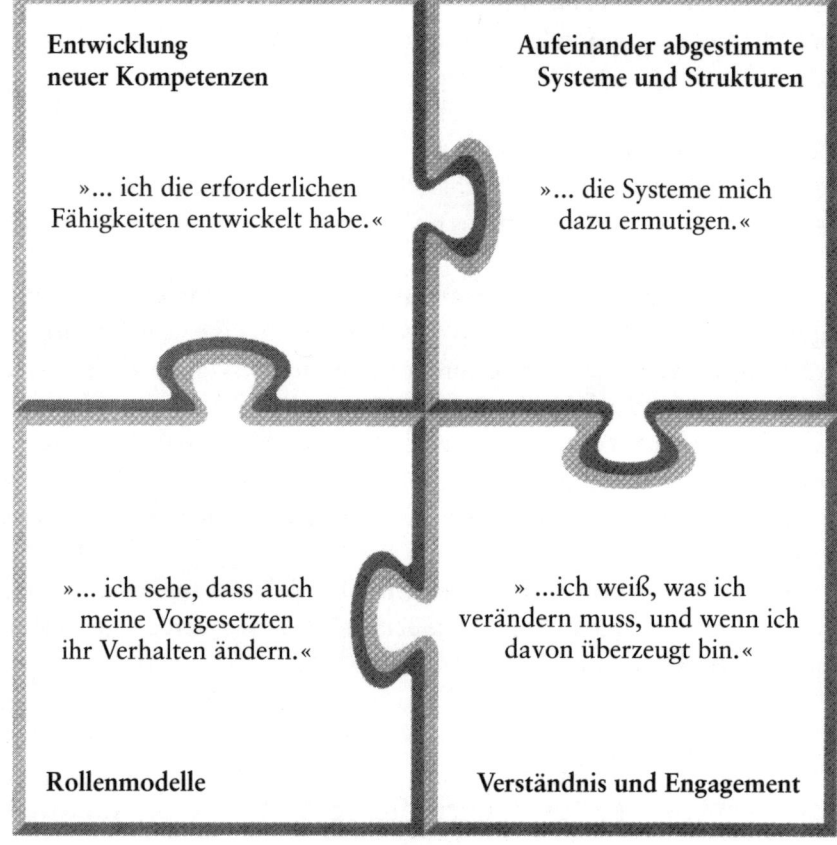

Entwicklung
neuer Kompetenzen

Aufeinander abgestimmte
Systeme und Strukturen

»... ich die erforderlichen
Fähigkeiten entwickelt habe.«

»... die Systeme mich
dazu ermutigen.«

»... ich sehe, dass auch
meine Vorgesetzten
ihr Verhalten ändern.«

» ...ich weiß, was ich
verändern muss, und wenn ich
davon überzeugt bin.«

Rollenmodelle

Verständnis und Engagement

nager dafür sorgen, dass vier miteinander verbundene Faktoren vorhanden sind: Verständnis und Engagement, Rollenmodelle, Entwicklung neuer Kompetenzen und aufeinander abgestimmte Systeme und Strukturen (siehe Abbildung 26).

Diese Faktoren können wie eine Checkliste verwendet werden. Für den Faktor »Verständnis und Engagement« hätte sich Philip etwa fragen können: Kann ich mir vorstellen, dass Malcolm sagt: ›Ich weiß, was ich ändern muss, und möchte es tun?‹ Wenn nicht, hätte er gewusst, dass es ihm und anderen noch nicht gelungen war, Malcolm den Sinn und Zweck des Lean-Projekts sowie seine Vorteile begreiflich zu machen. Dann hätte er die unangenehme Situation mit dem Team aus der Mixerfertigung sicherlich vermeiden können.

Anders als Guy und Fiona und ihre Teams im Pilotbereich, die im Verlauf des Diagnoseprozesses Gelegenheit hatten, sich persönlich eine Vorstellung vom Verbesserungspotenzial zu machen, erhielt das Mixerteam einfach nur Anweisungen. Als Dave am Kick-off-Meeting nicht teilnehmen konnte, hätten seine Mitarbeiter seine Abwesenheit auch als mangelndes Interesse auslegen können. Aber sie respektieren ihn und orientieren ihr eigenes Verhalten an seinem Vorbild. Malcolm spielt dieselbe Vorbildrolle für sein Team.

Die Entwicklung neuer Kompetenzen ist eine Aufgabe, die Manager meist besser beherrschen, auch wenn sie zu häufig glauben, dass ein paar Schulungsstunden ausreichen würden. Das Pilotprojekt bei *Arboria* hatte Zweifel daran geweckt, ob die Teamleiter die richtigen Kompetenzen besaßen, um Veränderungen einzuführen und das neue schlanke System zu steuern. Genau solche Fragen müssen die Manager auf Systemebene klären, um zu verhindern, dass die in der Pilotphase aufgetretenen Probleme in jeder folgenden Umsetzungsphase erneut auftreten.

Die vierte Voraussetzung für dauerhafte Veränderungen ist die Abstimmung der Systeme und Strukturen, damit sie die richtigen Anreize für Verhaltensänderungen geben. Ein nahe liegendes Beispiel sind die Instrumente der Leistungsmessung und -kontrolle, um die Aufmerksamkeit der Mitarbeiter zu fokussieren und persönliche Ziele mit geschäftlichen Zielen zu verbinden. Aber das Problem mit der Leistungskontrolltafel am Mixerband zeigt, dass selbst klare Leistungsziele kontraproduktiv sein können, wenn die Beschäftigten nicht verstehen, welchem Zweck sie dienen oder wie sie angewandt werden.

Dave rettete eine heikle Situation, indem er den Graben schloss, der zwischen den Zielen der Topmanager und dem Kenntnisstand der Arbeiter am Band bestand. Philip hatte diesen Graben zwar gesehen, aber nicht erkannt, wie gefährlich er sein konnte.

Dave nahm eine Reihe wichtiger Veränderungen darin vor, wie das Produktionsteam über das Lean-Projekt informiert wurde. Zunächst präsentierte er die schlanken Prozesse als Antwort auf ihre Probleme, nicht als deren Ursache, und ließ die Arbeiter selbst zu Wort kommen, anstatt ihnen alles zu servieren. Außerdem nahm er die Perspektive des

Produktionsteams ein, um ihnen zu vermitteln, dass er ihre Belange verstand.

Dave war nach den Erfahrungen in der Kaffeemaschinenproduktion davon überzeugt, dass schlanke Prozesse sowohl im Interesse der Beschäftigten wie auch des Managements waren, weil sie die Quellen der Verschwendung beseitigten. Jede Verschwendung ist für einen Arbeiter, der den ganzen Tag lang Mixer montiert, mindestens so frustrierend wie für Philip, John oder Bruno. Dave glaubte auch, dass die Produktionsarbeiter am besten in der Lage seien, die Probleme zu benennen, weil sie tagtäglich damit umgingen.

Philip glaubte, dass Dave die Lage gerettet hatte. Aber es war noch offen, ob seine Intervention ausreichte, um das Team nach dieser brenzligen Situation wieder auf den richtigen Weg zu bringen.

Am nächsten Tag erzählte Philip John, was geschehen war.

»Eigentlich überrascht mich das nicht gerade«, sagte John. »Die Leute aus dem Mixerteam waren schon immer etwas schwierig.«

»Mag sein, aber sie haben auch nicht ganz Unrecht.«

»Warum das?«

»Ihr wichtigstes Anliegen, das sie gestern geäußert haben – und zwar nicht nur das Team, sondern auch Malcolm und Dave –, lautete, dass wir nicht genug auf sie hören. Lassen Sie uns ehrlich sein, John, wir wissen doch, dass wir unter großem Zeitdruck stehen. Gestern habe ich erkannt, dass wir schon anfangen, Abkürzungen zu nehmen. Zumindest ich habe das getan.«

»Inwiefern?«

»Wir haben das Kick-off-Meeting auf eine halbe Stunde verkürzt ...«

»Ja, aber nur, weil wir mit der Produktion so weit im Rückstand waren.«

»Warten Sie, John, lassen Sie mich ausreden. Wir haben das Kick-off-Meeting auf eine halbe Stunde verkürzt, was bedeutete, dass wir nicht alle Fragen besprechen konnten. Wir haben Malcolm nicht von vornherein einbezogen. Wir haben beschlossen, nicht das ganze Werksmanagement in die Planung der Umsetzung einzubeziehen, um Zeit zu sparen. Wir haben beschlossen, den marodesten Bereich des Werks zum schwierigsten Zeitpunkt des Jahres in Angriff zu nehmen. Wir ...«

»Schon gut, Phil, ich verstehe.«

»Ich bin noch nicht fertig. Gestern habe ich verstanden, dass Dave mich eigentlich vor genau diesen Problemen zu warnen versuchte, aber ich habe ihm nicht zugehört. Die Erfahrung von gestern, die ich so schnell nicht mehr machen möchte, hat mir gezeigt, dass Dave für uns eine Art Aufklärungsflugzeug ist.«

»Wie bitte?«

»Ein Aufklärungsflugzeug – Sie kennen doch diese Flugzeuge mit Radarsystemen, die Gefahrenquellen aufspüren. Dave hat die Gefahr mit seinem Radarsystem erkannt und uns Signale geschickt, aber wir waren zu sehr in unsere Planung vertieft, um das zur Kenntnis zu nehmen.«

»Ist das nicht ein wenig übertrieben, Phil? Aber ich verstehe, was Sie meinen, auch wenn ich sagen muss, dass ich Daves Rolle so noch nie gesehen habe.« John lehnte sich in seinem Stuhl zurück, der wie zum Protest ächzte, und sah zur Decke.

Philip widerstand dem Impuls, John sofort einen Vorschlag zu machen, sondern ließ ihm Zeit zum Nachdenken.

Schließlich sagte John: »Ich habe gerade an das Pilotprojekt gedacht. Es stimmt, dass wir und natürlich Bruno zuerst eng einbezogen waren und jetzt nur noch aus der Entfernung mitwirken. Auf die Arbeiter könnte das so wirken, als sei die Party nun vorbei und der Alltag kehre wieder ein. Vielleicht sollten wir das Tempo tatsächlich ein wenig drosseln. Haben Sie dazu Ideen?«

»Wir sollten uns vielleicht die Zeit nehmen, eine Miniversion des Diagnoseverfahrens durchzuführen, das sich bei den Kaffeemaschinen bewährt hat. Wir haben damals zügig die drängenden Themen auf den Tisch gebracht und die Leute von unseren Plänen überzeugt. Wenn wir jedoch eine Diagnose für die Mixerproduktion durchführen, dürfte die Frist von neun Monaten nicht haltbar sein.«

John stimmte zu. »Aber wir müssen Bruno einen konkreten Vorschlag vorlegen, sonst sind wir gleich erledigt. Würden Sie eine Aktennotiz schreiben, die wir dann noch besprechen?«

»Kein Problem.«

In der nächsten Tagen entwickelte Philip mit Dave und einigen anderen einen Plan dafür, in welcher Abfolge die schlanke Produktion im gesamten Werk eingeführt werden sollte. Es zeigte sich, dass die Umsetzung zwischen 18 Monaten und zwei Jahren dauern würde, wenn ihre Annahmen stimmten. Sie waren sich in ihrer Einschätzung darin einig, dass dies eine realistischere Frist sei, anders als das ursprüngliche Ziel von neun Monaten. Sie glaubten auch, dass die erwarteten Ergebnisverbesserungen größtenteils schon im ersten Jahr erreicht werden könnten, zumal die Mixerfertigung ein Bereich mit hohem Potenzial war.

Während Philip mit diesem Plan beschäftigt war, hatte John noch etwas zu erledigen, was er schon lange aufgeschoben hatte. Er verabredete sich mit Bill zum Essen im Pub. Auf dem Weg dorthin sprach er das Thema an, das ihn schon seit Monaten beschäftigte.

»Bill, es gibt etwas, über das wir reden müssen.«

»Ja, ich weiß«, antwortete Bill.

»Sie wissen es? Gut. Es ist nur so . . . nun, ich denke, wir wissen beide, dass dieses Lean-Projekt große Veränderungen mit sich bringt, und . . .«

Bill half ihm weiter. »Es sind nicht nur große Veränderungen, John. Die ganze Arbeitsweise ändert sich von Grund auf. Mir persönlich passt das nicht.«

»So?«, John war erstaunt. »Sie haben sich darüber Gedanken gemacht?«

»Natürlich! Eine Zeit lang konnte ich an nichts anderes denken. Um es gleich zu sagen, ich habe mich ziemlich geärgert, als Philip mit seinen schlauen Ideen ankam. Aber – und vielleicht klingt das jetzt merkwürdig – ich sehe jetzt auch, dass es funktionieren könnte.«

John traute seinen Ohren kaum.

»Nicht nur das, ich sehe auch, dass *Arboria* diesen Weg gehen muss, wenn es überleben und wachsen will.«

»Sie erstaunen mich!«

»Ich habe für mich den Entschluss gefasst, mir etwas Neues zu suchen. Es ist der richtige Weg für *Arboria*, aber nicht für mich.«

Sie kamen im Pub an, und während Bill einen Tisch suchte, ging John zur Theke und bestellte zwei Bier. Wider Willen musste er lächeln. Nun hatte er so lange Zeit gebraucht, um Bill zu diesem Gespräch zu bitten, und jetzt war schon alles geklärt. Er bezahlte das Bier und setzte sich zu Bill.

»Zum Wohl!«

»Zum Wohl«, erwiderte Bill.

»Aber eine Sache interessiert mich noch«, sagte John.

»Ja?«

»Warum sind Sie so sicher, dass die schlanken Prozesse für *Arboria* das Richtige sind, nicht aber für Sie?«

»Nun, ich habe festgestellt, dass ich gar nicht mehr gebraucht werde.«

»Aber wir könnten jederzeit eine andere Aufgabe für Sie finden.«

»Ich weiß, aber ich brauche keine andere Aufgabe, und ich möchte sie auch nicht. Sehen Sie, John, ich war mein Leben lang Planungsmanager, und wenn ein so kompliziertes Unternehmen nun keinen Planungsmanager mehr braucht, dann ist es wohl besser so. Deshalb ist es Zeit für mich abzutreten. Sie können einem alten Hund keine neuen Tricks beibringen – zumindest nicht mir.«

Bill lächelte, als wollte er John deutlich machen, dass er mit seiner Entscheidung zufrieden sei. »Aber jetzt habe ich auch eine Frage an Sie.«

»Schießen Sie los.«

»Wenn das Unternehmen keinen Planungsmanager mehr braucht, wie sieht dann die Zukunft für den Niederlassungsleiter aus?«

Eine Kultur der ständigen Verbesserung

Es gehört zu den Zielen eines schlanken Unternehmens, ständige Verbesserungen zu bewirken. Obwohl alle drei Dimensionen der Transformation – das technische System, die Managementinfrastruktur und die Einstellungen und Verhaltensweisen – im Zusammenhang betrachtet werden müssen, verändert sich ihre relative Bedeutung in den späteren Stadien der Reise. Natürlich muss das Unternehmen sein technisches System anpassen, um neue Kundenanforderungen zu erfüllen und neue Produkte und Technologien einzuführen. Aber eine gut funktionierende Managementinfrastruktur und die richtigen Einstellungen und Verhaltensweisen beeinflussen die Kultur der ständigen Verbesserung wahrscheinlich stärker. Die Fähigkeit, die Leistung Jahr für Jahr weiter zu verbessern, hat weniger mit schlanken Instrumenten und Techniken zu tun als damit, immer wieder neue Verbesserungsziele vorzugeben und zu überwachen – unter der Leitung der Topmanager.

Der für das ganze Werk geltende Umsetzungsplan, den Philip und Dave für die Besprechung mit Bruno erstellten, illustriert die Tätigkeiten, die nun in den Budget- und Planungszyklus bei *Arboria* integriert werden müssen. Die detaillierte Planung und klaren Zielvorgaben, die zum Erfolg des Pilotprojekts führten, müssen jetzt die Regel werden und nicht die Ausnahme bleiben. Regelmäßige Kontrollen, die auf die verschiedenen Organisationsebenen abgestimmt werden, sind erforderlich, um die Leistung zu messen und zu überwachen. Schließlich müssen auch Mechanismen eingerichtet werden, um diejenigen Anliegen zur Sprache zu bringen, die nur von den Topmanagern geklärt werden können.

Solche Prozesse können beachtliche Auswirkungen haben. Als ein Hersteller von Spezialchemikalien sein Unternehmen auf schlanke Prozesse umstellte, nannten die Manager nach zwei Jahren die Einführung einer effektiven Leistungskontrolle als wichtigsten Faktor dafür, dass die Kapitalproduktivität um über 10 Prozent gesteigert werden konnte.

Arboria muss seine Fähigkeiten ausbauen und zu diesem Zweck einen Pool qualifizierter Mitarbeiter einrichten, welche die Linienmanager bei der Einführung der schlanken Prozesse in ihren Verantwortungsbereichen unterstützen. Sobald sich die Abläufe eingespielt haben, benötigen diese Linienmanager weitere Unterstützung, weil sie feststellen, dass ihre Fähigkeiten als Krisenmanager, mit denen sie in der Vergangenheit so gut gefahren sind, nicht mehr gefragt sind. Stattdessen müssen sie neue Fähigkeiten entwickeln, um die Ursachen der Verschwendung in ihren Wertströmen zu identifizieren und zu beseitigen. Weiterhin benötigen sie neue Führungskompetenzen, um die erforderlichen neuen Verhaltensweisen verankern zu können.

Insgesamt werden die Rollen und Wahrnehmungen jedes einzelnen Unternehmensangehörigen infrage gestellt, wenn eine Kultur der ständigen Verbesserung geschaffen wird. Bill hat Recht, wenn er auch die zukünftigen Aufgaben des Niederlassungsleiters infrage stellt. Auf dem Weg zum schlanken Unternehmen wird sich jede Position bei *Arboria* ändern.

Wie das Beispiel von *Arboria* gezeigt hat, lässt sich die Umstellung auf schlanke Prozesse nicht auf ein Projekt, ein Programm oder eine Kostensenkungsinitiative begrenzen. Vielmehr handelt es sich um eine völlig neue Arbeitsweise. Das gesamte Unternehmen muss auf eine klare und für alle attraktive Zukunftsvision ausgerichtet werden. Im Zentrum der Umgestaltung der Prozesse steht die Kundensicht. Es kommt darauf an, alles zu tun, damit das Produkt den Wertschöpfungsprozess so effizient und kostengünstig wie möglich durchläuft. Die Mitarbeiter in der Fertigung müssen produktiver arbeiten und ihren Vorgesetzten vertrauen, die wiederum vor der Aufgabe stehen, das Wachstum zu steigern, um die Produktivitätszuwächse absorbieren zu können. Umgekehrt müssen auch die Manager den Frontline-Mitarbeitern mehr Verantwortung und Autonomie zutrauen.

Die Umstellung auf schlanke Prozesse ist weder mit einem Spaziergang im Park noch mit einer Wanderung im Wald vergleichbar – es handelt sich schon eher um eine regelrechte Expedition.

Als das Team von *Arboria* die Reise begann, verfügte es kaum über eine Vorstellung davon, was es erwarten sollte. Monat für Monat zeigte sich aber der Nutzen ihrer Bemühungen mehr: Produktivitätsverbesserungen, neue Arbeitsmethoden, frisches Denken. In jedem Stadium wurde es einfacher, den noch vor ihnen liegenden Weg zu sehen, und sie schöpften daraus Mut, trotz aller Schwierigkeiten durchzuhalten. Sie stellten sich den Strapazen der Reise und entwickelten sich gleichzeitig als Team weiter, motiviert durch ihr Ziel, von dem sie überzeugt waren. Perfekte Prozesse vor Augen zu haben, wirkt sich sehr motivierend aus: Sie halten uns ein Ziel vor Augen, das wir nie endgültig erreichen werden, uns aber immer wieder zum Weitergehen motiviert.

Die Personen

Die folgenden Personen arbeiten bei *Arboria* in Bolton, wenn nichts anderes angegeben ist.

Arnaud Lefèvre, Vorstand internationaler Vertrieb und Marketing (Brüssel)
Bill Moran, Planungsleiter
Brian Johnson, Finanzleiter
Bruno Fontana, Vorstandsvorsitzender (Brüssel)
Christine McGuire, Produktionsplanerin
Dave Smith, Produktionsleiter
Derek Hines, leitender Wartungstechniker
Dietmar Schaeffer, Vorstand Abwicklung und Logistik (Brüssel)
Eileen Mayoh, Arbeiterin, Montagelinie Kaffeemaschinen
Fiona Richardson, Teamleiterin, Montagelinie Kaffeemaschinen
Gaz Morgan, Lagerarbeiter
Guy Lanbridge, Schichtführer, Spritzgussfertigung
Howard Ashworth, Arbeiter, Montagelinie Kaffeemaschinen
Jeff Aspinall, Arbeiter, Montagelinie Kaffeemaschinen
Jenny Plant, Vorstand Finanzen (Brüssel)
Jerome Chevalier, Teamleiter, *ATC*, Rouen
John Wexford, Niederlassungsleiter des britischen Werks
Lisa Hallum, Produktionsingenieurin
Louise Bradley, Personalleiterin
Luc Bezier, Produktionsleiter, *ATC*, Rouen
Malcolm Jones, Teamleiter, Montagelinie Mixerfertigung
Mark Sherwell, Arbeiter, Montagelinie Kaffeemaschinen
Philip Hargreaves, Manager für die Einführung des Lean-Konzepts
Philipe de Lasset, Geschäftsführer, *Maison de Lasset*, Orléans (*Arboria*-Händler)
Steve Edwards, Produktionsingenieur
Trevor Radcliffe, Wartungsleiter

Nachwort

Sie haben nun viel darüber erfahren, was es bedeutet, ein Unternehmen auf schlanke Prozesse umzustellen. Sie wissen, welche Hindernisse und Fallen Ihnen begegnen könnten. Wir haben uns auf unsere eigenen Erfahrungen gestützt, um unsere Beschreibung so realistisch wie möglich zu gestalten. Obwohl die Vorteile einer erfolgreichen Neuausrichtung immens sind, lauern doch einige Gefahren auf dem Weg. Viele Unternehmen geben unterwegs auf oder sind enttäuscht, wenn sich ihre hohen Erwartungen nicht erfüllen.

Ein Unternehmen benötigt viel Mut und Energie, wenn es bis zum Ziel durchhalten will. Nicht nur das Management, sondern auch alle Mitarbeiter müssen sich engagieren – auch dann, wenn weder der Weg noch das Ziel am Anfang klar erkennbar sind. Die Reise ist oft beschwerlich, aber viele Unternehmen haben die Schwierigkeiten schon bewältigt und eine erfolgreiche Transformation durchgeführt.

Zum Abschluss möchten wir Ihnen noch eine letzte Frage stellen: Welche Motive treiben Sie dazu, schlanke Prozesse einzuführen? Es gibt zwei Hauptgründe, warum Unternehmen Lean-Projekte durchführen: Sie möchten das Produktionssystem verbessern oder die Unternehmenskultur verändern.

Unternehmen, die ihre Produktionsabläufe optimieren wollen, betrachten die schlanken Prozesse als Chancen, den Sprung auf neue Leistungsebenen zu schaffen. Durch die Übernahme und Anpassung der Methoden weltweit führender Unternehmen versuchen sie, neue Geschäftschancen zu erschließen und ihre Produkte oder Dienstleistungen nur in einem Bruchteil der gewöhnlichen Durchlaufzeiten zu liefern. Daraus ergibt sich ein wichtiger Wettbewerbsvorteil. Die Aussicht darauf veranlasst viele Unternehmen, ein Lean-Projekt in Angriff zu nehmen.

Unternehmen, die ihre Kultur verändern möchten, betrachten schlanke Prozesse als ein Mittel, sich auf ein gemeinsames Ziel einzustimmen und gemeinsame Arbeitsweisen zu entwickeln. Aus den schlanken Prozessen erhoffen sie sich neuen Antrieb und Energie, um die Mitarbeiter zu motivieren und zu besseren Leistungen anzuspornen. Wie die Geschichte von *Arboria* zeigt, kann ein Unternehmen seine gesamten Abläufe erneuern und eine umfassende Transformation bewirken, während es gleichzeitig das operative Tagesgeschäft weiterführt.

Wir hoffen, dass dieses Buch Ihnen bei der Transformation Ihrer Abläufe hilft, und wünschen Ihnen viel Glück auf dem Weg zum schlanken Unternehmen.

Danksagung

Dieses Buch ist das Produkt echter Teamarbeit. Insbesondere möchten die Autoren den folgenden Menschen für ihre wichtigen Beiträge danken:

- Unseren Familien für ihre Unterstützung und Geduld.
- Vielen Kollegen, die unsere ersten Entwürfe gelesen und uns wertvolle Rückmeldungen gegeben haben.
- Annie Stogdale dafür, dass sie uns in den ersten Phasen des Buches geholfen hat.
- Jill Willder, die streng lektorierte und auch auf Details achtete.
- Pom Somkabcharti und Martin Liu von *Cyan Communications*.

Für die deutsche Ausgabe

Die deutsche Ausgabe des Buches wurde von einem Team unter der Leitung von Gernot Strube, Leiter der Manufacturing Practice Europe bei McKinsey, redaktionell bearbeitet und um Fallbeispiele erweitert. Besonderer Dank gilt den Unternehmen Siemens, DaimlerChrysler und EADS für die freundliche Unterstützung bei der Erarbeitung dieser Mini-Cases.

Frank Göller, Dietmar Müller, Martin Riegger, Rainer Ulrich und Frank Wiesner lasen und bearbeiteten das übersetzte Manuskript. Peter Schmidt und Rainer Ulrich betreuten die Fallbeispiele inhaltlich, Rudolf Schnitzer sorgte für den sprachlichen Feinschliff. Rainer Mörike und Daniel Münch übernahmen für Communication Services die Gesamtkoordination. Zu guter Letzt geht unser Dank an Steffen Geier und seine Kolleginnen und Kollegen beim Campus Verlag.

Über die Autoren

John Drew berät als Experte in der *Manufacturing Practice* von *McKinsey & Company* Unternehmen, die schlanke Produktionssysteme einführen. Dabei hat er intensive Erfahrungen mit Fragen des Veränderungsmanagements gesammelt. John Drew wurde im *Production System Design Centre* von *McKinsey* ausgebildet und arbeitete dann mit Unternehmen verschiedener Branchen zusammen, darunter Automobil, Elektronik, Luftfahrt, Chemie, Banken und Einzelhandel. Bevor er zu *McKinsey* kam, war er bei *CarnaudMetalbox* in der Verpackungsindustrie tätig und bei *Land Rover* für die Lieferantenentwicklung zuständig. Er hat einen Masters-Abschluss in Ingenieurswesen, Wirtschaft und Management an der *Oxford University* erworben.

Blair McCallum ist Partner bei *McKinsey & Company* und gründete das *Production Systems Design Centre* in Großbritannien. Er hat Unternehmen verschiedener Branchen beraten, die ihre Abläufe durch die Grundsätze der Lean Production optimieren wollten, darunter in den Sektoren Öl und Gas, Automobil, Luftfahrt, Möbelfertigung, Verteidigung und Bauindustrie. Vorher war er bei Toyota für den Aufbau des europäischen Lieferantenstamms und die Einführung der Lieferanten in das *Toyota Production System* zuständig. Dann übernahm er die Verantwortung für das Lieferantenmanagement der *Rover Group* und ihrer fünf Hauptwerke, wo er die Lean-Konzepte in der Produktion, etwa beim *Rover 75*, einführte.

Stefan Roggenhofer ist Partner bei *McKinsey & Company* und leitet die *Manufacturing Practice* in Europa. Er arbeitet in Frankreich und hat Klienten in unterschiedlichen Branchen dabei beraten, ihre operative Leistung zu verbessern, etwa im Bereich Luxusgüter, Luftfahrt, Verbraucherelektronik und Stahl. Sein Schwerpunkt sind die Verhaltensänderungen, die im Rahmen einer Transformation erforderlich sind. Bevor er zu *McKinsey* kam, war Stefan Roggenhofer für das Marketing und den Vertrieb von Montagesystemen bei der *Prodel SA* zuständig. Vorher war er Luftfahrtingenieur bei *Aerospatial*. Er hat einen Masters-Abschluss als Ingenieur an der Technischen Universität München sowie einen MBA-Abschluss an der *INSEAD* in Frankreich erworben.

Die Autoren wurden von David Birch unterstützt, der die Grundlagen für Kapitel 4 entwickelte, und von Ivan Hutnik.

David Birch ist Partner bei *McKinsey & Company* und Leiter der *Manufacturing Practice* in Großbritannien. Er gehört zu den führenden Praktikern im Bereich der Verbesserung der operativen Leistung und hat mit Klienten in zahlreichen Sektoren zusammengearbeitet, etwa in Luftfahrt, Chemie und Transport. Bevor er zu *McKinsey* kam, hatte er bei *Mars Confectionery* verschiedene Führungspositionen in der Produktion, im technischen Dienst, in der Produktentwicklung und im technischen Management inne.

Ivan Hutnik ist Experte für Kommunikation und Wissensmanagement bei organisatorischen Veränderungen. Er ist Psychotherapeut und interessiert sich besonders für die Auswirkungen der Unternehmensorganisation auf das menschliche Verhalten. Er war Coach für Topmanager und half ihnen, die Effektivität ihrer Führungsarbeit zu steigern. Seine Klienten stammen aus vielen verschiedenen Branchen, darunter Automobil, Konsumgüter, Finanzdienstleistungen, Pharma, Papier und Stahl.

Anhang

Schwachstellen, Symptome, mögliche Ursachen, wichtige Werkzeuge und Methoden

Schwachstelle	Symptome	Mögliche Ursache	Wichtige Werkzeuge und Methoden
Überproduktion Es wird früher, schneller oder in größeren Mengen als vom Kunden verlangt produziert.	Es werden zu viele Teile produziert. Teile werden zu früh produziert. Teile sammeln sich unkontrolliert in Lagern an. Lange Durchlaufzeiten in der Fertigung. Mangelnde Liefertreue.	Lange Umrüstzeiten führen zu großen Seriengrößen. Bestimmung der Seriengrößen nach rein wirtschaftlichen Aspekten. Schlechte Planung. Unklare Prioritäten in der Planung. Ungleichmäßiger Materialfluss. Anlagenauslastung hat als wichtige Kennzahl Priorität.	Just-in-Time (kontinuierliche Fließfertigung, Takt, Holsysteme, geglättete Produktion.) Weniger häufige Umrüstungen oder SMED-Methode (bei der Umrüstungen über die Losgrößen bestimmen.)
Wartezeiten Leerlaufzeiten (für Menschen oder Maschinen), in denen keine wertschöpfenden Tätigkeiten stattfinden.	Die Arbeiter warten häufig auf Material oder Informationen. Die Arbeiter stehen herum und sehen zu, wie die Maschinen laufen. Die Arbeiter warten häufig auf nicht verfügbare Maschinen. Lange Verzögerungen innerhalb eines Arbeitsschrittes. Niedrige Produktivität. Lange Durchlaufzeiten in der Fertigung.	Große Losgrößen an den vorgelagerten Stellen führen zu Materialknappheit. Mangelnde Liefertreue oder -qualität der Lieferanten. Schlechter Maschinenzustand (niedrige OEE-Kennzahl). Schlechte Planung. Ineffizienter Einsatz der Arbeitskräfte. Mitarbeiter sind nicht vielseitig einsetzbar.	Flexible Arbeitssysteme (einschließlich standardisierter Arbeitsschritte.) Just-in-Time (Fließfertigung, Takt, Holsysteme, geglättete Produktion). Strategische Wartung. Lieferantenentwicklung.

Schwachstelle	Symptome	Mögliche Ursache	Wichtige Werkzeuge und Methoden
Transport Überflüssige Materialbewegungen	Teile werden mehrmals bearbeitet oder bewegt. Schäden durch zu häufige Bearbeitung. Weite Entfernungen, welche die Teile zwischen den Prozessen zurücklegen müssen. Lange Durchlaufzeiten in der Fertigung. Hohe indirekte Kosten wegen des erforderlichen Lagerraums und der Werkzeuge für die Materialbearbeitung	Aufeinander folgende Prozesse sind räumlich getrennt. Schlechtes Layout. Hohe Bestände; dasselbe Teil wird oft an mehreren Stellen gelagert.	Fließfertigung und Pull-Systeme. Arbeitsplatzorganisation.
Überflüssige Bearbeitungen Tätigkeiten, die der Kunde nicht verlangt und nicht zur Wertschöpfung beitragen.	Durchführung von Prozessen, die vom Kunden nicht verlangt werden. Überflüssige Genehmigungsverfahren. Höhere direkte Kosten als die Konkurrenten.	Zu komplizierte Prozesse. Produktdesign. Unklare Kundenspezifikationen. Übertriebene Testverfahren. Unangemessene Richtlinien oder Verfahren.	Produktionsvorbereitung. Standardisierte Arbeitsschritte.
Lagerbestände Teile oder Materialien werden in einer Menge gelagert, die über das Maß hinausgeht, das aus Kundensicht erforderlich wäre.	Veraltete Waren. Cashflow-Probleme. Mangelnder Raum. Lange Durchlaufzeiten in der Fertigung. Mangelnde Liefertreue. Umfangreiche Nacharbeiten erforderlich, wenn Qualitätsprobleme auftreten.	Überproduktion, schlechte Prognosen oder Planung. Hohe Sicherheitsbestände wegen häufiger Prozess- oder Qualitätsprobleme. Richtlinien für den Einkauf. Unzuverlässige Lieferanten. Große Seriengrößen.	Just-in-time (Fließfertigung, Takt, Holsysteme, geglättete Produktion.) Standarsicierte Arbeitsschritte. Lieferantenentwicklung. Strategische Wartung (wo technische Probleme die Prozesse beeinträchtigen). Statistische Prozesskontrolle (wenn Qualitätsprobleme die Prozesse beeinträchtigen).
Überflüssige Bewegungen Überflüssige Bewegungen von Arbeitern oder Material innerhalb eines Prozesses.	Suche nach Werkzeugen oder Teilen. Ständiges Hin- und Hergehen. Doppelbearbeitung von Teilen. Niedrige Produktivität.	Ungünstige Anordnung des Arbeitsplatzes, der Werkzeuge und Materialien. Fehlende visuelle Kontrollen. Ungünstige Anordnung der Prozesse.	Arbeitsplatzorganisation, Fließfertigung, »Motion Kaizen«. Standardisierte Arbeitsschritte. Visuelles Management.

Schwachstelle	Symptome	Mögliche Ursache	Wichtige Werkzeuge und Methoden
Nacharbeiten Wiederholung oder Korrektur eines Prozesses.	Besondere Prozesse für die Nachbearbeitung. Hohe Fehlerquoten. Hohe Materialkosten wegen der hohen Ausschussraten. Niedrige Produktivität. Große Qualitäts- oder Prüfungsabteilungen.	Material von schlechter Qualität. Schlechter Zustand der Maschinen. Instabile Prozesse. Unpassende Prozesse, das heißt stabile und vorhersagbare Prozesse, die Teile hervorbringen, die den Spezifikationen nicht entsprechen. Zu niedrige Qualifikationen. Unklare Kundenanforderungen.	Statistische Prozesskontrolle. Autonomation. Lieferantenentwicklung. Standardisierte Arbeitsschritte.
Variabilität Jede Abweichung von den Standardbedingungen.	Hohe Ausschussrate oder häufige Nachbearbeitungen. Große Qualitäts- oder Prüfungsabteilungen. Wiederkehrende Probleme, die nur behelfsmäßig behoben werden. Leistungskennzahlen, die auf eine inakzeptable Variabilität deuten (z. B. Qualität).	Instabile oder nicht vorhersagbare Prozesse. Unpassende Prozesse. Schlechte Qualität des Materials oder der gelieferten Teile. Zu niedrige Qualifikationen.	Statistische Prozesskontrolle. Autonomation. Lieferantenentwicklung. Standardisierte Arbeitsschritte.
Inflexibilität Reaktion auf Nachfrageschwankungen. Vorgänge, die auf Schwankungen der Kundennachfrage zurückgehen.	Unfähigkeit, schnell auf veränderte Kundennachfragen zu reagieren. Viele Überstunden. Zeiten der Unterauslastung.	Hohe Lagerbestände. Lange Rüstzeiten. Ungünstig verteilte Arbeitsschritte. Zu geringe Qualifikationen. Überdimensionierte Maschinen.	Just-in-Time (Fließfertigung, Takt, Holsysteme, geglättete Produktion). Flexible Arbeitssysteme. Weniger Umrüstungen oder SMED.
Arbeitsmethoden Normale Arbeitsmethoden, welche die Flexibilität des technischen Systems behindern.	Unfähigkeit, die Arbeitsweisen wesentlich zu ändern. Arbeitsschritte werden häufig verschoben, wenn die richtigen Mitarbeiter gerade nicht zur Verfügung stehen.	Die Bedingungen werden nicht so angepasst, dass Veränderungen erleichtert werden. Die Arbeiter beherrschen nur bestimmte Arbeitsschritte und können daher nicht flexibel eingesetzt werden.	Standardisierte Arbeitsschritte. Flexible Arbeitssysteme.

Register

SMED (Single Minute Exchange of Dies) 10, 49, 58
SRI 11, 231 f.
SRI GmbH 235
SRI Radio Systems GmbH 231
Supply Chain 65

Taktzeit 55, 56, 59, 60–62, 67, 68, 70, 79, 96, 129, 162, 163, 164, 208, 226
Top-down 46
Toyota 10, 13, 14, 22–27, 29, 35, 36, 52, 53, 55, 58–59, 62, 72, 78, 81, 87, 102, 109, 239
Toyota Produktionssystem (TPS) 9, 13, 14, 22, 25, 51, 53, 63
TPM (Total Productive Maintenance) 58
TQM (Total Quality Management) 46
Transparenz 41, 62, 72, 98, 166, 201

Überproduktion 36, 56, 58, 69
Überschuss 69
Überstunden 62, 68, 80, 101, 144
Ursache-Wirkungs-Diagramm 214

Valeo 88
Value-Stream-Mapping 144 siehe MIFA
Variabilität 19, 24, 36, 37, 49, 71, 99, 144, 162, 163, 167, 171
Verantwortung 18, 59, 62, 71, 80, 101, 108, 112, 141, 145, 148, 149, 168, 176, 178, 204, 213, 231, 243, 260, 261
Verschwendung 14, 19, 24, 36, 37, 9, 50, 51, 56, 58, 83, 99, 102, 135,

140 f., 144, 146, 153–155, 157, 161–164, 167, 169, 180, 183, 191, 213, 257, 260
Vertrauen 42, 101, 111, 112, 125, 178, 185, 186, 226, 233, 238, 239, 261
Visualisierungstechniken 62, 72
VPS (Valeo Production System) 87 f.
Valeo 88

Wandel 11, 18, 29, 30, 37, 43, 47, 49, 125, 131, 135, 237
der Kultur 10, 21
Wertbaum 144, 145
Wertfluss 64–67
Wertschöpfung 36, 38, 39, 65, 67, 99, 105, 145, 155, 166
Wertschöpfungskette 9, 191
Wertschöpfungsprozess 65, 260
Wertstrom 21, 35, 39, 40, 45, 49, 55, 63–68, 70, 88–90, 93 f., 141, 144, 146, 152, 154, 166, 169 f., 193, 216, 221, 230, 260
Wertstromanalyse 232

Zieldefinition 86
Ziele 17, 18, 20, 24, 26, 35, 39, 40, 41, 51, 63, 83–86, 90, 100, 110, 116, 117, 125, 134, 139, 143, 154, 161, 163, 164, 166, 175, 182, 183, 185–192, 200, 202, 221, 234, 235, 238, 255, 259, 261
Zielgruppe 92
Zielsetzung 77, 84, 86
Zielvereinbarung 10, 234
Zielvorgabe 41, 190, 251, 260
Zuverlässigkeit 12, 35, 111, 208